U0305533

编程真好玩

9岁开始学Python

〔英〕克雷格·斯蒂尔 等 著　余宙华 译

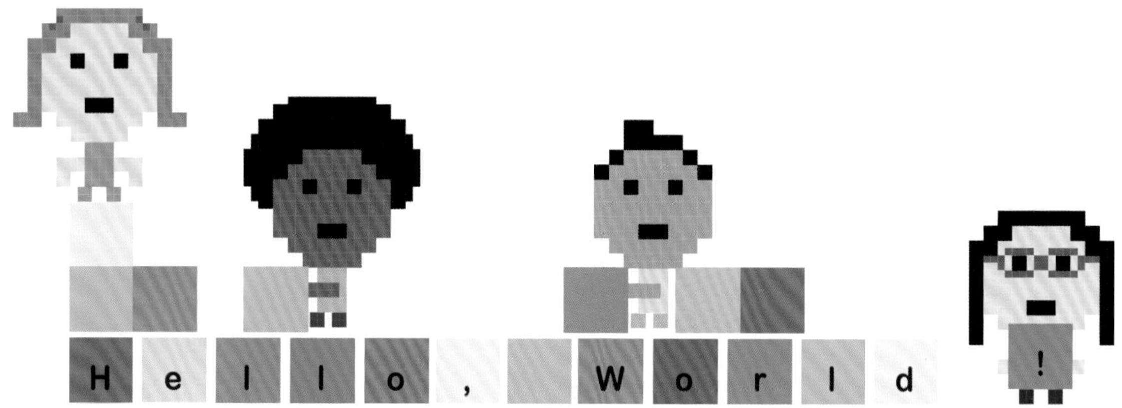

南海出版公司

新经典文化股份有限公司
www.readinglife.com
出　品

卡萝尔 · 沃德曼（Carol Vorderman），英国最受欢迎的电视主持人之一。她主持了《明天的世界》《如何做？》等大量科技类电视节目，且以出色的数学才能闻名。她毕业于剑桥工程学专业，一直对通信科技、编程兴趣浓厚。

克雷格 · 斯蒂尔（Craig Steele），计算机科学教育专家。他是苏格兰 Coder Dojo 项目的负责人，这个项目为年轻人运营免费的编程俱乐部。克雷格曾为树莓派基金会、格拉斯哥科学中心、BBC 的 micro ：bit 项目等多个机构工作。

克莱尔 · 奎格利（Claire Quigley），格拉斯哥大学计算机科学博士。她曾在剑桥大学的计算机实验室和格拉斯哥科学中心工作。目前，她投身于爱丁堡的小学教育，开发音乐和技术资源项目，也是苏格兰 Coder Dojo 项目的导师。

马丁 · 古德费洛（Martin Goodfellow），计算机科学专业博士，在大学教授程序设计课程。他为苏格兰的 Coder Dojo 项目、职业技能发展组织、高地与群岛企业发展署等设计教学内容和专项课程，为 BBC 的数字内容做顾问，还担任了国际编程周的苏格兰大使。

丹尼尔 · 麦考夫迪（Daniel McCafferty）在斯特拉斯克莱德大学获得了计算机科学学位。他作为软件工程师服务于工业界大大小小的公司，从银行到广播公司。丹尼尔和妻子、女儿住在格拉斯哥。在业余时间里，他喜欢骑自行车或者陪伴家人。

乔恩 · 伍德科克（Jon Woodcock），牛津大学物理学学士，伦敦大学天体物理学博士。他从 8 岁开始爱上编程，从单片机到世界一流的超级计算机，他为各种不同类型的计算机编写过程序。他是 DK 畅销书《编程真好玩》的作者，还与人合作编写了 6 本 DK 的编程类图书。

推荐序

我们生活在一个数字时代，计算机几乎融入了我们做的每一件事中。不久之前，它们还是庞大的机器，放在桌子上发出噪音，现在却如此微小、精密，安静地运行在我们的电话、汽车、电视，甚至手表里。我们使用计算机来工作、玩游戏、看电影、购物，以及和家人朋友保持联系。

今天，计算机的操作如此简单，几乎每个人都会使用。但是并没有那么多人了解如何为计算机编写程序，让它们工作。成为一个程序员能让你揭开计算机神秘的面纱，弄明白它到底是如何工作的。只要一点一点动手练习，你就可以创造出自己的应用程序，写出自己的游戏，或者是修补别人的程序，展现你的天才创意。

编程不仅仅是一种令人着迷的爱好，也是一种技能，在全世界有着巨大的需求。无论你将来从事哪个行业，你的兴趣是科学、绘画、音乐、体育，还是商业，学会编程都将让你的生活受益。

现在，世界上可学的编程语言有几百种，从简单的、模块式语言，比如 Scratch，到网页编程语言，比如 Javascript。本书讲授的 Python，是一种全世界广为应用的编程语言，在学生中的流行程度和专业程序员一样。Python 很容易学习掌握，同时功能强大、应用广泛。它是初学者的最佳选择，也是学习了简单语言比如 Scratch 之后的进阶选择。

学习编程的最佳方法就是沉浸其中，这就是本书的设计理念。只须按照提示步骤操作，你很快就能编写出自己的图形、谜题、游戏，甚至应用程序。当你体会到乐趣时，就不会觉得编程那么难了，所以我们尽量让这些作品变得更好玩。

如果你是初学者，那么从头开始，一步步学完本书。别担心自己无法理解每一个细节，你做的作品越多，编程能力就越强。如果你的程序在第一次运行时没有正常工作，也没关系，即使是专业程序员也不得不努力找出程序中的缺陷。

当你完成了一个作品，书中会有提示，告诉你如何微调、修改它。你可以尽情发挥自己的编程技巧，只要充分运用想象力和技术，程序员能创造的东西永无止境。

Carol Vorderman

英国著名电视节目主持人　卡萝尔·沃德曼

译者序：写给爱玩编程的小读者

亲爱的小朋友，如果你已经学习过 Scratch 编程，会不会很好奇，大人们是使用什么语言来编写程序的呢？比如，微信是用什么程序编写的？滴滴出行软件呢？

本书讲授的 Python 语言就可以做这些事情，它就是大人们常用的一种编程语言。大人们在实际工作中使用的语言和 Scratch 不太一样，他们都是用“英语”来写程序的。

为什么不用中文呢？原因很简单，因为计算机一开始是由说英语的人发明的，用自己熟悉的话来写程序多方便呀。但说不定以后你会发明更高级的计算机，直接用中文来书写程序！

那用 Python 语言编程会很难吗？并不难！

比如，你要在屏幕显示“你好！”，就需要这样写：

```
print（“你好！”）
```

而我们使用 Scratch 编程工具时是这样写的：

打印 你好!

瞧，两者的差别其实并不大，但你需要记住一些重要的英语单词，例如 print 就是打印的意思。这样的关键词在 Python 里约有几十个。想使用 Python 里的乌龟画图工具，要记住的单词就更多了：angle（角度）、rectangle（长方形）、circle（圆）……有没有觉得一举两得？妈妈再也不用担心你的英语了！

编程语言种类很多，除了超受欢迎的 Python 之外，还有 C/C++ 系列、Java、Javascript 等。就像我们砍树会用斧子，锯木条就用锯子，工程师在编写程序时，也会根据不同的任务选用不同的工具。每一位真正的职业程序员都会使用很多种编程语言，比如我就在工作中使用过不下 10 种。编程语言种类虽多，但好消息是，所有的编程语言都大同小异，一通百通！

如果你深入学习过 Scratch，一定已经洞悉了什么是“变量”，如何进行“数学计算”，“字符串”是什么，如何进行“条件判断”……当然，还有 3 种流程控制：“顺序执行”“重复执行”“条件分支”等，甚至可能连“排序”“搜索”等算法也有所了解了。

有了这样全面的编程知识，再经过大量的实际操作，要学会一种新的编程语言其实是很轻松愉快的。

Python 作为你的第一种英文代码语言，将为你打开新世界的大门。和 Scratch 相比，它的运行速度更快了，你甚至能看懂那些大神们的程序了。

哇哦！有没有感觉进入了核心世界？

本书将教会你最基本的 Python 语法，之后你可以进一步学习，尝试新的创意。比如做一个“自动爬虫”程序，让它自动访问淘宝页面，搜集妈妈想在“双 11”购买的物品，把它们自动加入购物车。亲爱的妈妈再也不用熬夜了，程序会搞定一切！

世界上所有的事情都可以用程序完成，如果还有什么未完成的，那就再写一段程序吧！

余宙华

阿儿法营创意编程创始人

中国科协创意编程大赛发起人

中国科技馆少儿编程特聘讲师

目　录

1 认识 Python

2 Python 基础

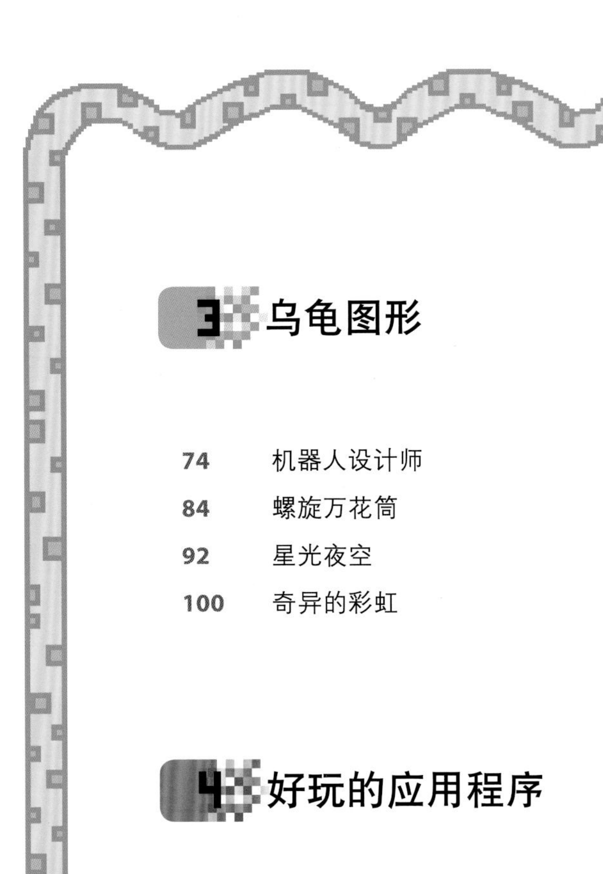

3 乌龟图形

4 好玩的应用程序

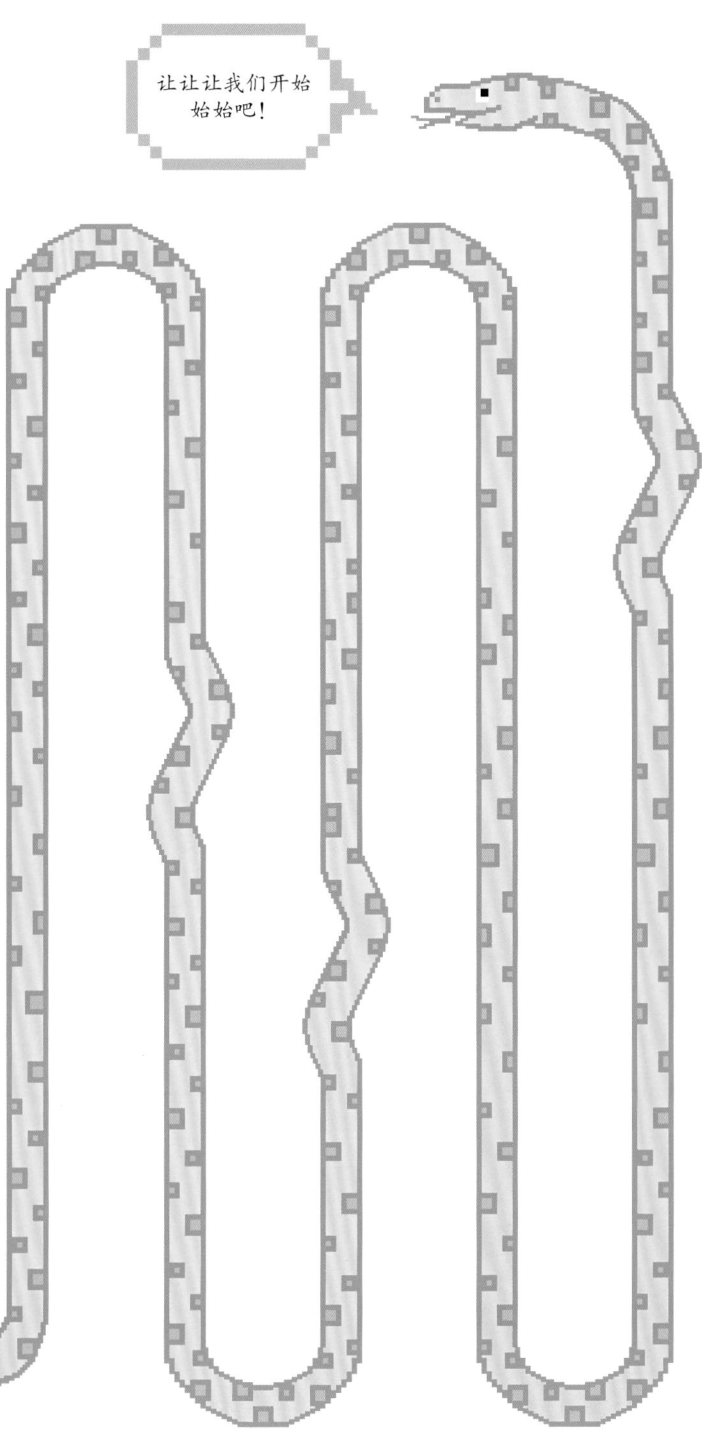

5 用 Python 编写游戏

6 作品示例参考

＊请访问 Python 官方网站：
https://www.python.org/ 下载最新版 Python 软件。具体下载安装方法参见本书第 18 页。

认识Python

什么是编程？

电脑程序员，或者“编码”员的工作就是写出一步一步可执行的指令，让计算机完成某项具体的任务。程序员可以让电脑做加法，制作音乐，让机器人移动穿过房间，甚至让火箭飞向火星。

哑巴盒子

计算机不会主动去做任何事情，就像一个哑巴盒子坐在那里，只有别人告诉它应该怎么做，它才会去做。计算机不会独立思考，只会按照指令行动，所以程序员必须替它们思考，并且把给计算机的指令仔细地写下来。

△会表演的宠物

学会编程以后，你就可以编写自己的程序，让计算机按照你的要求工作。这有点像你养了一只电子宠物，训练它，让它学会表演。

编程语言

想要告诉计算机如何做，你必须学会一种编程语言。对初学者来说，可视化编程语言比较容易掌握，而职业程序员则使用文字来编写程序。本书讲授的就是流行的文字编程语言 Python。

你为什么不
说话呢？

▽ Scratch

Scratch 是一种可视化的编程语言。它特别适于创作游戏、动画或者互动故事。Scratch 的编程方式是把指令块拼接在一起。

▽ Python

Python 使用文字来编程。使用 Python 编程时，程序员用文字、缩略语、数字和符号来书写指令。指令是用键盘来输入的。

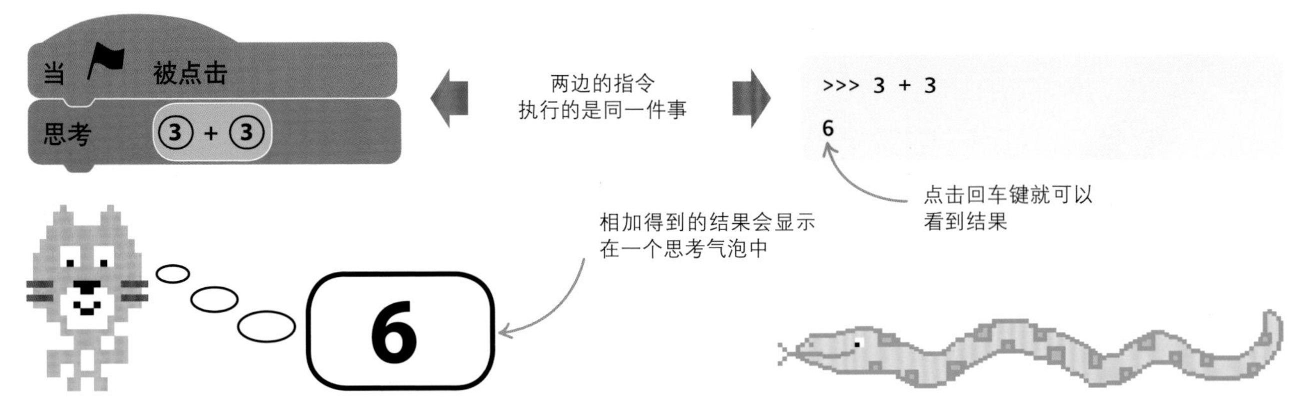
当 被点击
思考 3 + 3
两边的指令
执行的是同一件事
>>> 3 + 3
6
点击回车键就可以
看到结果
相加得到的结果会显示
在一个思考气泡中
6

人人都能编程

想要成为程序员，只须掌握一些基本的规则和命令，然后就可以用掌握的技能编写你感兴趣的程序。例如，如果你痴迷于科学，就可以编写一个应用程序把试验结果绘制出来。或者你可以利用自己擅长的艺术技巧，为视频游戏设计一个奇异的世界。

▽符合逻辑地思考

要写出好程序，程序员的思考必须既符合逻辑又十分精细。如果指令不正确或者指令的先后顺序有误，程序就无法正常工作。仔细思考每一个步骤，确保所有的事情符合逻辑顺序。归根结底，你不会在穿毛衣之前就先套上外套，对吧！

▽关注细节

如果你特别擅长玩“找不同”的游戏，那么你很有可能成为一名优秀的程序员。编程中的一项重要技能就是在程序中找出错误。这些程序里的错误叫作“臭虫”(Bugs)，即使是很小的臭虫都会导致很大的问题。火眼金睛的程序员能挑出拼写错误、逻辑错误和指令执行的顺序错误。给程序除虫是一项复杂的工作，但是从犯错中学习是非常有效的方法，它会帮助你提高编程能力。

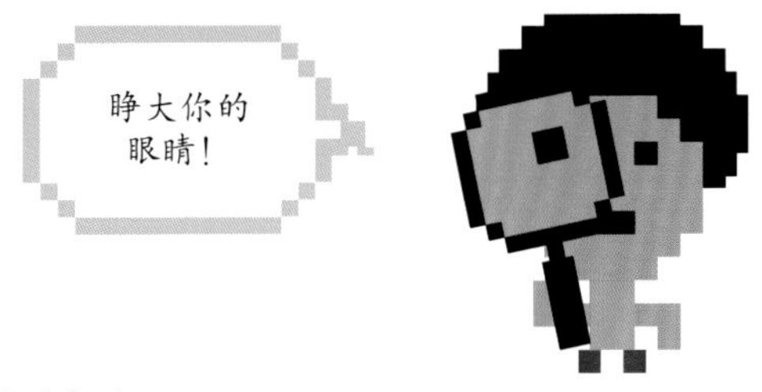

术语

臭虫（Bugs）

臭虫是程序中的错误，它们会让程序无法按照预期工作。为什么会有这样奇怪的名字？那是因为在早期计算机的电路板中真的会爬进臭虫，臭虫会使这些计算机出故障。

开始编程

编程听起来令人望而生畏，但是学起来其实很容易，秘诀就是动手实践。本书的设计思路就是引导你完成简单的作品来学习编程。只须按照步骤序号操作，花不了多少时间你就可以做出游戏、应用程序和数字艺术作品。

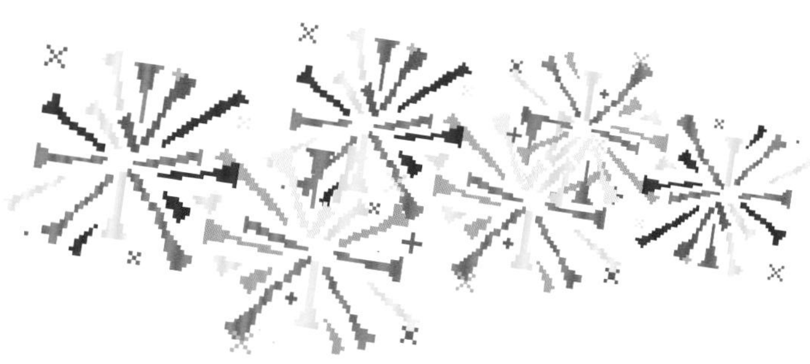

认识 Python

Python 是全世界最流行的编程语言之一。它最早发布于 1990 年，现在已经广泛运用于各种应用程序、网站和游戏中。

为什么选择 Python？

对于编程初学者，Python 是极佳的选择。许多中小学和大学都使用 Python 来教授编程。下面就是我们选择 Python 编程的充分理由。

术语

为什么叫 Python？

Python 的中文意思是大蟒蛇，但它的名字和蟒蛇无关，而是来自一个英国喜剧团体“Menty Python 的飞行马戏团”。Python 的发明者吉多·范罗苏姆（Guido van Rossum）是这个团体的忠实粉丝，特别喜欢他们搞怪、幽默的风格。Python 程序员经常引用这个团体的笑话和名言，以向其致敬。

△**易读易写**

Python 使用文字、符号来编程。你通过混用英语单词、标点、符号和数字编写计算机指令。这使 Python 代码易于阅读、书写和理解。

▽**内置电池**

程序员称 Python“内置电池”，这是因为它包含了你开始编程的所有必需品。

△**随手可得的工具**

Python 包含了很多有用的工具和预先编写好的代码库，这些叫作标准库。你可以把它们运用到自己的程序中。借助这些工具，你可以更加方便快捷地编写自己的程序。

△**随处可运行**

Python 是可迁移的。这意味着你可以在很多不同的计算机上编写和运行 Python 代码。同样的 Python 代码可以运行在 PC、Mac，Linux 和树莓派计算机上。在每一种计算机上，程序都会呈现完全一致的行为。

▷**完善的支持系统**

Python 有清晰的说明文档。它还有一个入门指南，一个可以查阅词条含义的参考索引，以及一大堆样例代码。

Python 的实际应用

Python 不仅仅是教育工具，也是一个强大的程序。它应用于很多有趣且令人兴奋的领域，比如商业、医疗、科学，还有媒体，甚至可以用于控制你家里的灯光和暖气。

专家提示

解释器

有些编程语言需要使用解释器。解释器是一个程序，可以把一种语言翻译成另一种语言。每次你执行 Python 程序的时候，解释器就会把 Python 代码翻译成另外一种计算机可以理解的语言，也就是机器代码。

▽互联网领域

Python 在互联网上有广泛的应用。谷歌公司的搜索引擎有一部分程序就是用 Python 写的。YouTube 的大量程序也使用了 Python 代码。

我也许是最强大的程序！

△医疗领域创造奇迹

Python 可以用来给机器人编写程序，让机器人来完成非常复杂的手术。一个用 Python 程序控制的机器人，可以比人类更快速地完成外科手术，且更精确、更少出错。

Python？这可是一个严肃的商业话题！

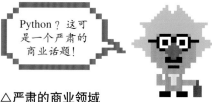

△严肃的商业领域

Python 帮助银行管理每个账户的金额，还帮助大型连锁超市管理所售商品的价格。

△在我们的世界之外

在美国国家航空航天局（NASA）的控制中心，软件工程师用 Python 开发出航空航天任务的管理工具。这些工具帮助宇航员们为任务做好准备，监控任务的执行过程。

△在电影里

迪士尼公司使用 Python 自动执行动画片的重复部分。无需动画师一遍又一遍地完成同样的步骤，只要使用一个 Python 程序来自动重复就行了。这节约了工作量，使制作一部电影的时间大大缩短。

安装 Python

本书中所有的项目都是用 Python 3 完成的。所以，请确保你从网站上下载了正确的版本，并按照与你的计算机匹配的正确步骤进行操作。

＊编者注：Python 编程语言对格式要求非常严格。在编写程序时，务必注意代码格式，例如空格、回车、标点符号等。请在英文输入法状态下输入代码。

术语

IDLE

IDLE（集成开发环境的缩写）是你在安装 Python 后获得的一个免费软件。它是为初学者设计的，其中包含了一个文本处理程序，用于书写、修改 Python 代码。

1 前往 Python 官方网站

在浏览器中输入如下的网址，就可以前往 Python 的官方网站。然后点击“Downloads”，打开下载页面。

- https://www.python.org/

2 下载 Python

点击数字 3 开头的，适用于 Windows 的最新版 Python。至于其他的安装程序选项，请选择可执行安装程序（executable installer）。Python 版本不断更新，请以官网最新版本号为准。

- Python 3.6.0a4 - 2016-08-15
  - Windows x86 executable installer
  - Windows x86-64 executable installer

如果你的电脑是 32 位的 Windows，请下载这个版本

如果你的电脑是 64 位的 Windows，请下载这个版本

3 运行安装程序

用鼠标双击安装程序，选择“为所有用户安装”（Install for all users），然后在每次提示的时候，点击“下一步”（Next），无需修改任何默认设置。

双击安装程序

4 打开 IDLE

当安装完成后，打开 IDLE 程序，检查一下 Python 是否成功安装。进入 Windows 的“开始”菜单，然后选择“所有应用程序”，然后再选中“IDLE”。像下面这样的窗口就显示出来了。

Python 3.6.0a4 Shell

IDLE　File　Edit　Shell　Debug　Window　Help

```
Python 3.6.0a4 (v3.6.0a4:017cf260936b, Aug 15 2016, 00:45:10) [MSC v.1900 32
bit (Intel)] on win32
Type "copyright", "credits" or "license()" for more information.
>>>
```

Mac 电脑上的 Python

在把 Python 3 安装到 Mac 电脑上之前，你要先检查一下电脑使用的是什么操作系统。在屏幕的左上方点击苹果图标，然后在下拉菜单中选择“关于这个 Mac”，查看操作系统。

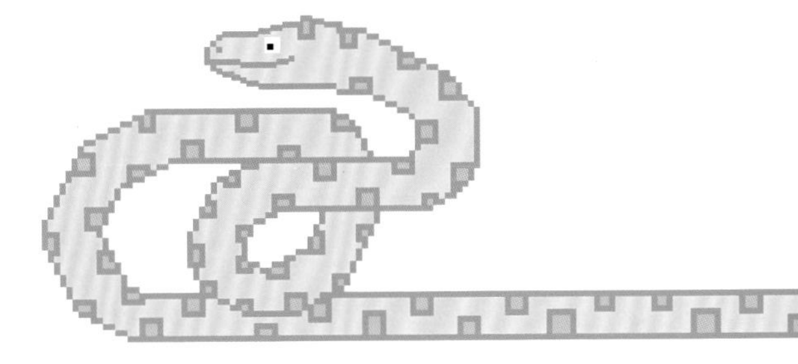

1 前往 Python 官方网站

在浏览器中输入如下网址，就可以进入 Python 的官方网站。然后，点击“下载”（Downloads），打开下载页面。

- https://www.python.org/

2 在下载选项中，点击与操作系统一致的最新版 Python 3。Python.pkg 文件将会自动下载到你的 Mac 电脑。

- Python 3.6.0a4 - 2016-08-15
  - Download macOS X 64-bit/32-bit installer

由于 Python 软件不断更新，所以版本号不一定与图中完全一致，只需要确保你下载的是数字 3 开头的版本

3 安装 Python

在“下载”文件夹中，你会发现那个 .pkg 文件，它的图标像一个打开的包裹。用鼠标双击它，开始安装。在看到页面提示时，点击“继续”，再点击“安装”，接受所有的默认设置。

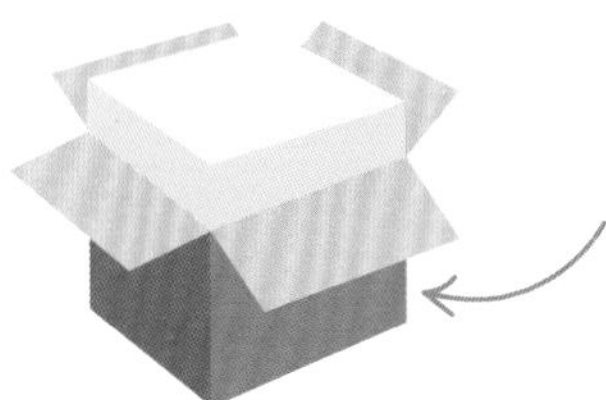

点击这个包裹，就可以运行安装程序

4 打开 IDLE

当安装完成后，打开 IDLE 程序，检查一下 Python 是否成功安装。打开“应用程序”（Applications）文件夹，然后选择“Python”文件夹，双击“IDLE”，这时如下图所示的窗口就出现了。

```
Python 3.6.0a4 Shell
IDLE   File   Edit   Shell   Debug   Window   Help

Python 3.6.0a4 (v3.6.0a4:017cf260936b, Aug 15 2016, 13:38:16)
[GCC 4.2.1 (Apple Inc. build 5666) (dot 3)] on darwin
Type "copyright", "credits" or "license()" for more information.
>>>
```

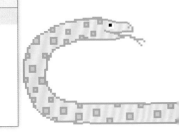

要点

请求许可

在没有得到电脑主人的许可前，不要在计算机上安装 Python 或者其他的程序。在安装过程中，你也许还需要询问电脑主人的管理员密码。

使用 IDLE 编辑器

IDLE 有两个窗口供你使用。编辑窗口用来输入和保存程序，而壳（Shell）窗口用来直接执行 Python 指令。

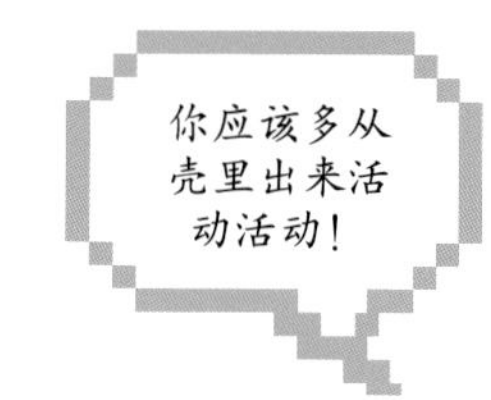
你应该多从
壳里出来活
动活动！

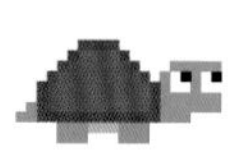

壳窗口

当你打开 IDLE，壳窗口就弹出来了。这个窗口是初学 Python 的最佳起点，因为你不必创建一个新文件，只须直接把代码输入到壳窗口里。

▽你输入的代码会被直接执行，所有的消息和“臭虫”（错误）会被显示出来。你可以把壳窗口当成一个记事本来使用，在把一小段代码用于大型程序之前，在此先测试一下。

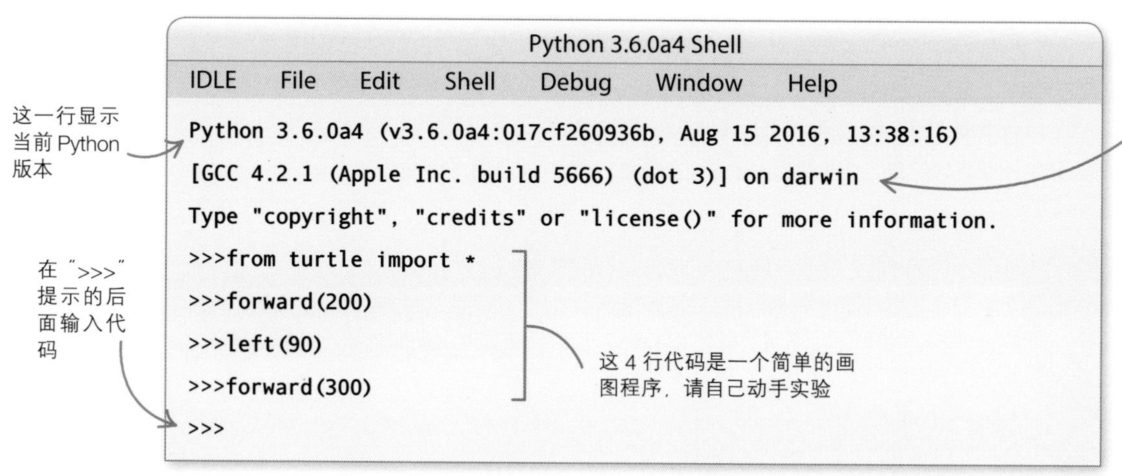
Python 3.6.0a4 Shell
IDLE File Edit Shell Debug Window Help
Python 3.6.0a4 (v3.6.0a4:017cf260936b, Aug 15 2016, 13:38:16)
[GCC 4.2.1 (Apple Inc. build 5666) (dot 3)] on darwin
Type "copyright", "credits" or "license()" for more information.
>>>from turtle import *
>>>forward(200)
>>>left(90)
>>>forward(300)
>>>
这一行显示当前 Python 版本
这里的文字取决于电脑使用的操作系统
在 “>>>” 提示的后面输入代码
这 4 行代码是一个简单的画图程序，请自己动手实验

专家提示

不同的窗口

为了让你知道该在哪个窗口编写代码，我们会用不同的颜色来显示壳窗口和编辑窗口。

壳窗口

IDLE编辑窗口

▽试用一下壳窗口

将如下几行代码输入到壳窗口，在每一行代码的后面按下回车键。第一行会显示一个消息，第二行会完成一个计算。你能想明白第三行会做什么吗？

```
>>> print('I am 10 years old')
```

```
>>> 123 + 456 * 7 / 8
```

```
>>> ''.join(reversed('Time to code'))
```

编辑窗口

壳窗口无法保存代码，当你关闭壳窗口的时候，输入的代码就永远消失了。这就是为什么当你开发一个项目时，要使用编辑窗口。这个窗口允许你保存自己的代码，还包括一些内置的工具以帮助你编写程序和排查错误。

▽编辑窗口

在 IDLE 中打开编辑窗口的方法很简单，只须点击顶部的“File”（文件）菜单项，然后选中“New File”（新建文件）。这时，一个空白的编辑窗口就出现了，你将使用编辑窗口来书写和运行本书中的所有项目。

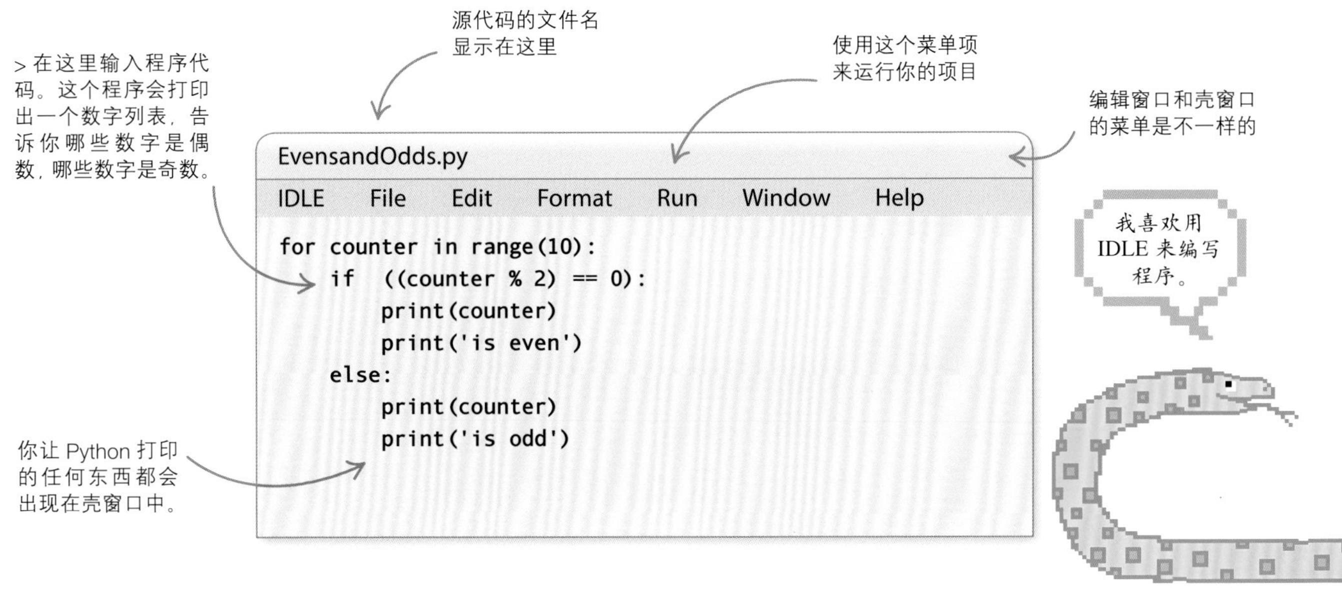

源代码的文件名显示在这里
> 在这里输入程序代码。这个程序会打印出一个数字列表，告诉你哪些数字是偶数，哪些数字是奇数。
使用这个菜单项来运行你的项目
编辑窗口和壳窗口的菜单是不一样的
EvensandOdds.py
IDLE File Edit Format Run Window Help
for counter in range(10):
    if ((counter % 2) == 0):
        print(counter)
        print('is even')
    else:
        print(counter)
        print('is odd')
你让 Python 打印的任何东西都会出现在壳窗口中。
我喜欢用 IDLE 来编写程序。

专家提示

源代码中的颜色

IDLE会自动给文本加上颜色，用高亮的方式提示代码中的不同部分。不同的颜色让人更容易理解代码，同时在排查代码中的错误时也很有用。

◁符号和名字

大多数代码中的文字用黑色来显示。

◁输出

一个程序运行时生成的文字用蓝色来显示。

◁关键词

某些特定的单词在 Python 中有特定用途，比如“if”和“else”。它们被称作关键词，用橙色来显示。

◁内置的命令

Python 的命令用紫色显示，比如“print”等等。

◁错误

Python 用红色来提醒你，代码中出现了错误。

◁引号中的文字

在引号中的文字是绿色的。如果在文字周围出现一个绿色的圆括号，那么表示遗漏了一个引号。

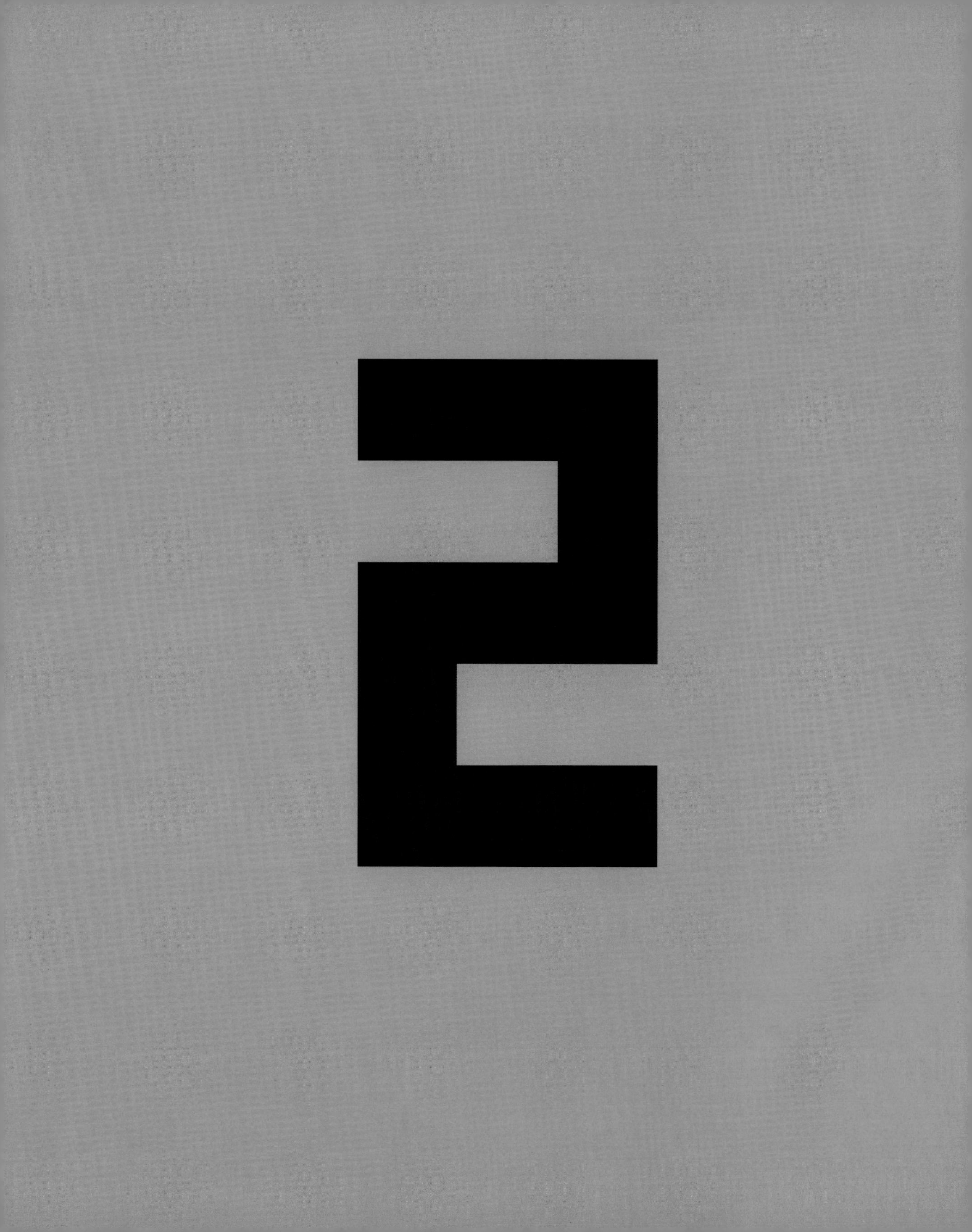

Python基础

你的第一个程序

你好，
塞德里克！

至此，你已经成功安装了 Python 和 IDLE。现在，可以用 Python 编写第一个程序了。按照如下步骤创建第一个程序，它会用一个欢快的信息和用户打招呼。

工作原理

这个程序首先会显示消息：“你好，世界！”然后它会询问你的名字。当你输入名字后，它会再次问好，但在这一次问候中会使用你的名字。程序使用一种叫作“变量”的东西来记住你的名字。在程序中，变量就是用来保存信息的。

▷ “你好，世界”工作流程图

程序员使用一种叫作“流程图”的东西来展现程序的功能，规划将要完成的程序。每一个步骤都会画在一个方框里，用箭头指向下一个步骤。有时候，某个步骤是一个提问，根据答案的是或否分别指向不同的下一个步骤。

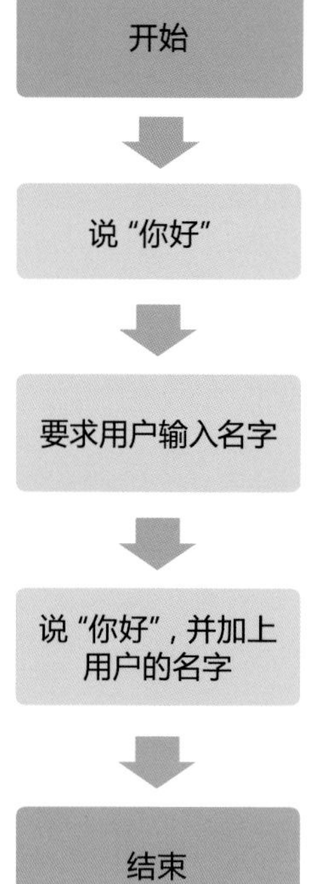

你好，世界！

1 启动 IDLE

当启动 IDLE 后，壳窗口就出现了。不用管它，直接在 IDLE 的菜单中点击“File”，选中“New File”，这时就能打开一个空白窗口，你可以在这里编写程序。

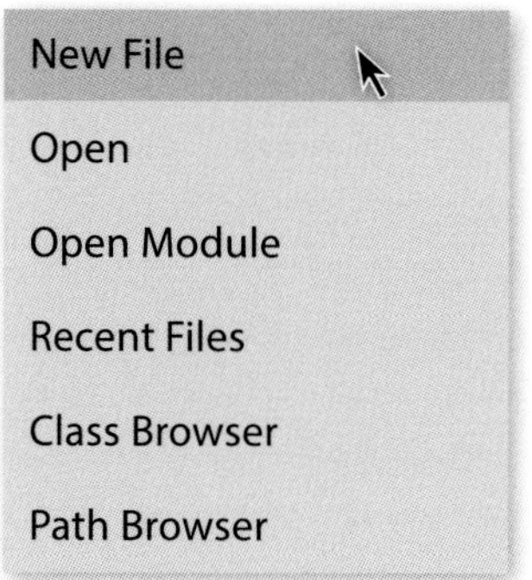

2 键入第一行代码

在编辑器窗口中，输入下面这行文字。“print”是 Python 的一个指令，它告诉计算机在屏幕上显示一些东西，比如这几个词“Hello，World！”

```
print('Hello, World!')
```

3 保存你的文件

在你运行这段代码之前，必须要先保存它。前往“File”菜单，选择“Save”（保存）。

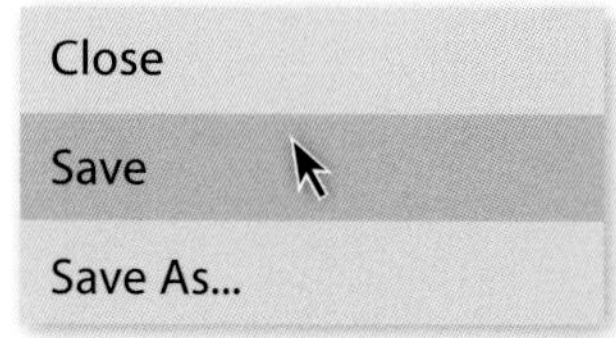

4 保存文件的方法

这时会出现一个弹出窗口。给你的程序起一个名字，比如“helloworld.py”，然后点击“Save”。

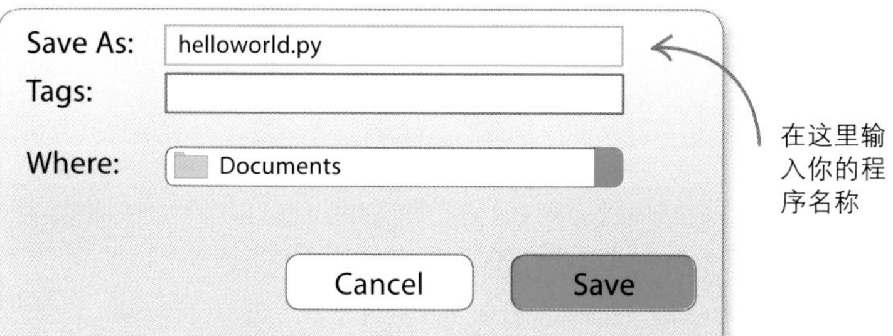

术语

.py 文件

Python 程序的文件名通常以 .py 结尾，你很容易识别它们。当你保存一个程序时，Python 会自动在文件名的末尾添加“.py”，所以你并不需要输入它。

5 测试它的执行效果

现在运行程序的第一行，看看它是否有效。打开“Run”（运行）菜单，然后选择“Run Module”（运行模块）。你应该能在壳窗口中看见消息：“Hello，World！”

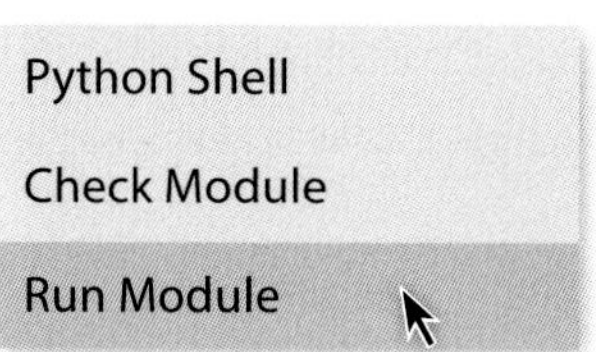

6 修正错误

如果代码没有正常工作，请保持冷静！每一个程序员都会犯错，想要成为编程高手，寻找程序中的“臭虫”是必备技能。回到程序中，检查一下是否有拼写错误。输入圆括号了吗？单词“print”拼对了吗？修正任何发现的错误，然后再次运行你的程序。

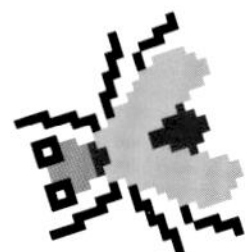

专家提示

快捷键

在编辑器窗口中，有一个快捷的方式可以启动一个程序，那就是按下 F5 键。这可比选择“Run”，再选择“Run Module”快多了。

7 再添加几行代码

回到编辑窗口，给你的程序再新增两行。右图的中间一行会询问你的名字，然后把它保存到一个变量中。最后一行使用你的名字，来显示一行问候语。你可以把这句问候语改成其他你喜欢的话，礼貌点或者热情点随你选择。

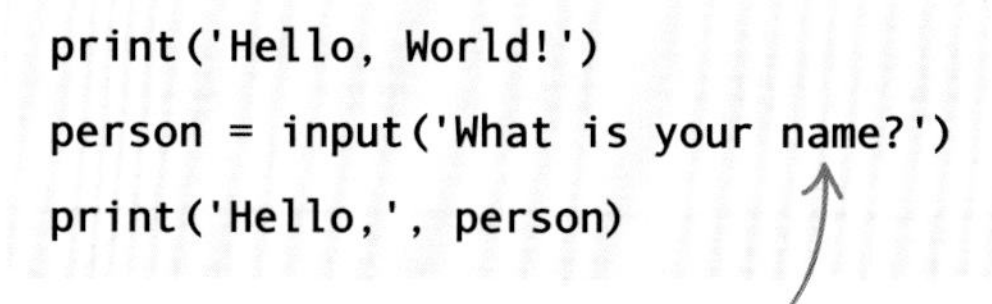

print('Hello, World!')
person = input('What is your name?')
print('Hello,', person)

这一行要求用户输入名字，接着把它保存到一个叫作“person”的变量中

8 最后的任务

再次运行代码，检查它的工作状况。当你输入了名字，按下回车键，壳窗口会显示一条个性化的消息。恭喜你，完成了人生第一个 Python 程序，朝着成为超强程序员的方向迈出了第一步！

```
Hello, World!
What is your name?Josh
Hello, Josh
```

用户的名字

变量

想要写出真正有用的程序，你必须要保存和标注信息，这正是变量发挥作用的地方。变量能够保存各种东西，从记录游戏中的分数，到进行数学计算、存储列表项。

如何创建变量

变量都需要有一个名字。为它起一个恰当的名字，这能提示你变量中到底保存了什么。接下来，想一下你要把什么保存到变量中，这就是变量的值。输入名字，然后输入一个等号，接着输入变量值，我们把这个过程叫作“把一个值赋给变量”。

△存储盒

变量就像是贴着标签的盒子。你可以把数据保存到盒子里，一旦需要，就可以用它的名字再找到这个数据。

1 为变量赋值

在壳窗口里，输入这一行代码，创建一个名为“age”的变量，并给它赋值。如果你喜欢，可以输入自己的真实年龄。

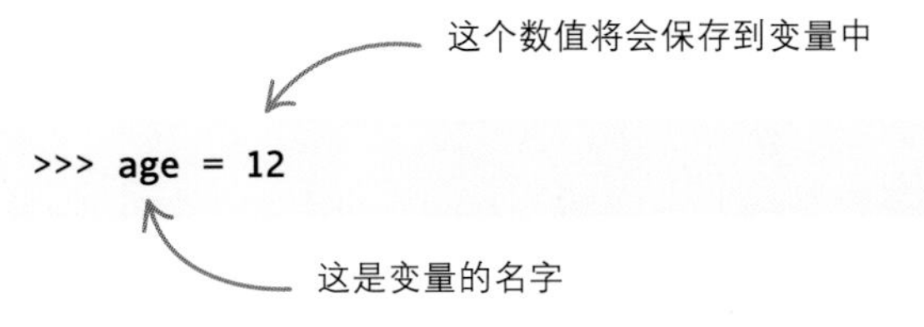
这个数值将会保存到变量中
>>> age = 12
这是变量的名字

2 打印变量

现在，把右图所示的代码输入到壳窗口中。点击回车键，看看有什么效果。

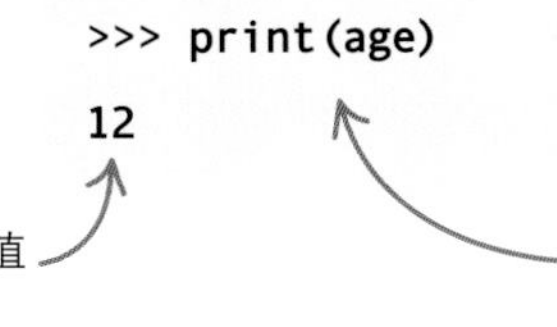
>>> print(age)
12

变量 age 的值

print 函数会把圆括号中的变量值打印出来

专家提示

为变量命名

给变量起一个恰当的名字会让程序更易于理解。例如，要跟踪记录玩家在游戏中的生命值，就应该给它起名为 `lives_remaining`（剩余生命），而不要使用 `lives` 或者 `lr`。变量名可以使用字母、数字和下划线，但是一定要用字母开头。遵循下面的规则，你就不会出错了。

应该做的和不应该做的：

- 变量名应该用一个字母开头
- 名字中可以使用任何字母或者数字
- 如下符号不允许使用：-、/、#、@
- 不允许使用空格
- 可以用下划线来代替空格
- 要区分大写和小写字母，Python认为“Score”和“score”是两个不同的变量
- 避免使用Python命令中使用的单词，比如“print”

术语

整型数和浮点数

在编程中，整数被称为“integers”（整型数），而那些包含了小数点的数字则被称为“float”（浮点数）。在计数时，程序中通常使用整型数。浮点数则一般用于度量。

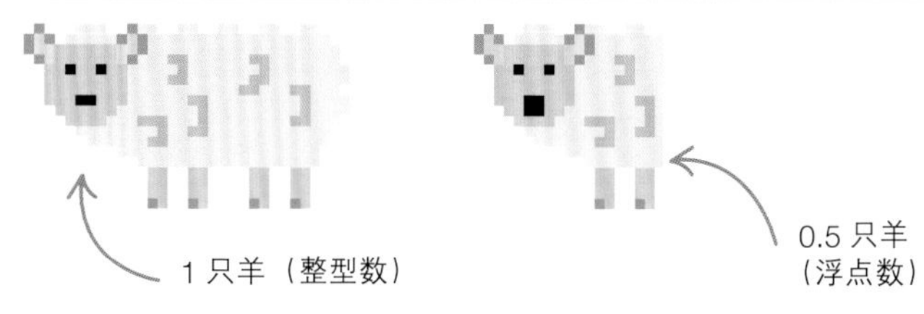
1 只羊（整型数）
0.5 只羊
（浮点数）

使用数字

变量可以用来存放数字和计算。变量和运算符号可以一起使用，进行数学计算，方法和你在数学课上所学无异。有的运算符看上去非常眼熟，但要小心乘法和除法运算符，它们和你在课堂上学的稍有不同。

运算符	含义
+	加
-	减
*	乘
/	除

一些 Python 中的数学运算符

1 一则简单的计算

在壳窗口中输入这几条指令。它们使用保存在两个变量中的值完成了一则简单的乘法计算，变量的名字分别是 **x** 和 **y**。按下回车键，你就会看到结果。

2 改变值

要改变一个变量的值，只要赋给它一个新的值就行了。在代码中，把 **x** 的值改为 10，并且再次运行计算。你觉得程序运行的结果会是怎样的呢？

3 更新值

要得到正确的结果，还需要更新 **y** 的值。输入这几行代码，它们会在 **x** 被修改以后，把新的值赋给 **y**。如果你在程序中修改了一个变量的值，一定要检查一下是否需要更新其他变量。

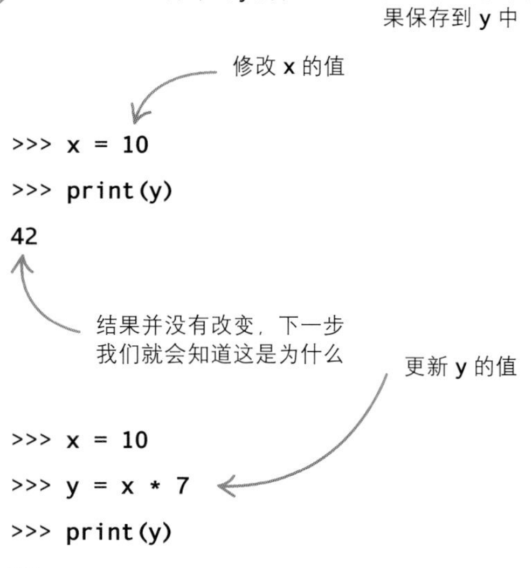
创建一个新变量，起名为 x，把 6 保存到这个变量中
>>> x = 6
>>> y = x * 7
>>> print(y)
42
计算结果
打印出 y 的值
把 x 和 7 相乘，计算的结果保存到 y 中
修改 x 的值
>>> x = 10
>>> print(y)
42
结果并没有改变，下一步我们就会知道这是为什么
更新 y 的值
>>> x = 10
>>> y = x * 7
>>> print(y)
70

使用字符串

那些由一系列字母或者其他符号组成的数据被程序员叫作“字符串”。单词和句子都是字符串。几乎所有的程序员都或多或少地要和字符串打交道。你用键盘输入的每一个字符，甚至那些无法用键盘输入的字符，都可以保存在字符串里面。

P
Y
T
H
O
N
字符串其实就是一串字符
引号表示变量保存了一个字符串
>>> name = 'Ally Alien'
>>> print(name)
Ally Alien
按下回车键，字符串会被打印出来
记得要有引号
>>> name = 'Ally Alien'
>>> greeting = 'Welcome to Earth, '
>>> message = greeting + name
>>> print(message)
Welcome to Earth, Ally Alien
“+”号会把一个字符串和另一个字符串合并在一起
当你打印字符串的时候，引号并不会出现
带我去见你的头儿！
他没有任何线索！
!

1 变量中的字符串

字符串可以放入变量中。请把右侧的代码输入到壳窗口中。它会把字符串“**Ally Alien**”赋值给变量 **name**，并且把它显示到屏幕上。字符串的开头和结尾必须有引号。一般情况，Python 中首选使用单引号。

2 拼接字符串

变量的用处很大，你还可以把两个变量合并得到新的变量。把两个字符串相加，在新的变量中就会得到把它们拼接在一起的字符串。如右图，我们来做一下这个实验。

专家提示

字符串的长度

你可以利用一个小技巧，使用 **len()** 命令来获得字符串中字符的数量。注意，字符串的长度也包括空格。**Len()** 命令就是程序员所谓“函数”的一个实例，在本书中你会用到很多函数。想知道字符串“**Welcome to Earth,Ally Alien**”有多少个字符，请把下面的代码行输入到壳窗口中，然后按下回车键。注意，前提是你已经创建好了这个字符串。

```
>>> len(message)
28
```

被计算出来的字符数量

列表

如果你需要记录很多数据，或者数据的顺序对你来说非常关键，这时就需要一个列表。列表可以把很多数据项保存在一起，并且让它们按照顺序放置。Python 给每个数据项一个编号，这个编号代表了它在列表中的位置。你可以在任何时候改变列表的某个数据项。

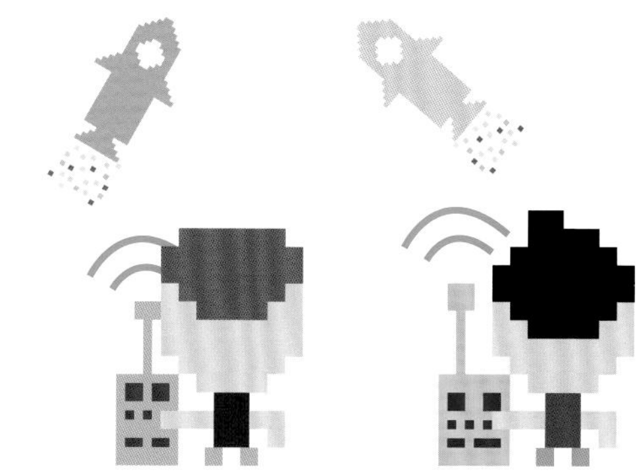

1 多个变量

设想一下，你现在正要编写一个多人游戏，需要保存战队中每个玩家的名字。你可以给每个玩家创建一个变量，看起来就像右边这个样子……

```
>>> rockets_player_1 = 'Rory'
>>> rockets_player_2 = 'Rav'
>>> rockets_player_3 = 'Rachel'
>>> planets_player_1 = 'Peter'
>>> planets_player_2 = 'Pablo'
>>> planets_player_3 = 'Polly'
```

每个战队有 3 个玩家，所以你一共需要 6 个变量

2 在变量中存放一个列表

但如果每个战队有 6 个玩家呢？要管理和更新这么多的变量实在很困难，这时更好的方法就是使用列表。要创建一个列表，你只须把所有的数据项放到一个方括号里。请在壳窗口中试验这两个列表。

```
>>> rockets_players = ['Rory', 'Rav',
'Rachel', 'Renata', 'Ryan', 'Ruby']
>>> planets_players = ['Peter', 'Pablo',
'Polly', 'Penny', 'Paula', 'Patrick']
```

这个列表保存在变量 planets_players 中

列表中的每一个数据项必须用逗号分隔开

3 从列表中取出数据项

把数据保存在列表中以后，要使用它们就很方便了。要从列表中取出一个数据项，首先输入列表的名字，然后在方括号中输入一个位置编号，它指明这个数据项在列表中的位置。注意，Python 中数据项的编号是从 0 开始的，而不是 1。现在试验一下，看看能否把不同的玩家名字从战队列表中取出。第一个玩家是第 0 项，而最后一个玩家是第 5 项。

这一行代码从列表中取出第一项，位置为 0

```
>>> rockets_players[0]
'Rory'
>>> planets_players[5]
'Patrick'
```

这一行代码从列表中取出最后一项，位置是 5

按下键盘上的回车键就可以取出数据项

做出决定

“下一步要做什么呢？”每天你都会在心里问自己，并做出各种各样的决定。例如，“今天会下雨吗？”“我的作业完成了吗？”“我是一匹马吗？”计算机也会通过回答问题来做出决定。

这……
我是一匹马吗?

和比较有关的问题

你确定要这么做吗?

计算机提出的问题经常是把一个东西和另一个东西作比较。比如，它会询问自己一个数字比另一个数字大吗？如果是，就执行一组指令，否则就跳过。

▷布尔值

对于计算机的提问只有两种答案：True（真）或者 False（假）。Python 把这两种回答称为“布尔值”，它们必须以大写字母开头。你可以把布尔值保存到变量里。

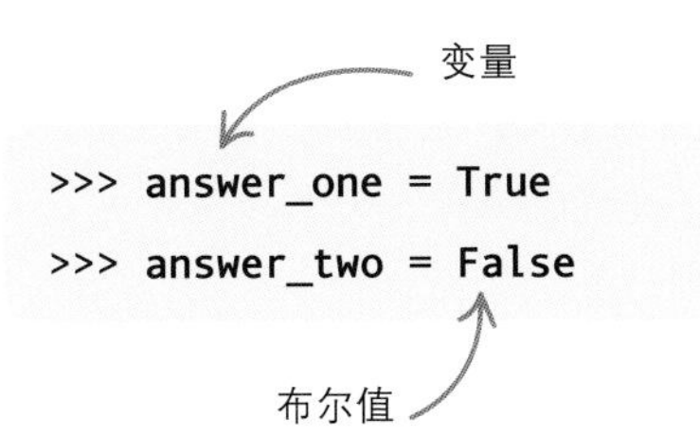
变量
布尔值

```
>>> answer_one = True
>>> answer_two = False
```

专家提示

等号标记

在 Python 中，你可以使用一个等号，也可以使用两个等号。它们的含义有所不同。当你要设置一个变量的值，应该使用一个等号。例如，输入 **age=10**，它会把变量 **age** 的值设定为 10。当你要比较两个值是否相等，应该使用两个等号，请看下面的例子：

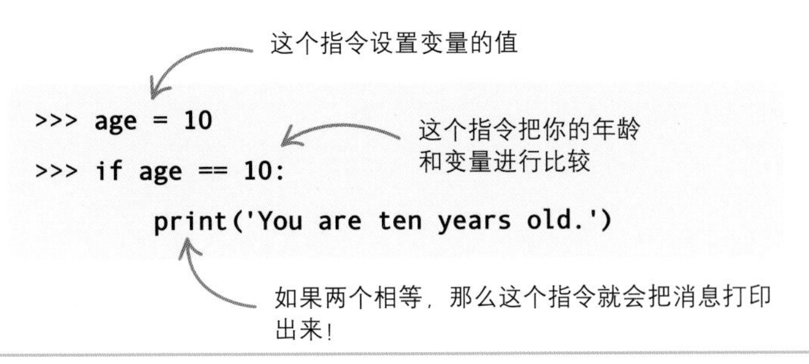
这个指令设置变量的值
这个指令把你的年龄和变量进行比较
如果两个相等，那么这个指令就会把消息打印出来！

```
>>> age = 10
>>> if age == 10:
        print('You are ten years old.')
```

▽逻辑运算符

这些符号告诉计算机如何比较数据，程序员称它们为“逻辑运算符”。你可能在数学课上用过其中一些。在程序中，单词“and”和“or”也可以被用作逻辑运算符。

符号	含义
==	相等
!=	不相等
<	小于
>	大于

我比你大!

菠萝和斑马

现在，我们用壳窗口来完成一个例子。用变量 **pineapples** 和 **zebras** 来表示有 5 个菠萝和 2 匹斑马。把下面这两行代码输入壳窗口。

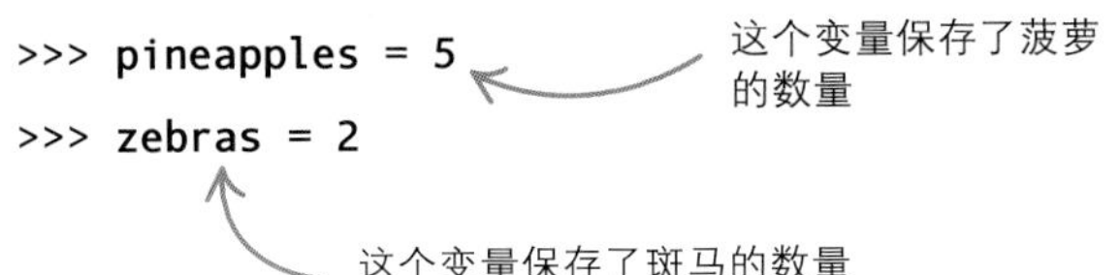

这个变量保存了菠萝的数量
这个变量保存了斑马的数量

▽▷比较大小

现在请分别输入下面这几行代码，比较一下两个变量的值。在你输入每行代码，按下回车键后，Python 会告诉你这个判断是真还是假。

菠萝的数量比斑马的数量多
>>> pineapples > zebras
True

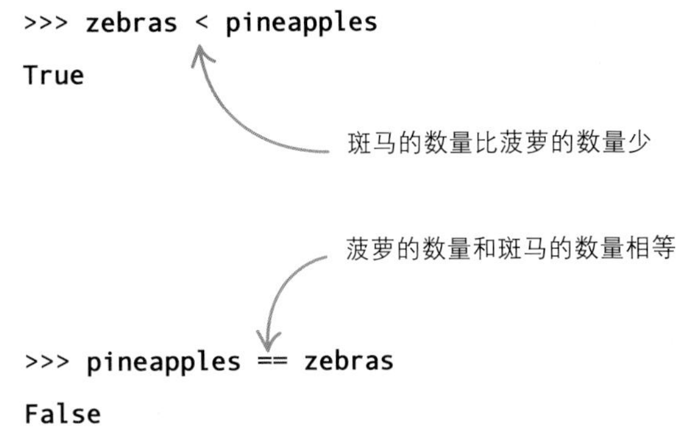

>>> zebras < pineapples
True
斑马的数量比菠萝的数量少
菠萝的数量和斑马的数量相等
>>> pineapples == zebras
False

术语

布尔表达式

如果一个语句使用了逻辑运算符对变量和数值进行比较，那么它总是会给出一个布尔值：True 或者 False。因此，这些语句被称为“布尔表达式”，我们刚才输入的所有关于菠萝和斑马的语句都是布尔表达式。

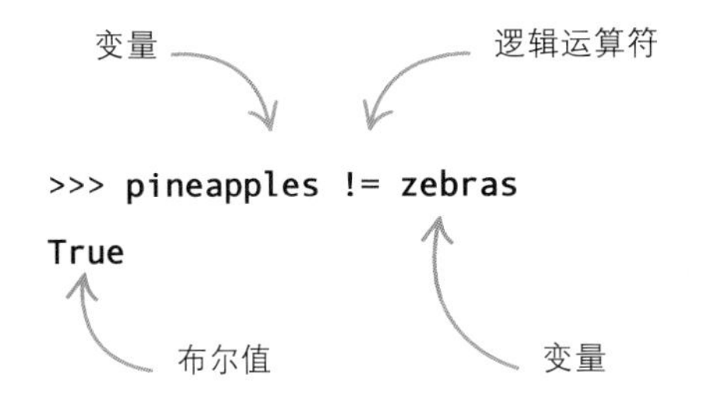

▽多个比较判断

你可以用 and 和 or 把多个比较判断连接起来。如果使用 and，只有两边的比较都是真，整个判断才会是真。如果使用 or，只要有一边的判断是真，整个判断就是真。

```
>>> (pineapples == 3) and (zebras == 2)
False
```

左边的判断（pineapples==3）是错的，所以整个判断就是假

```
>>> (pineapples == 3) or (zebras == 2)
True
```

右边的判断（zebras==2）是对的，所以整个判断就是真

坐过山车

游乐园的公告牌写着：只有大于 8 岁且身高超过 1.4 米的人才可以坐过山车。Mia 已经 10 岁了，身高也有 1.5 米。让我们在壳窗口中编写程序，检查一下她是否可以乘坐过山车。请输入下面几行代码，它们会创建两个变量用来存放 Mia 的年龄和身高，然后你要把正确的数值赋给它们。输入一个布尔表达式，用它来表示乘坐过山车的规则，然后按下回车键。

你不能坐过山车，
你太小了！
但是我已经
100 岁了！

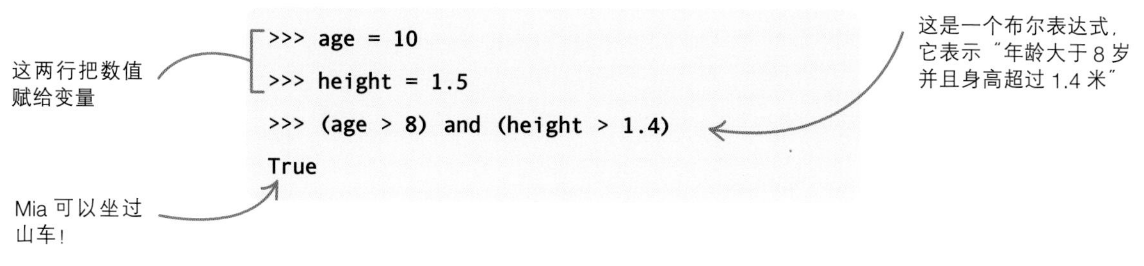

这两行把数值

它表示“年龄大于 8 岁

Mia 可以坐过

```
>>> age = 10
>>> height = 1.5
>>> (age > 8) and (height > 1.4)
True
```

分支

计算机经常要决定执行程序中的哪一部分代码，这是因为大多数程序都要根据不同的情况去做不同的事情。程序执行的路径就像道路分岔成两个方向，通向不同的目的地。

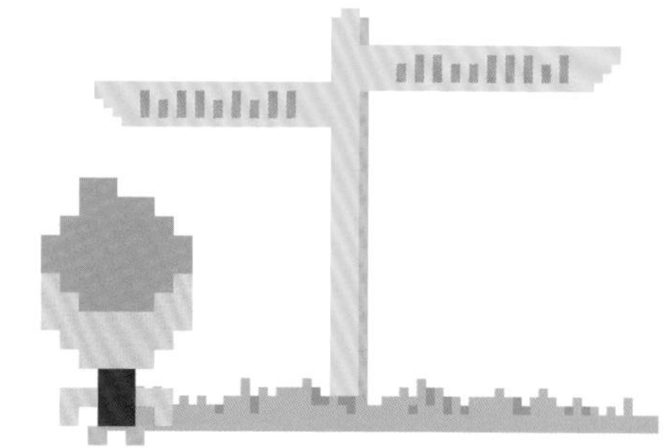

术语

条件

条件是一个布尔表达式（也就是一个或者真或者假的比较判断），这个表达式帮助计算机决定执行哪一部分代码。

▷学校还是公园？

设想你正在路上，要选择前进的方向。选择哪个方向取决于一个问题：今天是工作日吗？如果今天是工作日，你要选择通往学校的路；如果今天不是工作日，你就选择通往公园的路。在 Python 中，程序的不同路径意味着执行不同的代码块，代码块可以是一个或者多个语句，都按照 4 个空格缩进。计算机用一个叫作“条件”的东西来检查，它根据检查结果决定要执行的代码块。

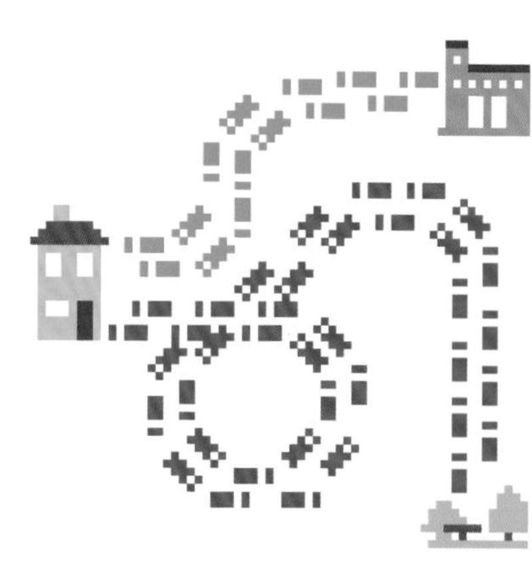

▷一个分支

最简单的分支命令就是 **if** 语句。它只有一个分支，当条件为真时，计算机就会执行这个分支。右边这个程序会询问用户外面是不是黑夜？如果回答是，程序就会让计算机假装进入睡眠状态。如果外面不是黑夜，**is_dark == 'y'** 是假的，那么消息“Goodnight！”（晚上好）就不会出现。

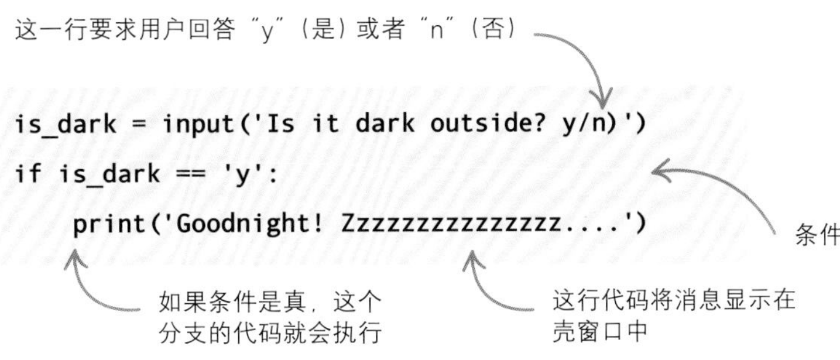
这一行要求用户回答“y”（是）或者“n”（否）
条件
如果条件是真，这个分支的代码就会执行
这行代码将消息显示在壳窗口中

```
is_dark = input('Is it dark outside? y/n)')
if is_dark == 'y':
    print('Goodnight! Zzzzzzzzzzzzzz....')
```

▷两个分支

你想不想让程序在条件为真的时候做某件事，在条件为假的时候做另一件事呢？如果的确需要，你就可以使用有两个分支的命令，它叫作“**if-else**”语句。右边这个程序会询问用户有没有触手，如果回答“Yes”，程序就认为它一定是章鱼！如果回答是“No”，程序就会认为他是人类。每一种决定都会打印出一条消息。

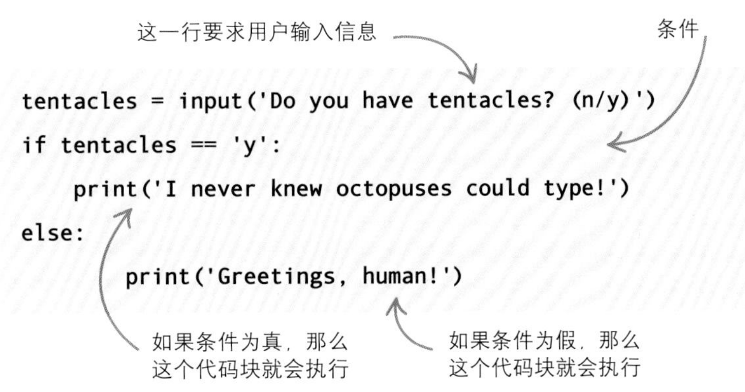
这一行要求用户输入信息
条件
如果条件为真，那么这个代码块就会执行
如果条件为假，那么这个代码块就会执行

```
tentacles = input('Do you have tentacles? (n/y)')
if tentacles == 'y':
    print('I never knew octopuses could type!')
else:
    print('Greetings, human!')
```

▷多个分支

当可能的路径超过两个，使用 **elif** 语句（else-if 的简写）最方便了。这个程序要求用户输入对于天气的预测：“rain”（雨天）、“snow”（雪天），还是“sun”（晴天）呢？然后程序会根据条件选择 3 条路径中的一条。

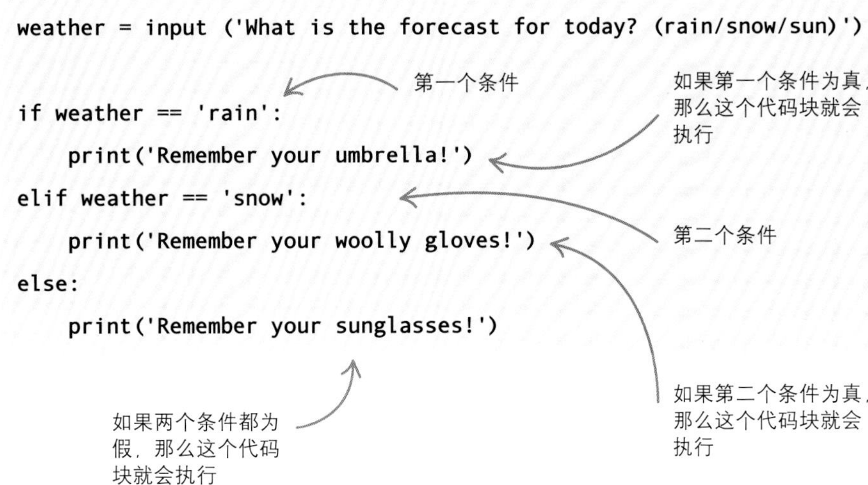
第一个条件
如果第一个条件为真，那么这个代码块就会执行
第二个条件
如果第二个条件为真，那么这个代码块就会执行
如果两个条件都为假，那么这个代码块就会执行

```
weather = input ('What is the forecast for today? (rain/snow/sun)')
if weather == 'rain':
    print('Remember your umbrella!')
elif weather == 'snow':
    print('Remember your woolly gloves!')
else:
    print('Remember your sunglasses!')
```

△工作原理

elif 语句一定要在 **if** 语句之后，**else** 语句之前。只有当第一个 **if** 语句中的条件为假时，**elif** 语句才会检查是否是雪天。你可以插入更多的 **elif** 语句用来检查更多种类的天气。

奇异的循环

计算机特别擅长做繁琐无聊的工作，并且毫无怨言。而程序员擅长让计算机来替自己完成那些重复的劳动，方法就是利用“循环”。循环可以不停地重复执行一段代码，一遍又一遍。循环有以下几种。

For 循环

如果你已经知道有一段代码需要重复执行多少次，就可以使用 **for** 循环。在下面的例子中，Emma 编写了一个程序，为她的房门制作一个标语牌。它会打印出 10 遍：“Emma’s Room-Keep Out！！！”（这是 Emma 的房间，不许进入！！！）请在壳窗口中运行她的代码。（输入完代码后，按下回车键，然后用退格键删除缩进的空格，再按下回车键，重新运行程序，看看会出现什么情况。）

```
>>> for counter in range(1, 11):
        print('Emma\'s Room - Keep Out!!!')
```

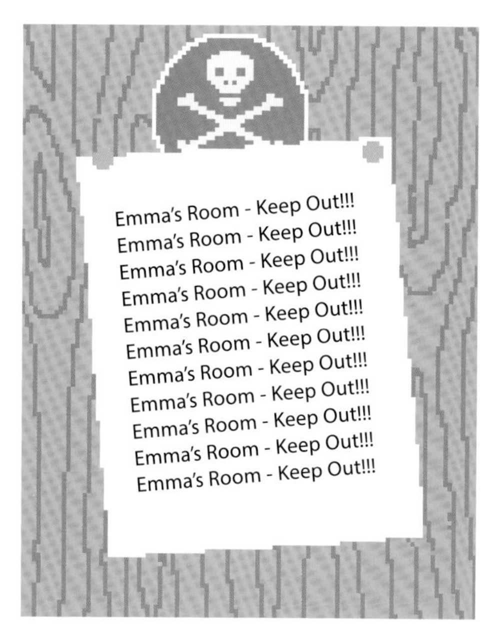

▽循环变量

循环变量会跟踪记录循环体重复执行了多少次。第一次执行时，循环变量等于列表的第一个值，列表值的范围是从 1 到 11（不包含 11）。第二次执行时，它等于列表中的第二个值，以此类推。当我们用完了列表中的所有数字，循环就停止了。

专家提示

Range

在 Python 程序中，单词“range”后面有一个圆括号，里面有两个数字，它表示指定范围内的所有数字，这个范围是从第一个数字到比最后一个数字小 1 的数字。例如，**range(1,4)** 表示数字 1、2、3，但是不包括 4。在 Emma 的程序中，**range(1,11)** 包括数字：1、2、3、4、5、6、7、8、9、10。

专家提示

转义字符（\）

在 Emma\'s Room 程序中，反斜杠用于通知 Python 忽略后面的撇号，这个撇号不再作为用于结束一个字符串的记号。起到这样作用的反斜杠被称为转义字符。它的作用就是告诉 Python，在运行程序时不要在意下一个字符的作用，不管它能否让这一行代码有效或者出错。

我被无视了！

我能预见未来，
它是如此不可
思议！

While 循环

如果你事先不知道循环体要执行多少次，那该怎么办呢？用水晶球来预测一下吗？开个玩笑！你可以使用 **while** 循环搞定。

▷循环条件

While 循环中并没有一个循环变量用来指定数值的范围。它拥有的是一个循环条件，也就是一个其值为真或假的布尔表达式。它就像舞会入口的检票员，问你是否有门票。如果你有（条件为真，True），就可以直接进入；如果没有（条件为假，False），就不让你进。在程序运行中，如果条件不为真，那么你就不能进入循环体。

今天
这里有
舞会！

你不能进入循环体，
因为你的循环条件
不是真的！

?!?

▽平衡术

在下面的例子中，有一群河马正一头踩在另一头上面表演叠罗汉的平衡技巧。这个程序用来记录有多少头河马在表演叠罗汉。阅读下面的代码，看看你是否理解它是如何工作的。

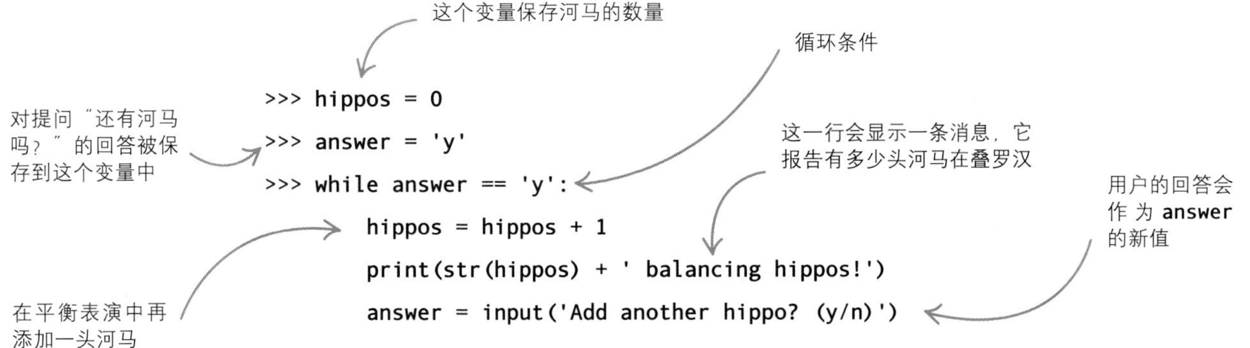
这个变量保存河马的数量
循环条件
对提问“还有河马吗？”的回答被保存到这个变量中
这一行会显示一条消息，它报告有多少头河马在叠罗汉
用户的回答会作为 answer 的新值
在平衡表演中再添加一头河马
>>> hippos = 0
>>> answer = 'y'
>>> while answer == 'y':
hippos = hippos + 1
print(str(hippos) + ' balancing hippos!')
answer = input('Add another hippo? (y/n)')

▷工作原理

这个程序中的循环条件是：**answer==‘y’**，它意味着用户想要再添加一头河马。在循环体中，我们把参与平衡表演的河马数量增加1，然后询问用户是否还想再加入一头河马。如果用户的回答是‘y’，循环条件就为真(True)，那么程序就会再次进入循环体。如果用户的回答是‘n’，那么循环条件就为假(False)，程序就跳过循环了。

嗯……也许我还要
再添加一头河马？
！！！

无限循环

有时候，你也许希望在程序执行中 **while** 循环会持续重复运行。这样的循环我们把它叫作“无限循环”。很多电子游戏中的游戏主循环都是无限循环。

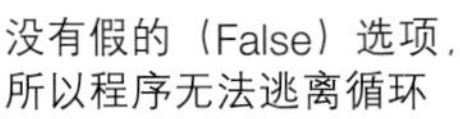
没有假的（False）选项，
所以程序无法逃离循环

```
>>> while True:
        print('This is an infinite loop!')
```

△进入无限循环

只要把循环条件设置为固定的值：True（真），你就创造了一个无限循环。因为这个值永不改变，所以循环就永远不会退出。在壳窗口中试验一下这个 **while** 循环。它没有假的（False）选项，所以循环会没完没了地打印：“This is a infinite loop！”（这是一个无限循环！）直到你退出程序才停止。

专家提示

结束循环

如果你不希望循环变成一个无限循环，就要在 **while** 循环体内部做一些设置，它们可以把循环条件变为假（False）。但也别担心，如果你无意间生成了一个无限循环，只要同时按下 Ctrl 和 C 键就可以终止程序运行。为了退出循环，你也许需要多按几次 Ctrl+C。

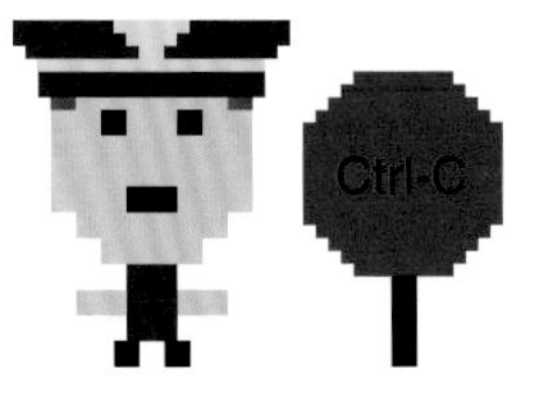
Ctrl-C

▽逃离无限循环

你可以精心策划一个无限循环，它会不断地向用户提问。这个“讨厌的”程序询问用户是否厌倦了。只要回答是‘n’（不厌倦），它就会继续问这个问题。如果用户厌烦了，输入‘y’，程序就会说他很粗鲁，然后用 break 命令跳出循环。**break** 的含义为中断，执行这个命令的时候，程序会跳出循环。

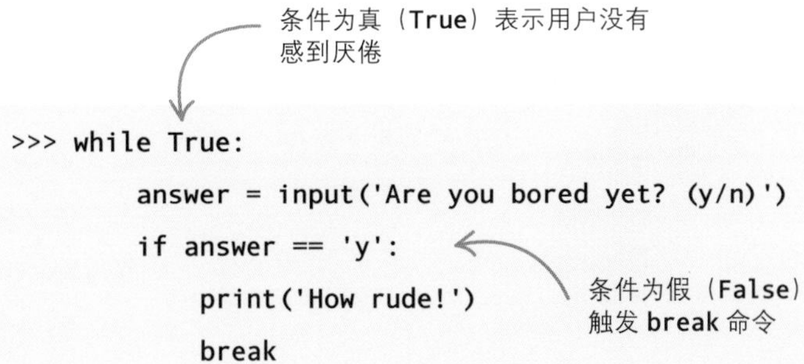
条件为真（True）表示用户没有
感到厌倦
条件为假（False）
触发 break 命令

```
>>> while True:
        answer = input('Are you bored yet? (y/n)')
        if answer == 'y':
            print('How rude!')
            break
```

循环里面的循环

一个循环体里面是否还能包含另一个循环呢？当然可以，这就叫作“嵌套的循环”。这就像俄罗斯套娃，一个娃娃被套在另一个更大的娃娃里面。在一个嵌套循环中，里面的循环在外部循环之内运行。

我就像俄罗斯套娃，
瞧，它们总是一个
套一个！

专家提示

代码缩进

循环体内的代码必须要缩进 4 个空格，否则 Python 会提示一个错误信息，代码不会被执行。对于嵌套的循环（包含在一个循环里的另一个循环）必须要缩进额外的 4 个空格。Python 会自动缩进循环体内的新指令，但你还是应该每次都仔细检查。

▷在一个循环里的另一个循环

这个例子把“禁止入内”的纸条换成了 3 次欢呼的程序，这个程序会打印“Hip，Hip，Hooray！”（嗨！嗨！乌拉！）3 次。因为每一次欢呼都有两个“Hip”，所以用一个嵌套的循环来打印它。

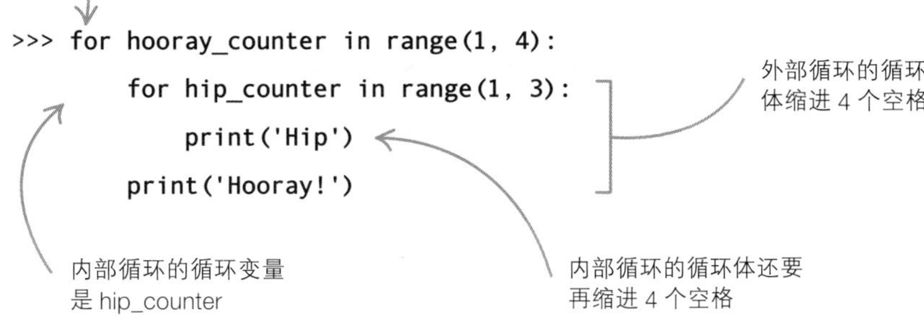

```
>>> for hooray_counter in range(1, 4):
        for hip_counter in range(1, 3):
            print('Hip')
        print('Hooray!')
```


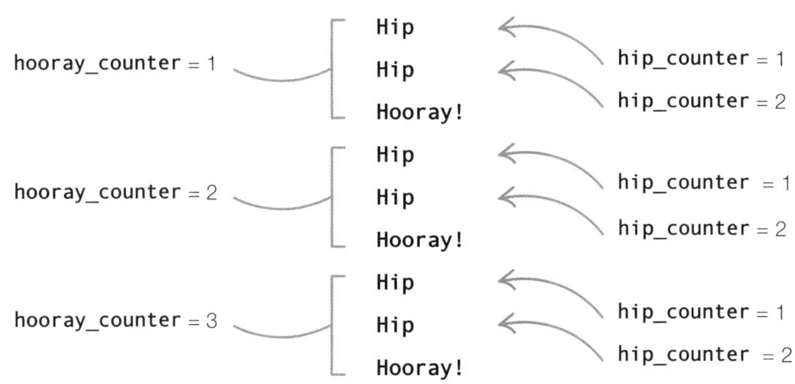

◁工作原理

整个内嵌的 for 循环是被包在外部 for 循环里面的。外部循环每执行一次，内部循环就会执行两次。这意味着外部循环一共执行 3 次，而内部循环一共执行 6 次。

动物知识竞猜

你喜欢玩知识竞猜游戏吗？想不想自己做一个呢？在这个作品中，你会创建一个动物知识竞猜。虽然其中的题目都和动物有关，但是这个作品很容易改成其他主题。

游戏是如何进行的？

这个程序会向玩家提出各种和动物有关的问题。玩家有 3 次答题机会——先别把游戏搞得太难了。每答对一题，玩家就能得一分。竞猜游戏结束时，程序会显示出玩家的得分。

游戏看上去就是这个样子，它运行在一个壳窗口中

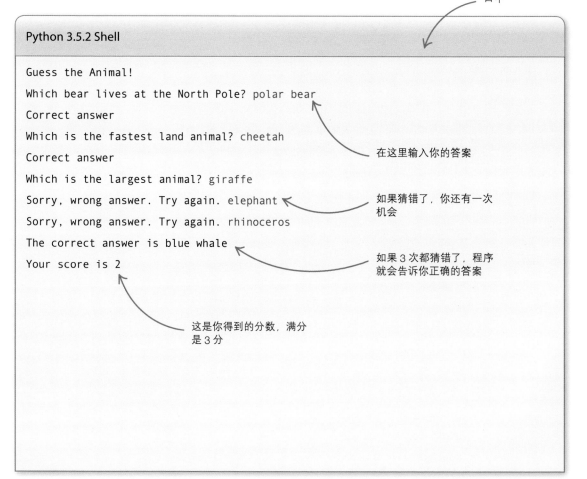

Python 3.5.2 Shell

```
Guess the Animal!
Which bear lives at the North Pole? polar bear
Correct answer
Which is the fastest land animal? cheetah
Correct answer
Which is the largest animal? giraffe
Sorry, wrong answer. Try again. elephant
Sorry, wrong answer. Try again. rhinoceros
The correct answer is blue whale
Your score is 2
```

在这里输入你的答案

如果猜错了，你还有一次机会

如果 3 次都猜错了，程序就会告诉你正确的答案

这是你得到的分数，满分是 3 分

工作原理

这个程序中使用了函数。所谓函数就是一段代码，它有自己的名字且完成一项特定的任务。有了函数，你就可以很方便地重复利用一段代码，不需要每次都从头输入。Python 有很多内置的函数，也允许你创建自己的函数。

▷调用函数

当你要使用一个函数，只要在代码中输入它的名字，就可以“调用”它。在动物知识竞猜的程序中，你将要创建一个函数，它的任务是比较玩家输入的答案和正确答案是否一致。每次玩家回答完一个问题，你就需要调用这个函数。

术语

忽视大小写

当程序把玩家输入的答案和正确答案做对比时，我们并不介意玩家输入的是大写还是小写字母，只要求单词必须是相同的。但不是所有的程序都是这样。比如一个检查密码的程序，如果它不区分大小写，密码就会更容易被猜出来，从而降低了安全性。但是，在动物知识竞猜游戏中，玩家输入熊的英文单词“bear”或者“Bear”是无所谓的，我们都认为是正确答案。

▽“动物知识竞猜”工作流程图

程序会一直检查还有没有剩下的问题，并且检查玩家是否用完了 3 次机会。玩家的分数会记录在一个变量里。当玩家回答完所有问题，游戏结束。

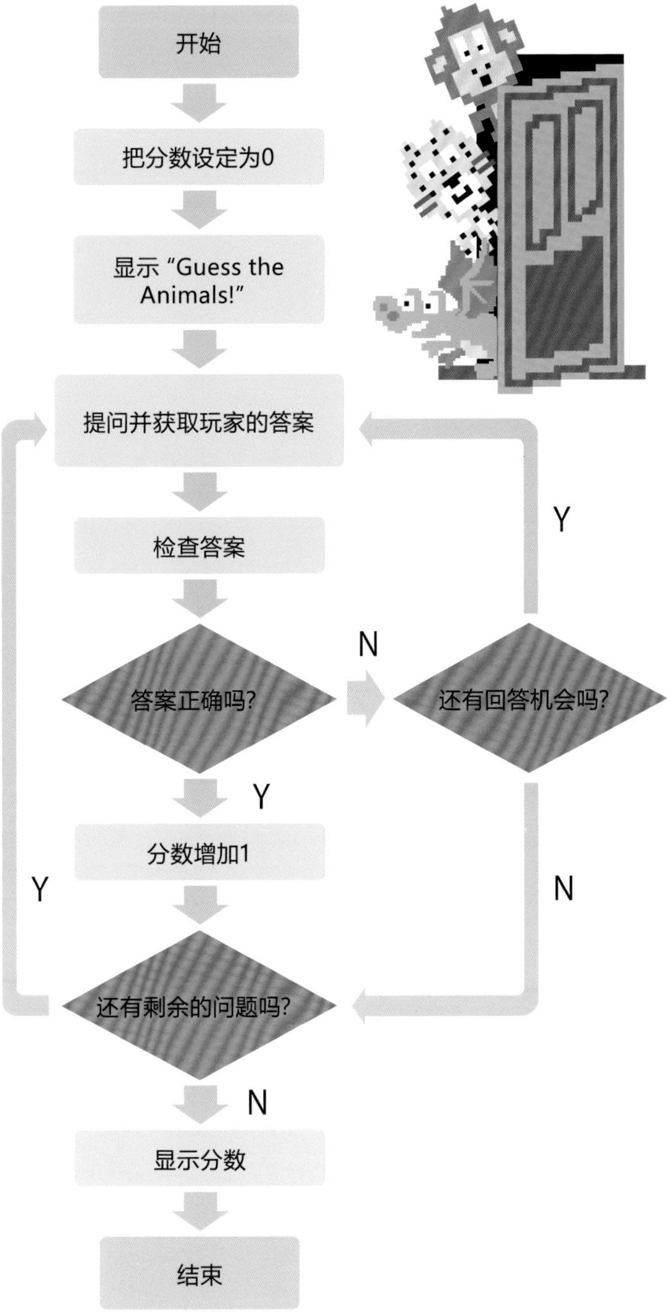

开始

把分数设定为0

显示 “Guess the Animals!”

提问并获取玩家的答案

检查答案

答案正确吗?

N

还有回答机会吗?

Y

N

Y

分数增加1

还有剩余的问题吗?

Y

N

显示分数

结束

把它们组成一个整体

现在，我们要把完整的知识竞猜游戏做出来。首先，你要创建所有的问题，然后完成检查回答是否正确的程序。最后，添加代码，给玩家 3 次回答的机会。

1 创建一个新文件

打开 IDLE。在“File”菜单中，选择“New File”。然后，把文件保存为“animal_quiz.py”。

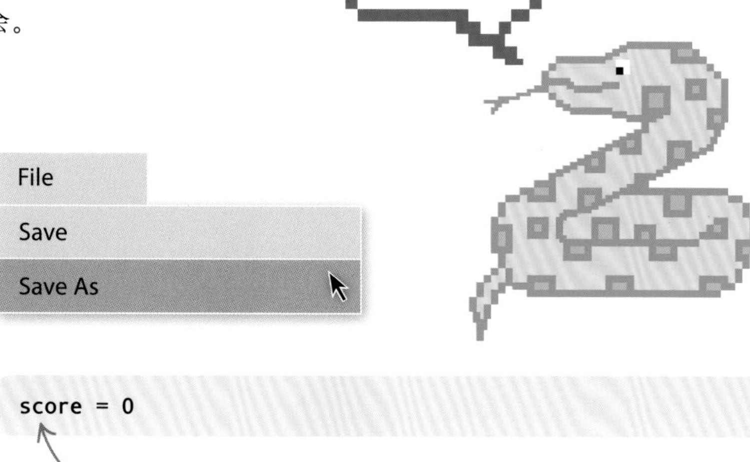

2 创建保存分数的变量

输入右侧代码，创建一个名为“**score**”的变量，把它的值设定为 0。

```
score = 0
```

你将使用这个变量来跟踪记录玩家的得分

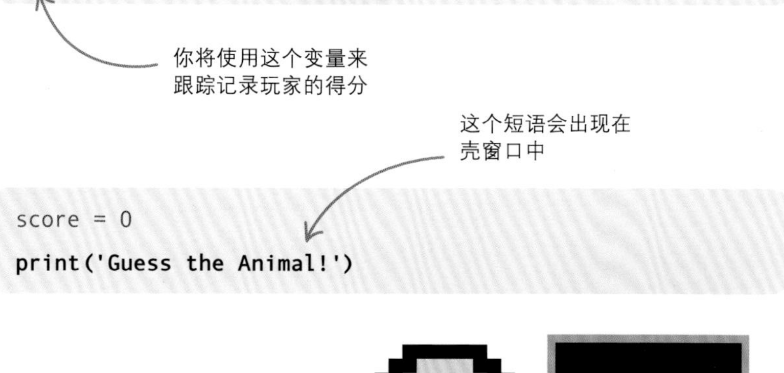

3 游戏说明

接下来，显示一行信息，向玩家介绍游戏的内容。这是玩家在屏幕上看到的第一行字。

```
score = 0
print('Guess the Animal!')
```

这个短语会出现在壳窗口中

4 运行程序

现在运行代码测试一下。在菜单“Run”中，选择“Run Module”，之后发生了什么？你应该会在壳窗口中看见欢迎的信息。

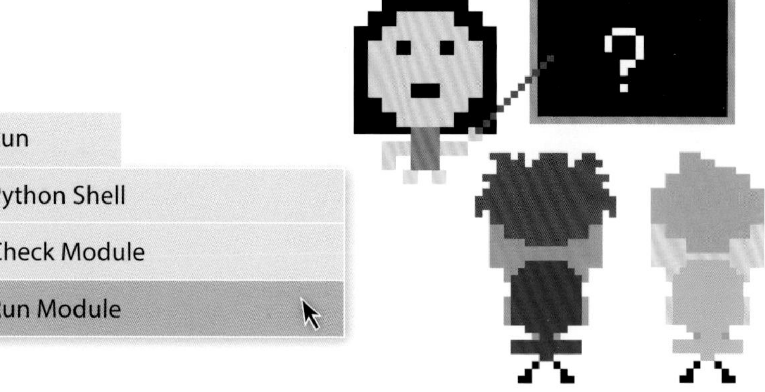

5 提问（用户输入）

下一行代码会提出一个问题，然后等待玩家输入答案。玩家输入的答案保存在变量 **guess1** 中。运行代码，确认提问会正常出现在屏幕上。

```
print('Guess the Animal!')
guess1 = input('Which bear lives at the North Pole? ')
```

无论用户输入了什么，都保存在变量 **guess1** 中

6 创建一个检查回答的函数

下一项任务是检查玩家的猜测是否正确。在 **score=0** 的前面，也就是在程序上部输入右侧代码。这些代码创建了一个函数，它的名字是 **check_guess()**，它会检查玩家的答案和正确答案是否一致。圆括号中的两个单词是“参数”，它们是函数运行时需要的信息。当你调用一个函数，就需要给参数赋值。

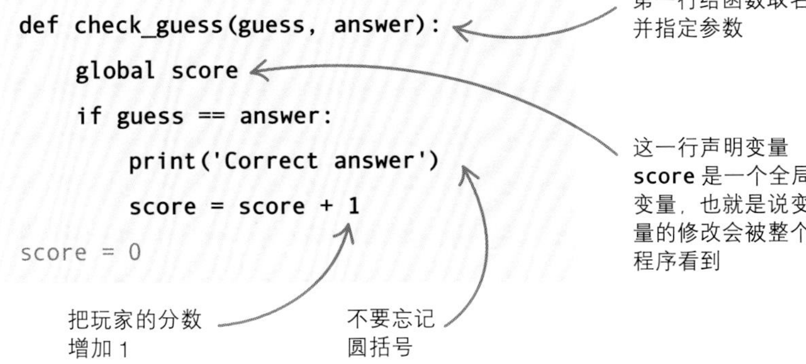

def check_guess(guess, answer):
global score
if guess == answer:
print('Correct answer')
score = score + 1
score = 0
第一行给函数取名，并指定参数
这一行声明变量 score 是一个全局变量，也就是说变量的修改会被整个程序看到
把玩家的分数增加 1
不要忘记圆括号

7 调用函数

现在，我们在程序的尾部添加一行，它会调用 **check_guess()** 函数。这一行代码会告诉函数用玩家的回答作为第一个参数，用短语“polar bear”作为第二个参数。

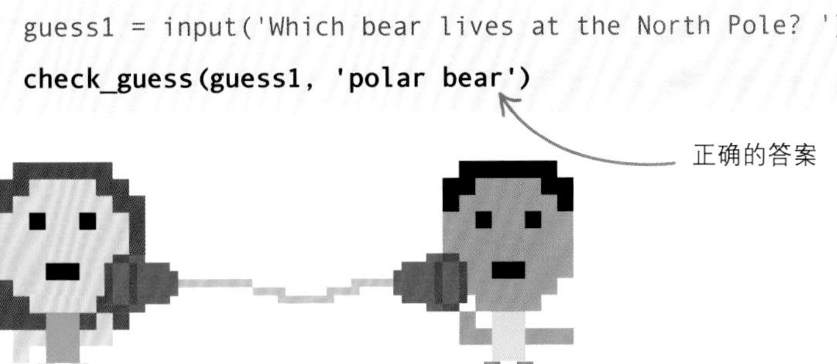

8 测试程序

再次测试程序，在运行时输入正确答案。壳窗口的效果应该这样的：

```
Guess the Animal!
Which bear lives at the North Pole? polar bear
Correct answer
```

9 添加更多的问题

一个竞猜游戏需要很多问题，一个可不够。按照之前的步骤，再添加两个问题到这个程序中。我们会把玩家的回答保存到变量 **guess2** 和 **guess3** 中。

```
score = 0
print('Guess the Animal!')
guess1 = input('Which bear lives at the North Pole? ')
check_guess(guess1, 'polar bear')
guess2 = input('Which is the fastest land animal? ')
check_guess(guess2, 'cheetah')
guess3 = input('Which is the largest animal? ')
check_guess(guess3, 'blue whale')
```

第一个问题

这行代码让程序去检查 guess1

这行代码让程序去检查 guess3

10 显示分数

下一行代码将会在游戏结束时显示玩家的分数。在最后一个问题的后面，程序的底部添加该代码。

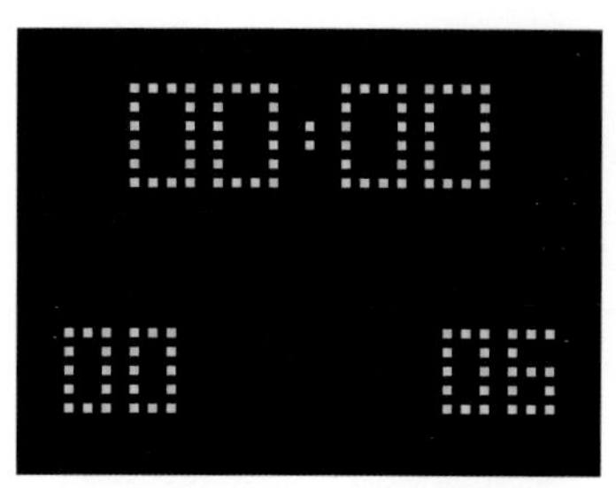

```
guess3 = input('Which is the largest animal? ')
check_guess(guess3, 'blue whale')

print('Your score is ' + str(score))
```

这行代码会生成一个消息，报告玩家的分数，这个消息会出现在屏幕上

△工作原理

要完成这一步，你必须使用 **str()** 函数，它可以把一个数字变成字符串。否则，直接把一个数字和字符串相加，Python 就会报错！

11 忽略大小写

如果玩家输入的是“Lion”而不是“lion”，那会怎样？他们还能得到一分吗？不会，程序会显示答案错误！要修复这个缺陷，你就要把程序变得更聪明一些。Python 有一个 **lower()** 函数，它可以把单词变成小写的。修改一下你的程序，把 **if guess==answer:** 替换成右侧的粗体字。

```
def check_guess(guess, answer):
    global score
    if guess.lower() == answer.lower():
        print('Correct answer')
        score = score + 1
```

修改这一行

△工作原理

在比较之前，玩家的答案和正确答案都会被转换成小写字符。这样无论玩家输入的答案是大写、小写还是大小写混合，程序都能保证正常工作。

12 再次测试程序

第三次运行你的程序。试着输入正确答案，但是将大小写混在一起，看看会发生什么。

```
Guess the animal!
Which bear lives at the North Pole? polar bear
Correct answer
Which is the fastest land animal? Cheetah
Correct answer
Which is the largest animal? BLUE WHALE
Correct answer
Your score is 3
```

在判断答案正确与否时，大小写的差异被忽略了！

13 给玩家更多的机会

现在玩家只有一次机会来猜出正确答案。你可以把游戏变得更容易些，给他们 3 次机会来猜。把函数 **check_guess()** 改成如下图所示：

```
def check_guess(guess, answer):
    global score
    still_guessing = True
    attempt = 0
    while still_guessing and attempt < 3:
        if guess.lower() == answer.lower():
            print('Correct answer')
            score = score + 1
            still_guessing = False
        else:
            if attempt < 2:
                guess = input('Sorry wrong answer. Try again. ')
            attempt = attempt + 1

    if attempt == 3:
        print('The correct answer is ' + answer)

score = 0
```

这个变量只会记录两种值：True 和 False

这个 **while** 循环会一直执行，直到完成 3 次答案检查或者玩家猜到了正确答案，无论哪个条件先满足

确保每一行代码都准确地缩进

如果玩家答错了，那么 **else** 变量会要求玩家输入另一个答案

把玩家已经猜过的次数增加 1

玩家 3 次尝试都失败后，这个代码会显示正确答案

△工作原理

为了知道玩家是否已经猜到正确答案，你需要创建一个变量：**still_guessing**。如果玩家还没有猜对，把变量的值设定为 True。当玩家猜到了正确答案，就把这个变量设定为 False。

最大的动物？我不知道。给我 3 次机会来猜吧！

修正和微调

现在来丰富一下你的竞猜游戏！我们可以让问题更多、更难些，也可以使用不同类型的问题，甚至可以改变竞猜游戏的主题。你可以尝试下面提到的各种修正和微调方法，但一定要记得单独保存一份原始 Python 文件，这样就不会把最初的版本搞乱了。

◁增加题目

在竞猜游戏里加入更多的问题。例如，“什么动物有一个长鼻子？”（大象）“哪种哺乳动物会飞？”（蝙蝠），或者更难一点的“章鱼有几个心脏？”（3 个）

如果你需要把一段很长的代码分成两行来写，可以在这里使用反斜杠字符

```
guess = input('Which one of these is a fish? \
A) Whale B) Dolphin C) Shark D) Squid. Type A, B, C, or D ')
check_guess(guess, 'C')
```

◁有多个备选答案的竞猜游戏

这段代码告诉你如何创建一个多选题，它让玩家在多个可能的答案中选择。

请牢记

分行

你可以用 **\n** 来生成新的一行。把问题和答案分成不同的行，更便于玩家理解多选题。想把关于鱼的问题显示成一列选项，请输入右图所示的代码。

```
guess = input('Which one of these is a fish?\n \
A) Whale\n B) Dolphin\n C) Shark\n D) Squid\n \
Type A, B, C, or D ')
check_guess(guess, 'C')
```

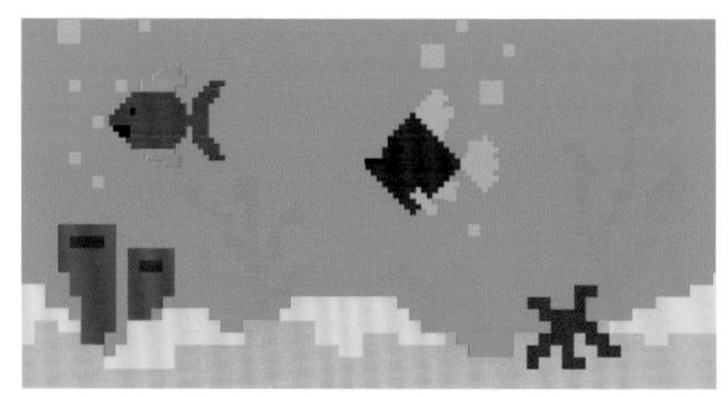

```
Which one of these is a fish?
 A) Whale
 B) Dolphin
 C) Shark
 D) Squid
Type A, B, C, or D
```

这就是问题出现在壳窗口中的模样

```
while still_guessing and attempt < 3:
    if guess.lower() == answer.lower():
        print('Correct Answer')
        score = score + 3 - attempt
        still_guessing = False
    else:
        if attempt < 2:
```

这一行替换掉了原来的 score+1

◁尝试次数越少，得分越高

应该奖励那些用最少次数答对的玩家。只尝试一次的玩家得 3 分，试了两次的玩家得 2 分，试了 3 次的玩家，只能得到 1 分。修改一下更新分数的代码。现在，它给玩家的分数为 3 分减去尝试次数。如果玩家第一次就猜出正确答案，那么 3-0=3 分，玩家的分数增加 3。第二次猜中的，3-1=2 分；第三次猜中的，得分为 3-2=1 分。

▷设计一个答案为“是”或“否”的竞猜

这一段代码说明如何生成一个答案为“是”或“否”的问题，它只有两种可能的答案。

```
guess = input('Mice are mammals. True or False? ')
check_guess(guess, 'True')
```

▷改变难度

想让竞猜游戏变得更难，可以减少玩家的尝试机会。如果你设计的是一个答案为“是”或“否”的问题，那么只允许玩家尝试一次。对于有多个备选答案的问题，也许应该给玩家两次机会。对于是或否的问题和多选的问题，你知道如何修改图中加粗显示的数字吗？

```
def check_guess(guess, answer):
    global score
    still_guessing = True
    attempt = 0
    while still_guessing and attempt < 3:
        if guess.lower() == answer.lower():
            print('Correct Answer')
            score = score + 1
            still_guessing = False
        else:
            if attempt < 2:
                guess = input('Sorry wrong answer.Try again. ')
            attempt = attempt + 1

    if attempt == 3:
        print('The correct answer is ' + answer)
```

修改这个数字（while 行中的 3）

修改这个数字（if attempt < 2 中的 2）

修改这个数字（if attempt == 3 中的 3）

▷选择另一个主题

还可以创建不同主题的竞猜游戏，比如生活常识、运动、电影或者音乐。试着做一个有关家庭和朋友的主题，提一些有趣的问题，比如：“谁笑的时候声音最吵？”

函数

程序员都喜欢用快捷的方式来编写代码。其中最常用的就是给一段特别有用的代码起名字。然后，当需要使用这一段代码时，不用再重新录入，只要简单录入其名字就可以了。这些被命名的代码就叫作“函数”。

术语

函数相关的术语

当程序员们谈论函数时，经常使用下面的这些词语：

调用（call）：使用一个函数。

定义（define）：当你使用关键词 **def** 来为函数编写一段代码，程序员们就会说你在定义一个函数。当你第一次为变量赋值，也是在定义一个变量。

参数（parameter）：当你使用一个函数的时候，你传给它的一个数据就是参数。

返回值（return value）：从函数传递到主程序的数据叫作返回值。使用关键词 **return** 就可以得到一个返回值。

如何使用一个函数

使用一个函数也叫作“调用”一个函数。当你调用一个函数，只须输入它的名字，并在后面跟一对圆括号，括号里是函数工作时需要的参数。参数有点像属于函数的变量，你可以借助它们在程序中的不同部分传递数据。如果一个函数不需要任何参数，圆括号中空着就可以。

内置函数

Python 有很多的内置函数，供你在程序中调用。它们是非常有用的工具，能完成很多工作，比如输入信息，在屏幕上显示消息，把一种数据类型转成另一种数据类型。你已经用过了一些内置函数，比如 **print()** 和 **input()**。看一下右图的程序实例，在壳窗口中试一试吧！

这个语句要求用户输入自己的名字

```
>>> name = input('What is your name?')
What is your name? Sara
>>> greeting = 'Hello' + name
>>> print(greeting)
Hello Sara
```

这个语句把变量 **greeting** 中的值打印在屏幕上

△ input() 和 print()

这两个函数的功能正好相反。**input()** 函数把用户通过键盘输入的数据，传递给程序。**print()** 函数则把信息显示在屏幕上，输出给用户看。一个是输入，一个是输出。

▽ max()

max() 函数从你给它的参数中挑出最大的一个。按下回车键，被选中的最大值就会出现在屏幕上。这个函数使用多个参数，每个参数之间必须用逗号分隔开。

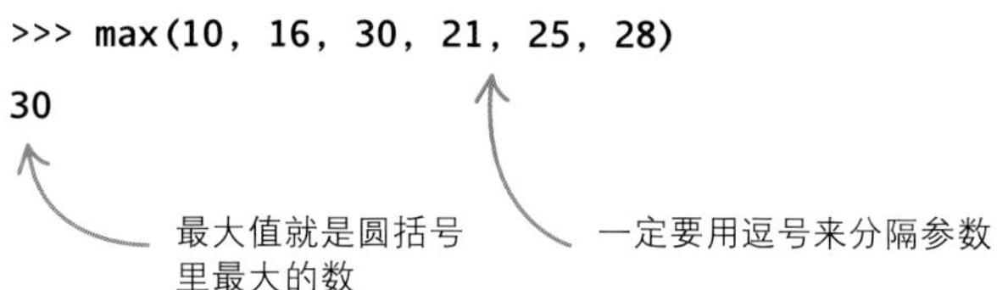

最大值就是圆括号里最大的数
一定要用逗号来分隔参数

▽ min()

min() 函数刚好和 **max()** 函数相反。它从你给出的参数中把最小的挑出来。试验一下 **min()** 和 **max()** 函数。

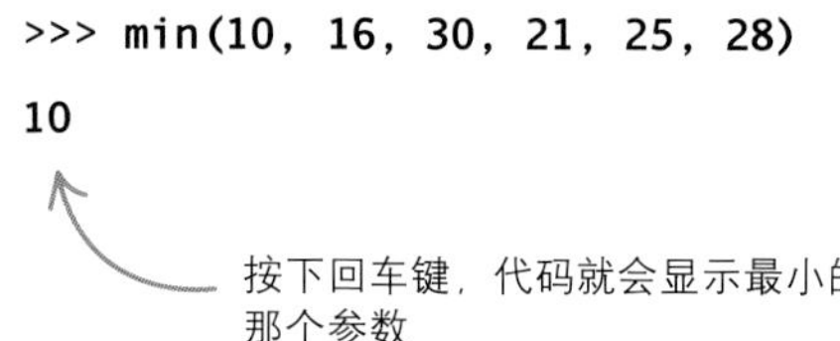

>>> min(10, 16, 30, 21, 25, 28)
10
按下回车键，代码就会显示最小的那个参数

另一种调用的方法

迄今为止，我们已经用过了很多种数据类型，比如整数、字符串和列表，它们都有自己的函数。要用一种特殊的方法调用它们：先输入数据或者保存了数据的变量名，然后输入一个圆点符号加函数名，最后是圆括号。在壳窗口里试验一下这几个程序片段。

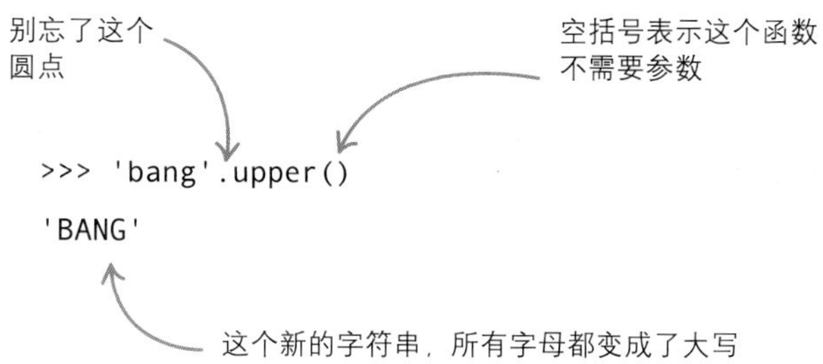

别忘了这个圆点

>>> 'bang'.upper()

这个新的字符串，所有字母都变成了大写

我就是喜欢壳窗口！
这个函数有两个参数
>>> message = 'Python makes me happy'
>>> message.replace('happy', ':D')
'Python makes me :D'
在新的字符串中，happy 被 :D 替换了

△ upper()

upper() 函数能将现有字符串中的小写字母都转为大写字母。

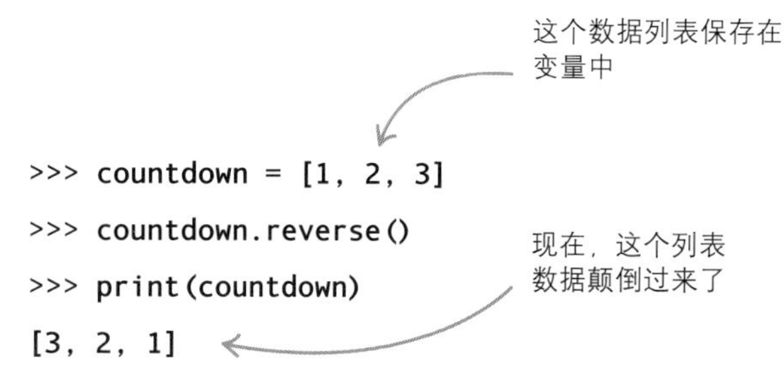

这个数据列表保存在变量中
>>> countdown = [1, 2, 3]
>>> countdown.reverse()
>>> print(countdown)
[3, 2, 1]
现在，这个列表数据颠倒过来了

△ replace()

这个函数需要两个参数：第一个指定字符串中需要被替换掉的部分，第二个则指定你需要放入字符串的内容。函数返回替换之后的新字符串。

△ reverse()

如果你想把一个列表中的数据项颠倒排列，就可以使用这个函数。在示例中，它把变量 countdown 中保存的列表数据颠倒过来了。打印出来的不再是 **[1,2,3]**，而是 **[3,2,1]**。

编写一个函数

一个好的函数应该执行明确的任务，并且有一个能说明其功能的好名字。请回忆一下你在动物竞猜游戏中用过的函数：**check_guess()**。按照如下步骤创建（或者叫“定义”）一个能算出一天有多少秒的函数，它还会把答案显示在屏幕上。

1 定义一个函数

在 IDLE 中创建一个新文件，保存为“functions.py”。在编辑窗口中输入如下代码。在函数中，每一行代码都要缩进。完成以后，再次保存文件，然后运行程序看看有何效果。

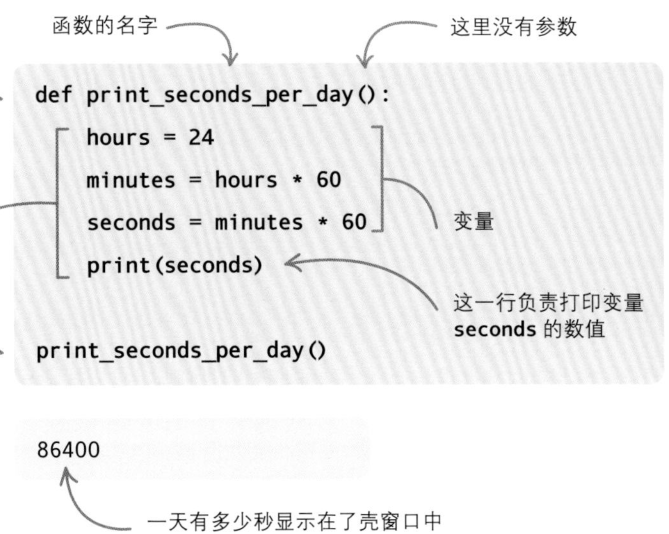
函数的名字
这里没有参数
```
def print_seconds_per_day():
    hours = 24
    minutes = hours * 60
    seconds = minutes * 60
    print(seconds)

print_seconds_per_day()
```
变量
这一行负责打印变量 seconds 的数值
关键词 def 告诉 Python 这个代码块是一个函数
在函数名之后的代码，每一行都要缩进 4 个空格，这样 Python 才明白它们是属于这个函数的
这个命令负责调用函数
86400
一天有多少秒显示在了壳窗口中

函数

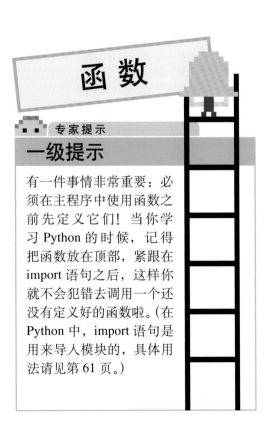

专家提示

一级提示

有一件事情非常重要：必须在主程序中使用函数之前先定义它们！当你学习 Python 的时候，记得把函数放在顶部，紧跟在 import 语句之后，这样你就不会犯错去调用一个还没有定义好的函数啦。（在 Python 中，import 语句是用来导入模块的，具体用法请见第 61 页。）

2 添加参数

如果想让函数能按照某些数值来执行，可以把它们作为参数放在圆括号中。例如，你希望函数能够计算指定天数有多少秒，就可以按照下图修改程序。现在，函数有了一个参数 days。当你调用函数时，可以指定参数的值。试试看吧。

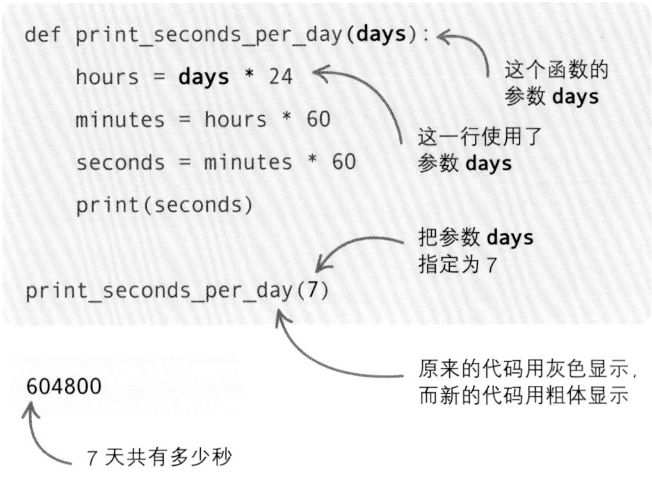
```
def print_seconds_per_day(days):
    hours = days * 24
    minutes = hours * 60
    seconds = minutes * 60
    print(seconds)

print_seconds_per_day(7)
```
这个函数的参数 days
这一行使用了参数 days
把参数 days 指定为 7
原来的代码用灰色显示，而新的代码用粗体显示
604800
7 天共有多少秒

3 返回一个值

当定义了一个很有用的函数，你常常需要在程序的其他部分来使用它的计算结果。你可以通过“返回”结果的方式来得到它。按照图示修改代码，以便从函数获得返回值。你应该修改一下函数的名字，让它和函数的功能一致。改完以后，先不要执行这个程序。

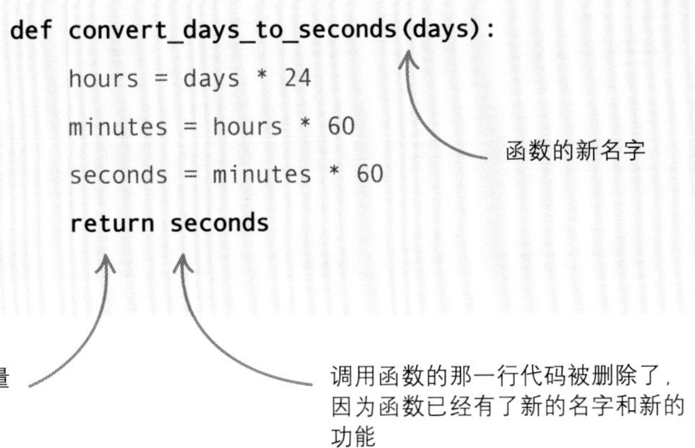

```
def convert_days_to_seconds(days):
    hours = days * 24
    minutes = hours * 60
    seconds = minutes * 60
    return seconds
```

函数的新名字
关键词 return 返回变量 seconds 的值
调用函数的那一行代码被删除了，因为函数已经有了新的名字和新的功能

4 保存并使用返回值

你可以把函数的返回值保存到一个变量里，以便在程序中使用。在函数下面添加这几行代码，它们会保存返回值，然后利用它来计算毫秒数（千分之一秒）。运行这个程序，试用不同的天数来做实验。

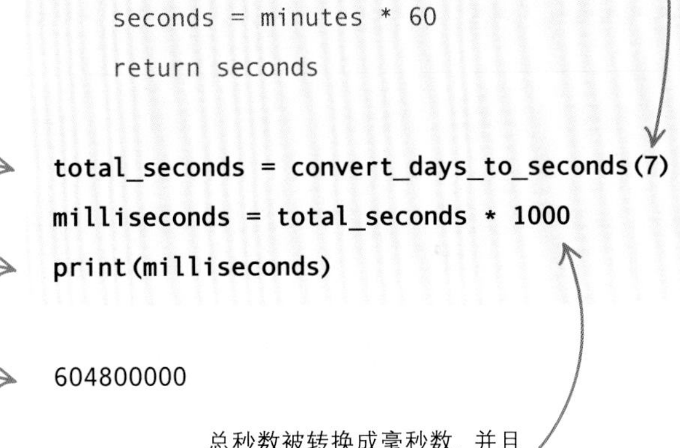

```
def convert_days_to_seconds(days):
    hours = days * 24
    minutes = hours * 60
    seconds = minutes * 60
    return seconds

total_seconds = convert_days_to_seconds(7)
milliseconds = total_seconds * 1000
print(milliseconds)

604800000
```

这一行调用函数，并且将参数 days 指定为 7
函数返回值被保存到变量 total_seconds 中
这一行打印毫秒数
这是 7 天的毫秒数
总秒数被转换成毫秒数，并且保存到变量 milliseconds 中

专家提示

给函数起名

在第 3 步，我们把函数的名字从 **print_seconds_per_day()** 改成了 **convert_days_to_seconds()**。之所以要这样做，是因为函数名和变量名一样，都要能清楚地说明其功能。这会让你的程序更容易被读懂。函数的命名规则与变量相似，可以包括字母、数字和下划线，但是必须以字母开头。如果名字中包含多个单词，单词之间应该用下划线连接起来。

修正错误

当程序中有错误，Python 会给出一些出错提示。刚开始，这些信息对你来说可能不太好理解，但是它们的确提供了一些线索，帮助你分析为何程序不能工作，以及如何修复错误。

出错信息

当检测到程序中有错误时，编辑窗口和壳窗口都会显示出错信息。一条出错信息会告诉你发生了哪种错误，并提示该去检查程序的哪个位置。

▽ IDLE 编辑器中的出错信息

一个弹出窗口会警告你：出错了！点击确定（“OK”）返回程序。你会看到在出错的代码或者附近有红色的高亮显示。

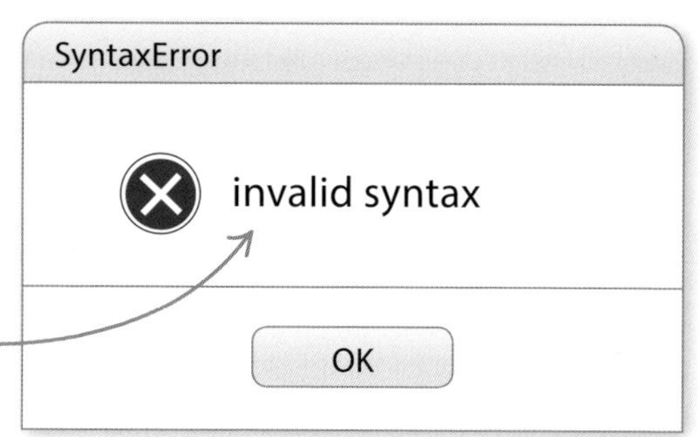

这个弹出窗口告诉你程序中有语法错误，它的意思是你输入的代码书写有问题

▽壳窗口中的出错信息

在壳窗口中，错误信息是用红色显示的。当有错误发生时，程序就会停止运行。出错信息会告诉你哪一行代码发生了错误。

```
>>>
Traceback (most recent call last):
    File "Users/Craig/Developments/top-secret-python-book/age.py", line 21, in module>
        print('I am'+ age + 'years old')
TypeError: Can't convert 'int' object to str implicitly
```

这一行告诉你这是一个类型错误（参见第 52 页）

错误发生在第 21 行

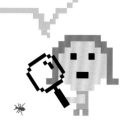

我会找出所有讨厌的臭虫！

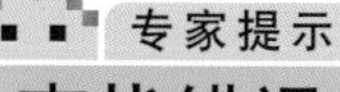

专家提示

查找错误

当壳窗口中出现一个出错消息，你可以用鼠标右键点击它，然后在弹出菜单中选择“Go to file/line”。Python 的编辑窗口会自动跳到出错的那一行，你就可以开始排查错误了。

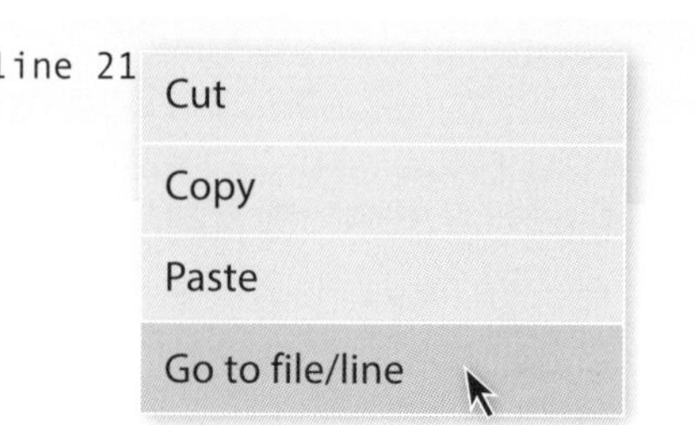

语法错误

当你收到一个语法错误的信息，这表示你可能不小心输入了错误的内容。没准儿你手指打滑，输错了一个字母？不用担心，这些都是最容易修正的错误。仔细检查一下你的代码，试着找到出错的地方。

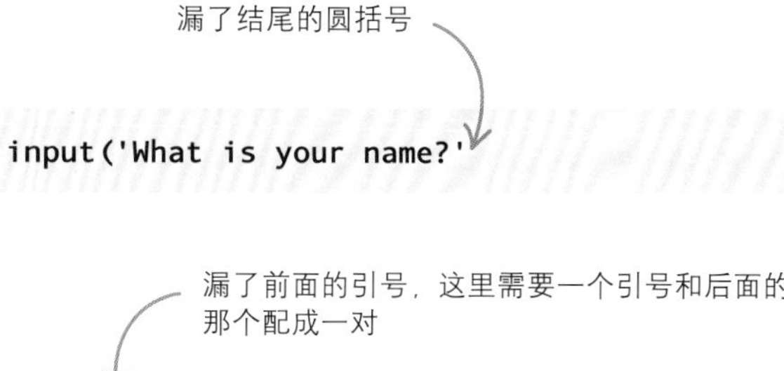
漏了结尾的圆括号
input('What is your name?'
漏了前面的引号，这里需要一个引号和后面的那个配成一对
print(It is your turn')

▷需要特别检查的地方

你是否遗忘了一个圆括号或者引号？圆括号和引号正确配对了吗？有没有拼写错误？所有的这些失误都会导致语法错误。

这里有一个拼写错误，应该是 short_shots

```
total_score = (long_shots * 3) + (shoort_shots * 2)
```

缩进错误

Python 使用缩进来识别代码块的开始和结束。发生缩进错误表示你在组织代码块时，结构出现了问题。记住：如果一行代码以冒号（：）结尾，后面的一行必须缩进。你只要连续输入 4 个空格就可以让一行代码缩进。

▽缩进每一个新的代码块

在编写 Python 程序时，我们经常会在一个代码块内再建立一个代码块，比如在一个函数里面插入一个循环。在一个特定代码块中所有的代码行必须缩进同样的空格数。尽管 Python 会自动插入缩进时的空格，你仍然应该仔细检查缩进是否正确。

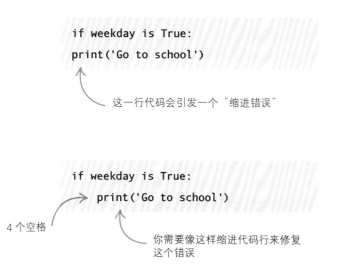

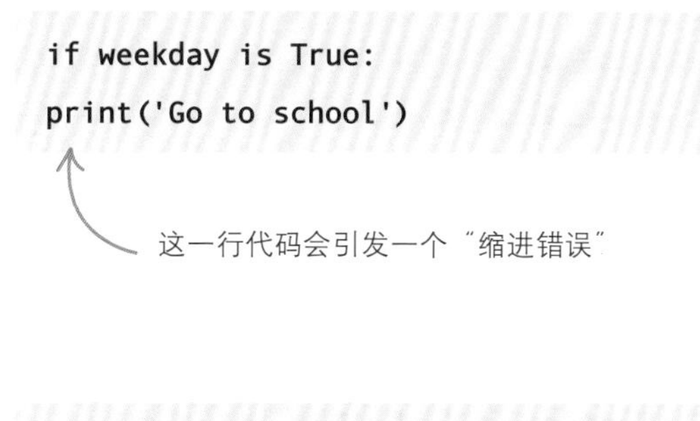
if weekday is True:
print('Go to school')
这一行代码会引发一个“缩进错误”

```
if weekday is True:
    print('Go to school')
```

4 个空格

你需要像这样缩进代码行来修复这个错误

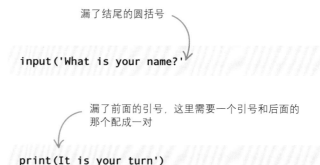

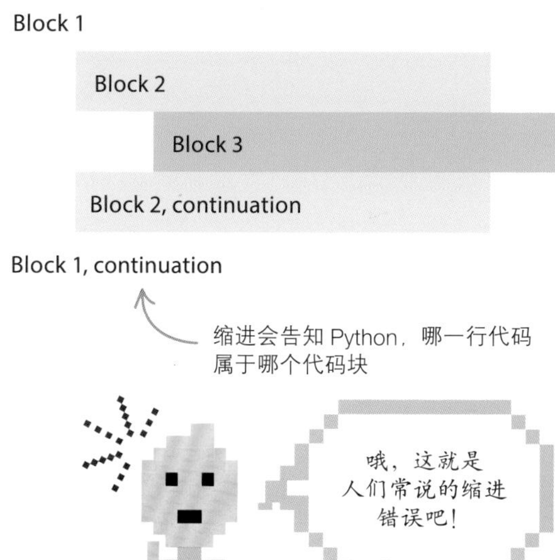
Block 1
Block 2
Block 3
Block 2, continuation
Block 1, continuation
缩进会告知 Python，哪一行代码属于哪个代码块
哦，这就是人们常说的缩进错误吧！

类型错误

类型错误可不是输入错误，它意味着你把一种数据类型和另一种搞混了，比如把数字和字符串弄混了。这就好比你在用冰箱烤蛋糕——这当然无效，因为冰箱可不是用来做烘焙的！如果你让 Python 做它办不到的事情，可不要奇怪它为什么不听话哦。

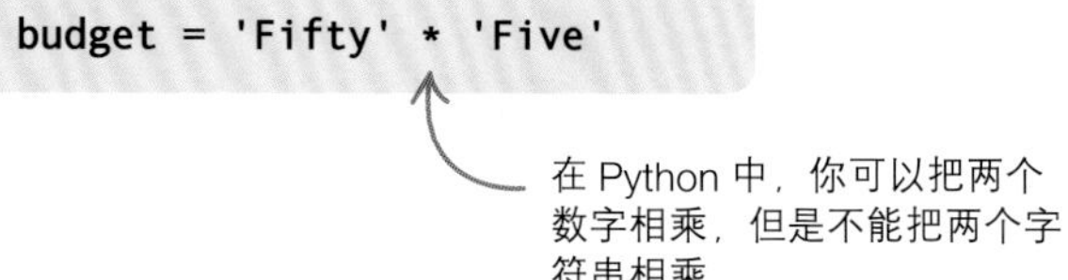

```
budget = 'Fifty' * 'Five'
```

在 Python 中，你可以把两个数字相乘，但是不能把两个字符串相乘

◁类型错误的例子

当你让 Python 做一些不合理的事情，就会发生类型错误。比如，你把两个字符串相乘，或者比较一个字符串和数字的大小，又或者让它在字母列表中寻找一个数字。

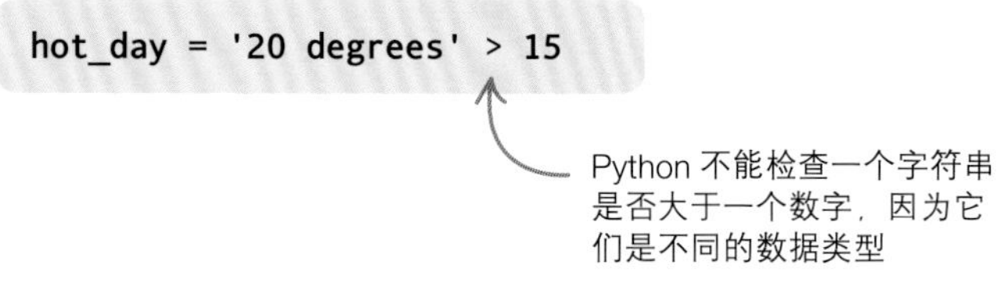

```
hot_day = '20 degrees' > 15
```

Python 不能检查一个字符串是否大于一个数字，因为它们是不同的数据类型

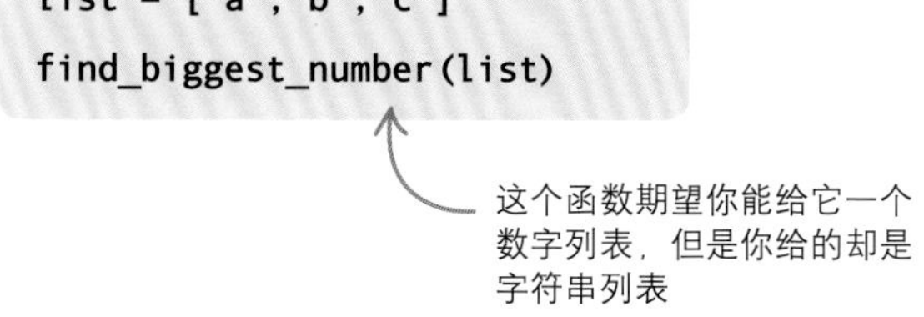

```
list = ['a','b','c']
find_biggest_number(list)
```

这个函数期望你能给它一个数字列表，但是你给的却是字符串列表

名字错误

如果你的程序使用了一个还没有创建的变量或者函数，那么就会发生一个“名字错误”。为了避免这种问题，你应该在使用变量和函数之前把它们定义好。有一个好方法，那就是在程序最前面定义你所有的函数。

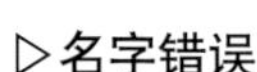

▷名字错误

这段代码里的名字错误导致 Python 无法显示消息“I live in Moscow”（我住在莫斯科）。在使用 `print()` 函数前，你需要先创建 `hometown` 这个变量。

`print` 命令应该出现在创建变量之后

```
print('I live in ' + hometown)
hometown = 'Moscow'
```

逻辑错误

有时候，尽管 Python 没有报告任何错误，但你还是知道出错了，因为程序没有按照预期完成任务。这时，你可能就犯了一个逻辑错误。你的拼写都是正确的，但如果遗漏了一行重要的代码或者把命令行的顺序搞错了，程序也不会正常工作。

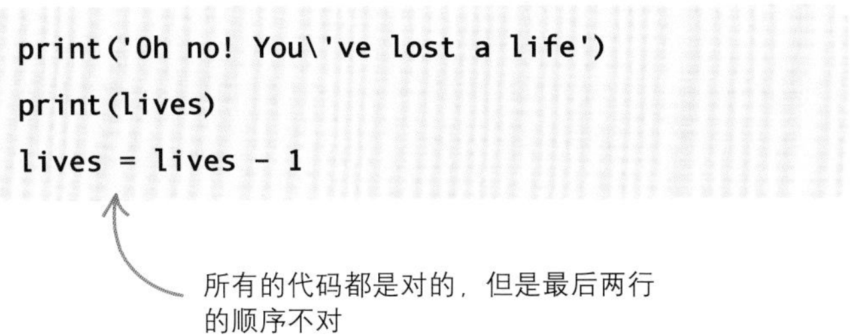

```
print('Oh no! You\'ve lost a life')
print(lives)
lives = lives - 1
```

所有的代码都是对的，但是最后两行的顺序不对

◁你能指出错误的原因吗？

首先，需要在这段代码中定义生命值（lives）。另外，程序中藏着的逻辑错误就是生命值被显示在屏幕上以后才减去 1！所以游戏玩家看到的剩余生命值是不对的。要修正这个错误，你需要把命令 **print(lives)** 放在最后面。

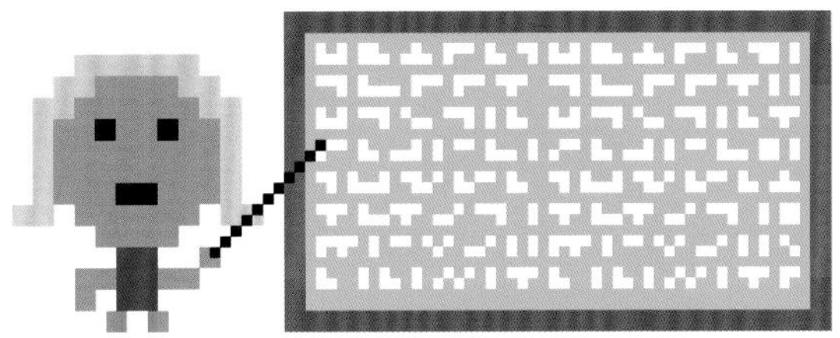

◁一行一行地检查

逻辑错误往往很隐蔽，但随着编程经验越来越丰富，你就会擅于发现它们。要找出逻辑错误，必须一行一行慢慢查看代码。花一点时间，耐心点，最终你一定会找到这些错误。

专家提示

查虫清单

有时候，你会觉得永远都无法让程序正常工作了。千万别放弃，只要按照这个清单来检查，你就能发现绝大多数错误。

问一下自己：

- 如果你按照本书的程序录入，它却无法工作，那么请仔细检查一下，录入的程序是否和书上完全一致？
- 每一个部分都拼写正确了吗？
- 是否在一行代码前加入了不必要的空格？
- 有没有把数字和字母搞混了，比如0和o？
- 是否正确地使用了大小写字母？
- 是否每一个左括号都有对应的右括号？()、[ ]、{ }
- 单引号、双引号都是配对的吗？ ‘ ’ “ ”
- 有没有请别人帮忙检查一下你的程序是否与书上的一致？
- 修改完程序后保存了吗？

密码生成器

密码能阻止他人进入你的计算机、入侵电子邮箱和盗用网站登录账号。在这个程序中，你会创建一个工具，它能生成安全、好记的密码，保障个人账户的安全。

▷**密码小窍门**

一个好的密码应该既容易记忆，又很难被其他人或者密码破解器猜出来。

用人名做密码容易记住，但也容易被破解
Alice
这个密码看起来很复杂，但是密码破解器只需要两秒钟就能猜出来
Fym5
破解这个密码可能需要1000年，但也很难记住
GH7pqZ2!?
这个密码很容易记住，只要想一想两头疲惫的恐龙要上床睡觉！而密码破解器要猜出这个密码可能需要一百万年。
Sleepydinosaur2!

游戏是如何进行的？

密码生成器让你能用单词、数字和符号来创建强大的密码。当运行这个程序，它会生成一个密码，并显示在屏幕上。你可以要求程序继续生成新的密码，直到获得满意的为止。

术语

密码破解器

破解器其实就是一个程序，黑客用它来猜别人的密码。有些破解器能在一秒之内尝试一百万个密码。破解器通常先用常见的单词和名字来猜。由几个不同部分组成的、不寻常的密码能够有效地抵抗破解器。

▽ “密码生成器”工作流程图

这个程序会为密码随机选择 4 个部分的内容，然后把它们组合在一起，最后在壳窗口中显示这个密码。如果你再想要一个密码，它就会重复上述步骤。如果你不要其他密码了，程序就结束。

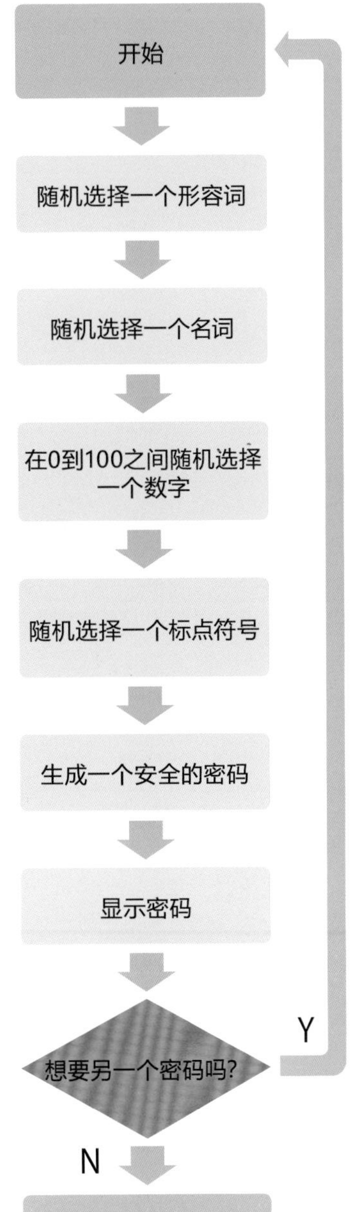

工作原理

这个程序会向你展示如何使用随机数模块。程序会随机地选择形容词、名词、数字和符号，然后组成一个密码。你能很快地生成令人惊讶而又难以忘记的密码，比如“fluffyapplc14(”或者“smellygoat6&”。

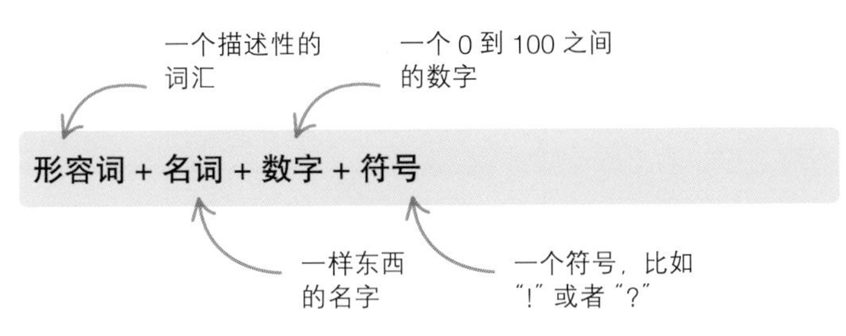

既聪明又简单

这个密码生成程序很聪明，而且程序中的代码并不多，所以它生成密码的速度很快。

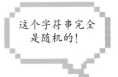

1 创建一个新文件

打开 IDLE。在“File”菜单中，选择“New File”，把文件保存为“password_picker.py”。

2 添加一个新模块

从 Python 的标准库中导入两个模块：string 和 random。在文件的最上面输入图示的两行代码，就可以在后面使用这两个模块。

随机数模块（random）帮助你做出选择

```
import random
import string
```

字符串模块（string）让你操作字符串，比如把它们分隔开或者改变它们显示的样子

3 对用户表示欢迎

首先创建一个消息，欢迎用户使用这个程序。

这一行代码显示一个消息，对用户表示欢迎

```
import random
import string
print('Welcome to Password Picker!')
```

4 测试代码

运行程序，欢迎的话语会出现在壳窗口中。

```
Welcome to Password Picker!
```

5 创建一个形容词列表

想要生成密码，你需要很多形容词和名词。在 Python 里，我们可以把很多相关的东西放在一起，组成一个列表（**list**）。首先，创建一个变量 **adjectives**，用它来保存列表。请把这一行代码放在 **print()** 命令和 **import** 命令之间。把整个列表置于方括号中，其中的每一项都要用逗号分隔开。

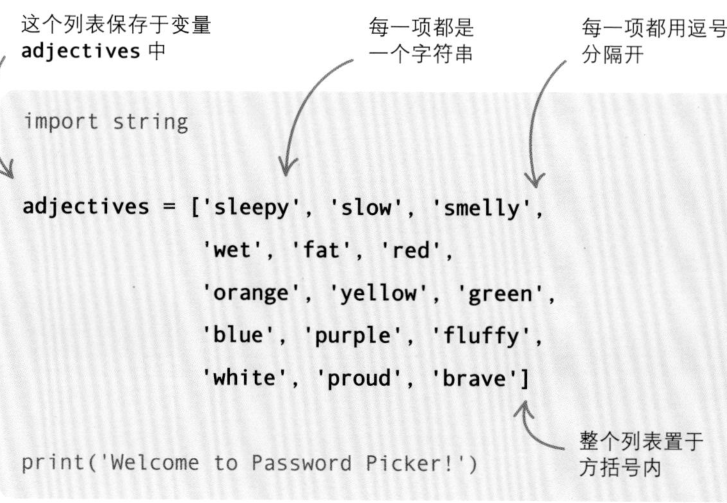

这个列表保存于变量 adjectives 中
每一项都是一个字符串
每一项都用逗号分隔开
import string
adjectives = ['sleepy', 'slow', 'smelly',
'wet', 'fat', 'red',
'orange', 'yellow', 'green',
'blue', 'purple', 'fluffy',
'white', 'proud', 'brave']
整个列表置于方括号内
print('Welcome to Password Picker!')

6 创建一个名词列表

接下来，我们生成一个由名词组成的列表。把它放在形容词列表的下面，**print()** 的上面。记住，要像第 5 步一样使用方括号和逗号。

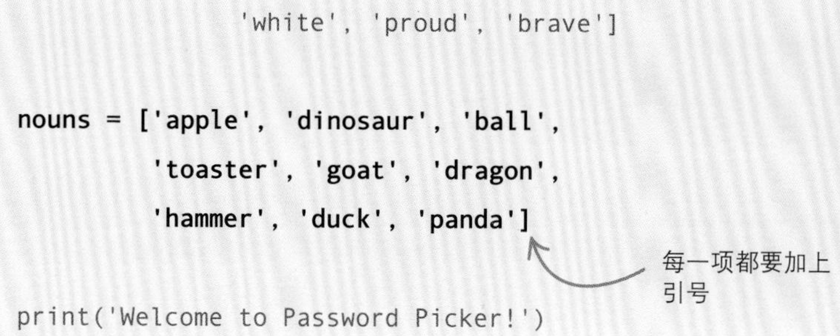

专家提示

随机数

投骰子，从扑克牌中抽一张牌，扔硬币猜正反……通过这些你都能模拟生成一个随机数。在 Help（帮助）菜单中的“Docs”部分，你可以阅读更多关于使用 Python 随机数模块的内容。

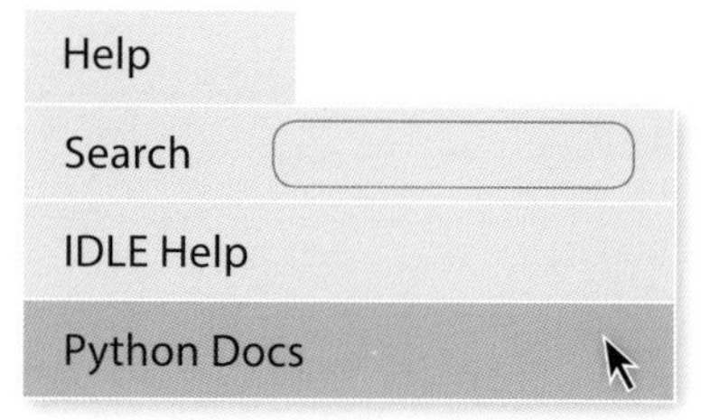

7 挑选单词

要生成一个密码，你必须随机选择一个形容词和名词。要完成这个任务，你需要使用 **random** 模块中的 **choice()** 函数。在 **print()** 函数的下方输入如下代码。每当你需要从列表中随机挑选一项时就可以使用这个函数，记得给它一个包含列表的变量。

```
print('Welcome to Password Picker!')

adjective = random.choice(adjectives)
noun = random.choice(nouns)
```

这个变量包含了一个列表，它有很多数据项

从名词列表中随机挑出一个单词，保存在这个变量中

8 选择一个数字

现在用 random 模块中的 randrange() 函数获取一个 0 到 100 之间的随机数。把这一行放在程序的最下面。

```
noun = random.choice(nouns)
number = random.randrange(0, 100)
```

9 选择一个特殊符号

再次使用 random.choice() 函数，这次会随机挑选一个标点符号。把这一行添加到程序最下面。这一步会让你的密码更难以破解。

```
number = random.randrange(0, 100)
special_char = random.choice(string.punctuation)
```

这是一个常量

专家提示

常量

常量是一种特殊类型的变量，它的内容不能被修改。常量 string.punctuation 包含一个由标点符号组成的字符串。想了解它到底包含了什么，请在壳窗口中输入 import string，然后输入 print(string.punctuation)。

```
>>> import string
>>> print(string.punctuation)
!"#$%&'()*+,-./:;<=>?@[\]^_`{|}~
```

常量中包含的字符

10 生成一个新的安全密码

现在，我们把各个部分组装起来，创建一个新的安全密码。在程序末尾输入这两行代码。

你的安全密码将保存在这个变量中

这个函数将把随机数换成字符串

```
password = adjective + noun + str(number) + special_char
print('Your new password is: %s' % password)
```

这个语句将在壳窗口中显示新的密码

专家提示

字符串和整型数

str() 函数将把一个完整的数字（一个整型数）变成一个字符串。如果不使用这个函数，直接把一个字符串和整型数相加，Python 就会显示出错。试验一下：在壳窗口中录入 print('route'+66)。

```
>>> print('route '+66)
Traceback (most recent call last):
    File '<pyshell#0>', line 1, in <module>
        print('route '+66)
TypeError: Can't convert 'int' object to str implicitly
```

错误信息

要避免这个错误，请首先使用 str() 函数把数字转换成字符串。

```
>>>  print('route '+str(66))
route 66
```

数字填写在 str() 函数的圆括号里

11 测试程序

现在是测试代码的好时机。运行程序，看看壳窗口中显示的结果。如果出现了错误，别担心。仔细检查代码，看看哪里出了纰漏。

```
Welcome to Password Picker!
Your new password is: bluegoat92=
```

你的随机密码很可能和这个不一样

别忘了保存你的工作成果！

12 需要另一个密码？

也许用户想要另一个密码，这时就可以使用 **while** 循环再生成下一个密码。把这些代码加入到程序中，程序现在会询问用户是否需要一个新密码，然后把用户的回答保存到变量 **response** 中。

```
print('Welcome to Password Picker!')

while True:
    adjective = random.choice(adjectives)
    noun = random.choice(nouns)
    number = random.randrange(0, 100)
    special_char = random.choice(string.punctuation)

    password = adjective + noun + str(number) + special_char
    print('Your new password is: %s' % password)

    response = input('Would you like another password? Type y or n: ')
    if response == 'n':
        break
```

while 循环从这里开始

你需要缩进这部分代码，把它们放到 while 循环体内

while 的循环体到这里结束

input() 函数让用户在壳窗口中输入一个回答

如果答案是"yes"(**y**)，循环就从头再开始一遍。如果回答是"no"(**n**)，程序就跳出循环。

13 挑选一个完美的密码

搞定！现在你可以生成一个既好记又很难被破解的密码啦。

```
Welcome to Password Picker!
Your new password is: yellowapple42}
Would you like another password? Type y or n: y
Your new password is: greenpanda13*
Would you like another password? Type y or n: n
```

在提示之后输入"**y**"，你会得到一个新密码

在提示之后输入"**n**"，你会退出程序

修正和微调

你可以继续改进程序，为它添加如下功能。你还能想出其他方法，让密码变得更难被破解吗？

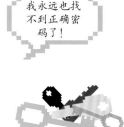

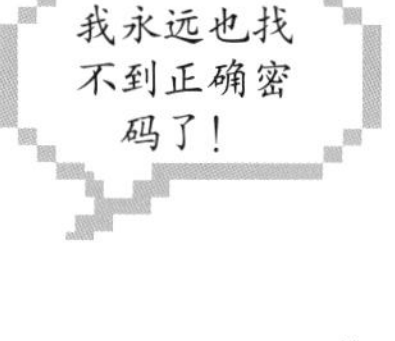

我永远也找不到正确密码了！

▷添加更多的单词

为了让选择更丰富，请在名词和形容词列表中添加更多单词。最好加入一些看起来非同寻常或者搞怪的单词，这会令你对密码印象更深刻。

```
nouns = ['apple', 'dinosaur', 'ball',
         'toaster', 'goat', 'dragon',
         'hammer', 'duck', 'panda',
         'telephone', 'banana', 'teacher']
```

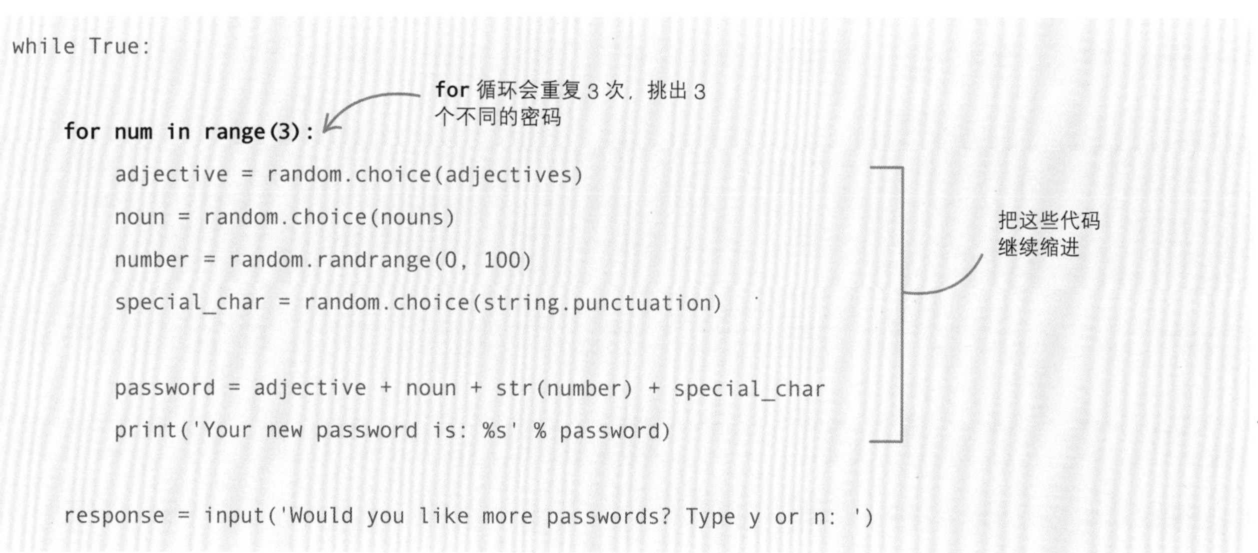

```
while True:

    for num in range(3):
        adjective = random.choice(adjectives)
        noun = random.choice(nouns)
        number = random.randrange(0, 100)
        special_char = random.choice(string.punctuation)

        password = adjective + noun + str(number) + special_char
        print('Your new password is: %s' % password)

    response = input('Would you like more passwords? Type y or n: ')
```


△获得多个密码

修改一下程序，让它可以一次生成 3 个密码。你需要使用一个 **for** 循环，把它嵌入到 **while** 循环里面。

嗯，毛茸茸的蓝色土豆。

▷让密码变得更长

在密码中再加入一个单词，让它变得更长，也更安全。你可以创建一个颜色列表，然后为每一个密码添加一个随机的颜色。

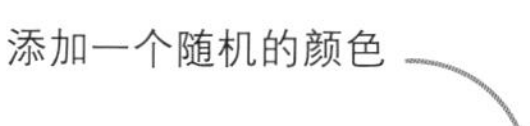


```
Your new password is: hairybluepotato33%
```

模块

模块是一组程序代码，可以帮助你解决常见的一些编程难题。模块完成了很多不是那么令人兴奋的代码，让你集中注意力解决有趣的部分。因为有很多人使用模块，它们工作得更稳定，错误也更少。

内置模块

Python 中含有许多有用的内置模块，被称作“标准库”。下面介绍一些标准库中的模块，它们都非常有趣，你可以试用一下哦。

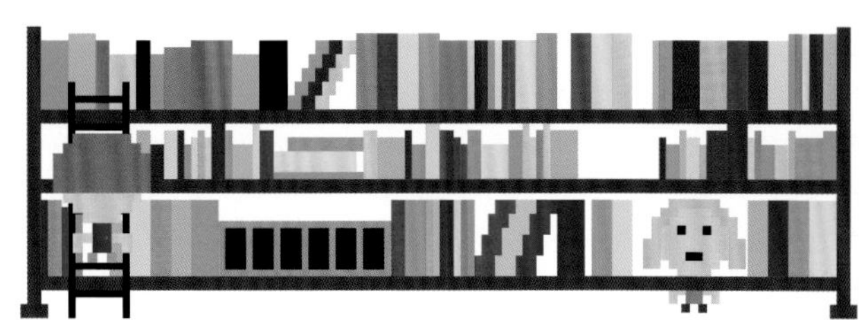

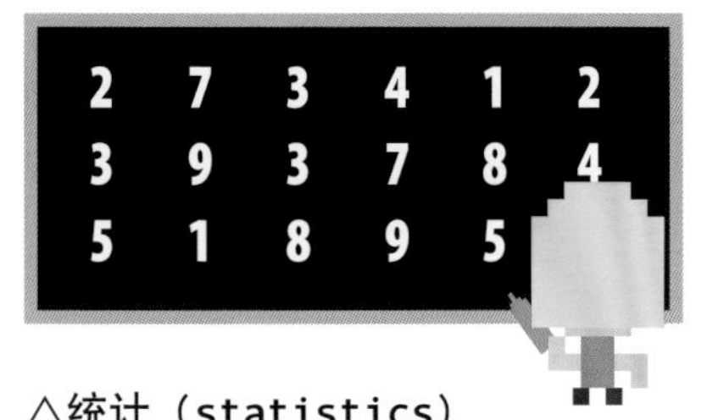

△统计（statistics）

使用统计模块可以计算列表中数字的平均值或者最常见值。例如，你要计算一个游戏的平均分，使用这个模块就会很方便。

▷随机（random）

在密码生成器中，你用这个模块来随机选择。程序员常常需要在游戏或者应用程序中添加一些随机元素让程序更有趣。

▷日期（datetime）

这个模块可以让你操作日期。你可以得到今天的日期或者计算到某个特定日期还有多少天。

▷万维网浏览器（webbrowser）

你可以用这个模块来控制计算机的万维网浏览器，直接在代码中打开一个网页。

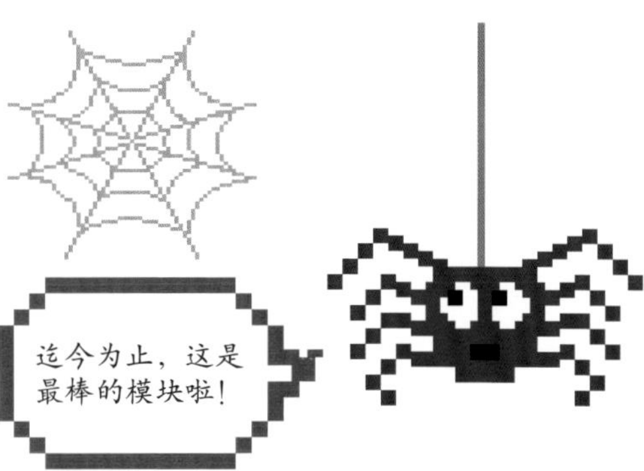

▷套接字（socket）

套接字模块让程序可以通过局域网或者因特网进行通信。它可以用来支持在线游戏。

使用模块

想要在代码中使用模块，必须告诉 Python 把它们包含进来。你应该使用 import 语句来指导 Python 将哪一个模块包含进来。根据你要如何使用模块，有几种 import 语句的用法。

▷ import

输入关键字 **import** 能让你使用模块中的所有内容。但在使用具体的函数之前，你需要提供模块的名字。这段代码导入了整个 **webbrowser()** 模块，然后使用其中的 **open()** 函数在计算机的浏览器中打开 Python 官方网站。

这一行导入整个 webbrowser 模块

```
>>> import webbrowser
>>> webbrowser.open('https://docs.python.org/3/library')
```

在函数前面要加上模块的名字

▷ from...import...

如果你只想使用模块中的某个部分，可以用关键词 from 来导入。这样，你就只须使用函数本身的名字。这个代码导入了 random 模块的 choice 函数。函数从你给它的列表中随机抽取一个值。

只有 random 模块中的 choice 函数被导入进来

```
>>> from random import choice
>>> direction = choice(['N', 'S', 'E', 'W'])
>>> print(direction)
W
```

不需要使用模块的名字

这段代码打印出一个随机选择的方向

▷ from...import...as...

有时候，你可能想修改导入模块或函数的名字，因为那个名字已经被使用，或者你认为那个名字不够清晰准确。这时，可以使用关键词 as，在它后面写上新的名字。在右图的例子中，我们把函数 **time()** 改名为 **time_now()**，它会报告当前的时间。它报告的时间数值是用秒来表示的，表示从 1970 年 1 月 1 日到现在有多少秒。1970 年 1 月 1 日是很多计算机常用的时间起点。

这一行导入 time() 函数，并修改它的名字

```
>>> from time import time as time_now
>>> now = time_now()
>>> print(now)
1478092571.003539
```

此处使用了函数的新名字

从 1970 年 1 月 1 日到现在的秒数（在不同的时间运行这段代码，测试出来的数值应该与书上不同）

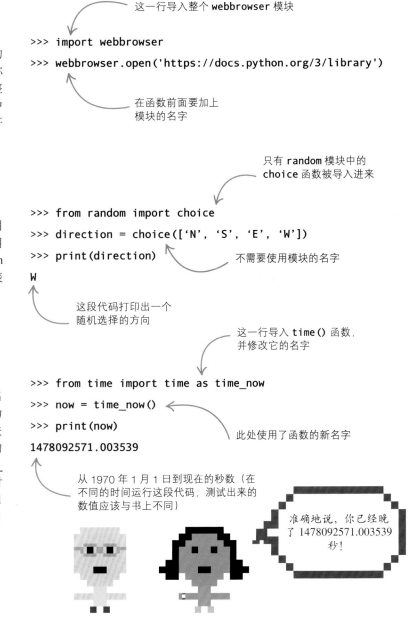

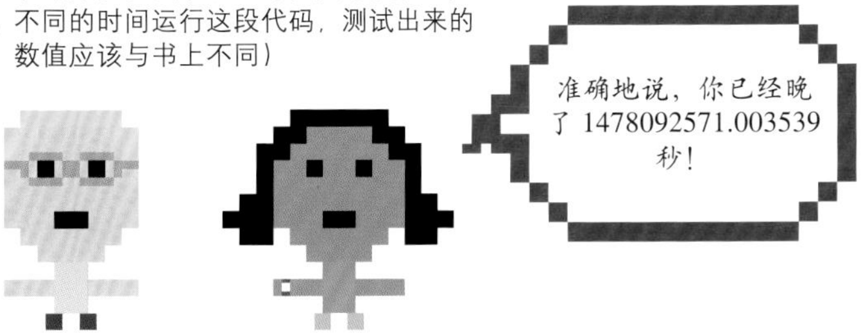

准确地说，你已经晚了 1478092571.003539 秒！

单词九连猜

在这个令人神经紧张的游戏中，你需要每次猜出神秘单词中的一个字母。一旦猜错，你就会失去一条命。务必谨慎地做出判断，因为你只有9条命。当你失去所有生命值，游戏结束！

这些问号就是猜出神秘单词的线索

剩余的生命值用心形来显示

```
['?', '?', '?', '?', '?']
Lives left: ♥♥♥♥♥♥♥♥♥
Guess a letter or the whole word: a
['?', '?', '?', '?', 'a']
Lives left: ♥♥♥♥♥♥♥♥♥
Guess a letter or the whole word: i
['?', 'i', '?', '?', 'a']
Lives left: ♥♥♥♥♥♥♥♥♥
Guess a letter or the whole word: y
Incorrect. You lose a life
['?', 'i', '?', '?', 'a']
Lives left: ♥♥♥♥♥♥♥♥
Guess a letter or the whole word: p
['p', 'i', '?', '?', 'a']
Lives left: ♥♥♥♥♥♥♥♥
Guess a letter or the whole word: t
Incorrect. You lose a life
['p', 'i', '?', '?', 'a']
Lives left: ♥♥♥♥♥♥♥
Guess a letter or the whole word: pizza
You won! The secret word was pizza
```

每次猜对一个字母，就会揭开一个或多个问号

每猜错一次，心就会减少一颗

如果你已经知道是哪个单词，输入它，赢得游戏的胜利！

游戏是如何进行的？

游戏程序会显示一个神秘的单词，每个字母都用问号来显示。如果你猜出了一个字母，其中的某个问号就会改为这个字母。如果你觉得猜出了整个单词，可以把它完整输入。当你猜出了单词或者失去了所有生命值，游戏就结束了。

你还有7条命，接着猜哪个字母？
我猜P！

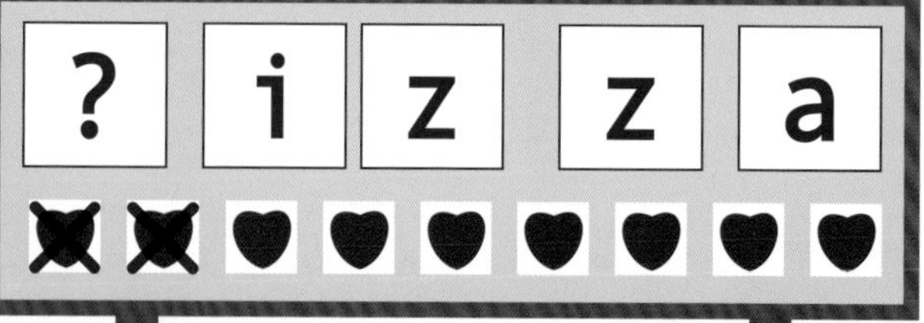

工作原理

首先，你需要创建两个列表：一个用来保存所有的神秘单词，另一个用来保存线索，其实就是一些问号。然后，利用 `random` 随机数模块从神秘单词表中选择一个。接下来，编写一个循环，用来检查玩家的猜测，同时随着单词被不断揭秘要更新线索。

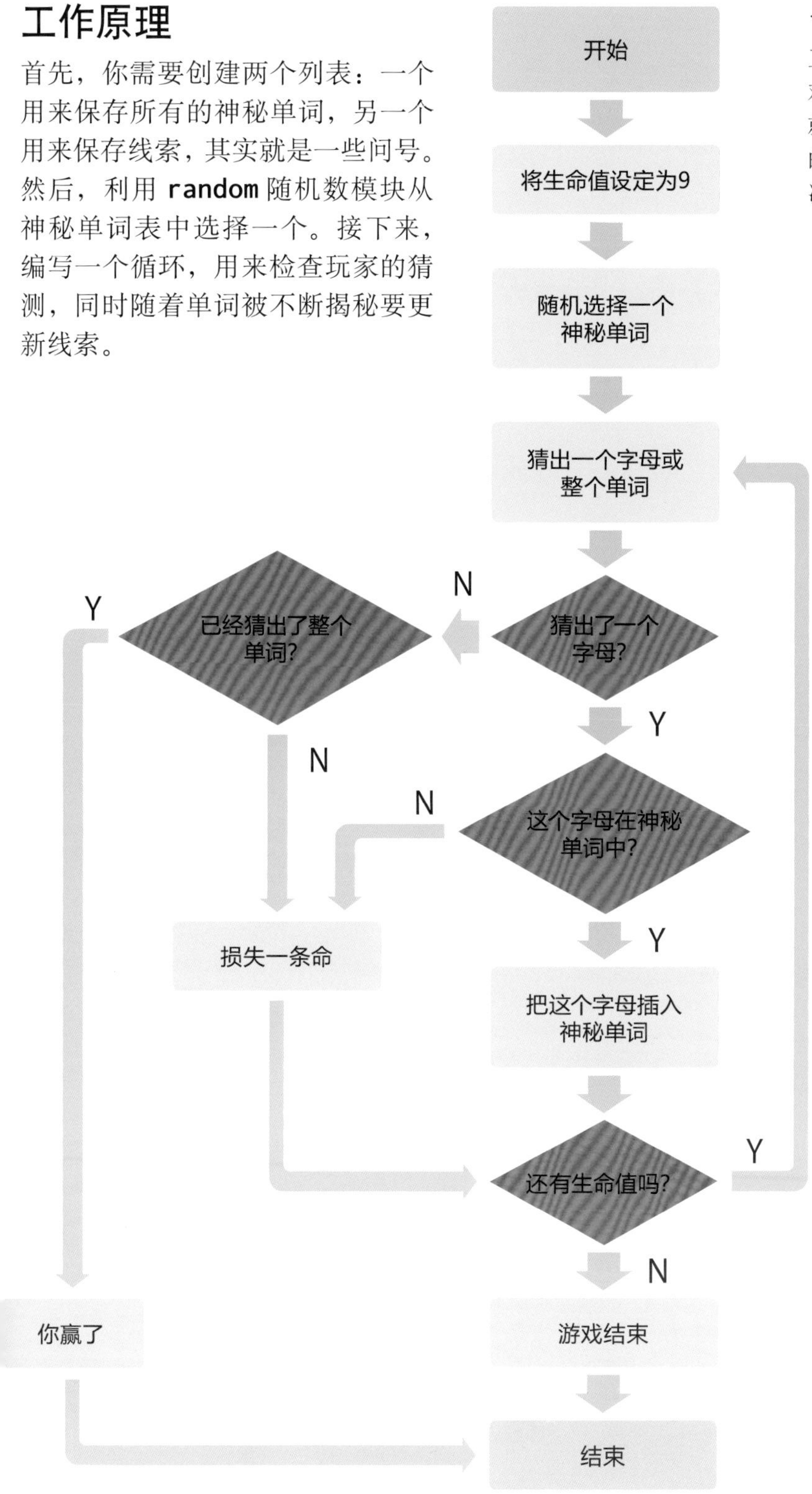

开始

将生命值设定为9

随机选择一个神秘单词

猜出一个字母或整个单词

猜出了一个字母？（N → 已经猜出了整个单词？；Y → 这个字母在神秘单词中？）

已经猜出了整个单词？（Y → 你赢了；N → 损失一条命）

这个字母在神秘单词中？（N → 损失一条命；Y → 把这个字母插入神秘单词）

损失一条命

把这个字母插入神秘单词

还有生命值吗？（Y → 猜出一个字母或整个单词；N → 游戏结束）

你赢了

游戏结束

结束

◁ “单词九连猜”工作流程图

工作流程看起来有点复杂，但是这个游戏的程序却比较简短。程序的主要部分就是一个循环，它不断地检查玩家输入的字母是否出现在神秘单词中，并且每次都要检查玩家是否还有生命值。

专家提示

统一码

所有能在屏幕上显示的字母、数字、符号和图标都是“字符”。有些符号是为了表示世界各国的语言，还有一些图标符号是为了显示简单的图形而设计的，比如表情。字符从属于字符集。例如，美国标准信息交换码（ASCII）字符集就是为英语环境设计的。在本作品中，你将使用统一码（Unicode）字符集中的心形字符。统一码字符集包含许多完全不同的图标，下面就罗列了一些。

准备开始

你将分两个步骤来制作“单词九连猜”的游戏。首先，导入程序所需的模块，并且创建几个变量。然后就是完成程序的主要代码。

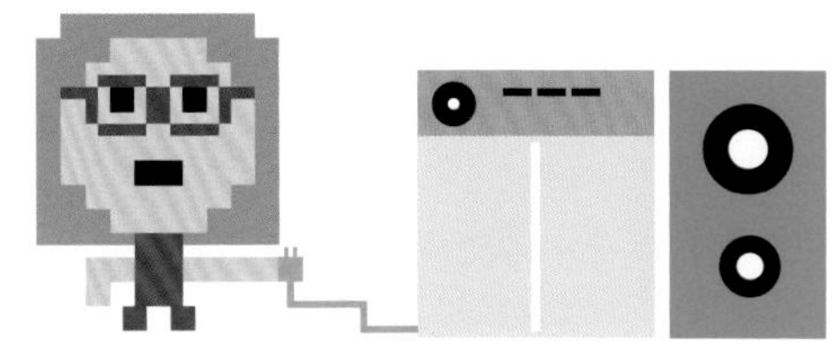

1 创建一个新文件

打开 IDLE，创建一个新文件，把它保存为“nine_lives.py”。

2 导入模块

这个程序需要使用 Python 的 **random** 模块。所以，先输入下面这一行代码，导入这个模块。

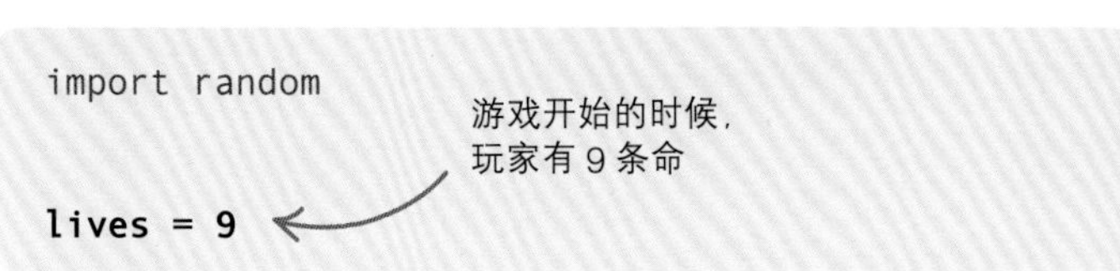

```
import random
```

3 新建一个变量

在导入模块的代码下面,创建一个名为“**lives**”的变量，用它来跟踪、记录玩家的剩余生命值。

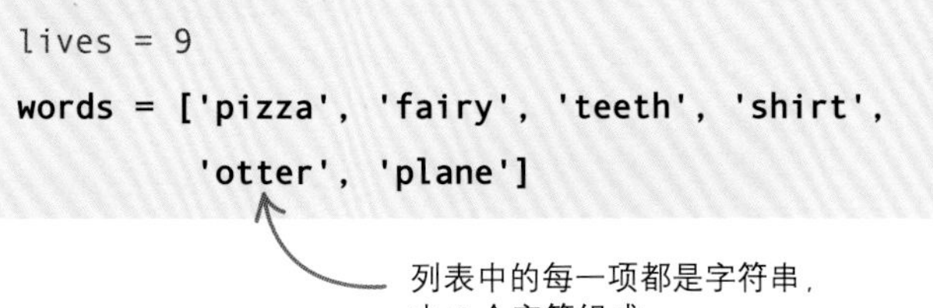

```
import random

lives = 9
```

游戏开始的时候，玩家有 9 条命

4 创建一个列表

程序只知道你告诉它的那些单词。你需要把这些单词保存到一个列表中，然后把列表放入一个叫作“**words**”的变量。在创建变量 **lives** 的语句下面再添加一行。

```
lives = 9
words = ['pizza', 'fairy', 'teeth', 'shirt',
         'otter', 'plane']
```

列表中的每一项都是字符串，由 5 个字符组成

5 选择一个神秘单词

每次游戏开始运行时，程序就要随机选择一个供玩家猜的神秘单词，我们把这个单词保存到变量 **secret_word** 中。现在，添加一行代码创建这个变量。

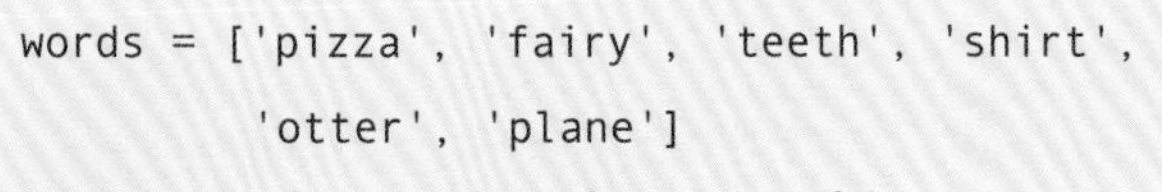

```
words = ['pizza', 'fairy', 'teeth', 'shirt',
         'otter', 'plane']
secret_word = random.choice(words)
```

这个变量用 **random** 模块的 **choice** 函数赋值

6 保存线索

现在，创建另一个列表，用它来保存线索。用问号来表示和储存未知字母。当字母被猜出后，问号就会被替换掉。在游戏刚开始时，这个列表中全是问号。你可以这样写代码 `clue =['?','?','?','?','?']`，把单词中的每一个字母都替换为问号，但是下面的代码能更快捷地完成这个任务。在 `secret_word` 变量之后，添加一行代码。

```
secret_word = random.choice(words)
clue = list('?????')
```

5 个问号作为一个列表保存于变量 clue 中

7 显示剩余的生命值

在这个作品中，我们使用统一码中的心形字符来表示还剩下多少条命。为了让程序更便于阅读和书写，添加如下一行代码，用于将心形字符保存在变量中。

```
clue = list('?????')
heart_symbol = u'\u2764'
```

8 记录结果

现在，新建一个变量用于保存玩家是否正确猜出了单词。变量初始化为 False，因为游戏开始时，玩家还完全不知道单词是什么。在心形字符的代码之下，输入一行新的代码。

```
heart_symbol = u'\u2764'
guessed_word_correctly = False
```

这是一个布尔值（真或者假）

专家提示

单词的长度

请注意，我们只添加长度为 5 个字母的单词。保存线索的列表只为 5 个字母留下空间。如果你添加的单词字符数超过了 5，在程序试图访问第 5 个字母之后的线索时，会看到一个错误信息。

```
Index error: list assignment index
out of range （索引错误：列表索引越界）
```

当你添加的单词字符数少于 5，程序可以工作，但是玩家还是会看见 5 个提示问号，会误认为单词有 5 个字母。例如，你在程序中加入了单词“car”，程序的运行效果如下所示：

```
['?', '?', '?', '?', '?']
Lives left: ♥♥♥♥♥♥♥♥♥
Guess  a letter or the whole word: c
['c', '?', '?', '?', '?']
Lives left: ♥♥♥♥♥♥♥♥♥
Guess a letter or the whole word: a
['c', 'a', '?', '?', '?']
Lives left: ♥♥♥♥♥♥♥♥♥
Guess a letter or the whole word: r
['c', 'a', 'r', '?', '?']
Lives left: ♥♥♥♥♥♥♥♥♥
Guess a letter or the whole word:
```

最后两个问号并不代表任何字母，所以它们永远不会消失

玩家将永远无法获胜，因为不管他们怎么猜，最后两个问号总是留在那里。

程序的主要代码

程序的主要代码是一个循环，它会不断地获取用户输入的字母，然后检查神秘单词中是否含有这个字母。如果的确存在，它就会调用一个函数来更新线索。你要先完成这个函数，然后编写主循环。

9 输入的字母在神秘单词中吗？

如果玩家猜测的字母存在于神秘单词中，你就必须更新线索。要完成这一步，你将使用函数 **update_clue()**。这个函数有 3 个参数：被猜测的字母、神秘单词、线索。把如下所示的代码添加到变量 **guessed_word_correctly** 下面。

▷工作原理

这个函数包含一个 **while** 循环，它会检查整个神秘单词，每次检查一个字母，看看是否有一个字母和猜测的字母相同。在程序扫描整个单词的过程中，**index** 变量记录当前字母是第几个。

```
guessed_word_correctly = False

def update_clue(guessed_letter, secret_word, clue):
    index = 0
    while index < len(secret_word):
        if guessed_letter == secret_word[index]:
            clue[index] = guessed_letter
        index = index + 1
```

len() 函数返回一个单词包含的字母数量，在本例中是 5

如果一个字母匹配上了，它就会被放入线索中。程序使用 index 变量来寻找它在问号列表中的正确位置。

把 index 的值增加 1

10 猜测一个字母或者整个单词

你的程序要持续不断地让玩家输入一个他猜的字母或者整个单词，直到整个单词被猜出，或者玩家的生命值用完，这就是主循环的任务。在 **update_clue()** 函数下面添加右侧代码。

```
        index = index + 1

while lives > 0:
    print(clue)
    print('Lives left: ' + heart_symbol * lives)
    guess = input('Guess a letter or the whole word: ')

    if guess == secret_word:
        guessed_word_correctly = True
        break

    if guess in secret_word:
        update_clue(guess, secret_word, clue)
    else:
        print('Incorrect. You lose a life')
        lives = lives - 1
```

只要玩家还有生命值，循环就一直在工作

这一部分显示线索，并且提示玩家还剩几条命

这一行代码获取玩家输入的字母或者整个单词

当玩家输入的整个单词与神秘单词相同，程序会跳出循环

如果猜测的字母存在于神秘单词中，线索就会被更新

如果猜测的字母不正确(else)，玩家就减一条命

专家提示

重复字符串

代 码 **print('lives left:'+heart_symbol * lives)** 用了一个巧妙的技巧以显示剩下的生命值。你可以通知 Python 把一个字符串重复若干次，只要把它和一个数字相乘就行了。例如，**print(heart_symbol * 10)** 就会显示 10 个心形字符。请在壳窗口中试验这段代码。

```
>>> heart_symbol = u'\u2764'
>>> print(heart_symbol * 10)
♥♥♥♥♥♥♥♥♥♥
```

11 你赢了吗？

当游戏结束时，你需要通知玩家他是否获胜了。如果变量 **guessed_word_correctly** 等于 **True**，你就能判断出循环在玩家耗尽生命之前就结束了，所以他赢得了游戏。否则（**else**），他就失败了。在程序的结尾部分添加如下代码。

```
        lives = lives - 1

if guessed_word_correctly:
    print('You won! The secret word was ' + secret_word)
else:
    print('You lost! The secret word was ' + secret_word)
```

这是一种简写的方式，你也可以写成：
if guessed_word_correctly == True

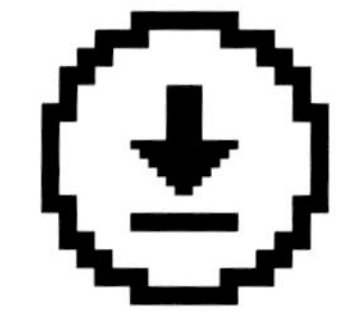

别忘了保存你的工作成果！

12 测试你的程序

测试程序，确保它可以正常运行。如果有什么异常，仔细检查程序中的错误。当程序可以正常工作后，邀请好朋友来一起挑战这个游戏吧。

```
['?', '?', '?', '?', '?']
Lives left: ♥♥♥♥♥♥♥♥♥♥
Guess a letter or the whole word:
```

输入一个字母就可以开始游戏啦！

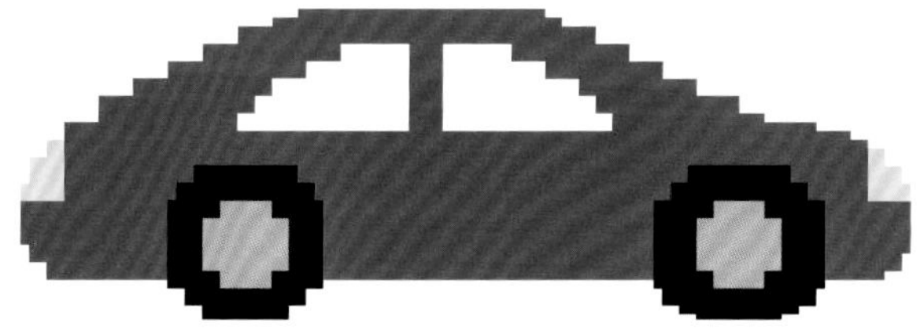

修正与微调

你可以用很多方式来改编、调整这个程序。例如，添加新的单词，改变单词的长度等，让游戏变得更容易或者更难。

▽添加更多单词

试着在程序的单词列表中添加更多单词。你想添加多少都可以，但要记住单词的长度必须是 5 个字母。

```
words = ['pizza', 'fairy', 'teeth', 'shirt', 'otter', 'plane', 'brush', 'horse', 'light']
```

▽改变玩家的生命值

你可以通过修改玩家的生命值来调整游戏的难易程度。操作时只须修改第 3 步添加的变量 `lives` 就可以了。

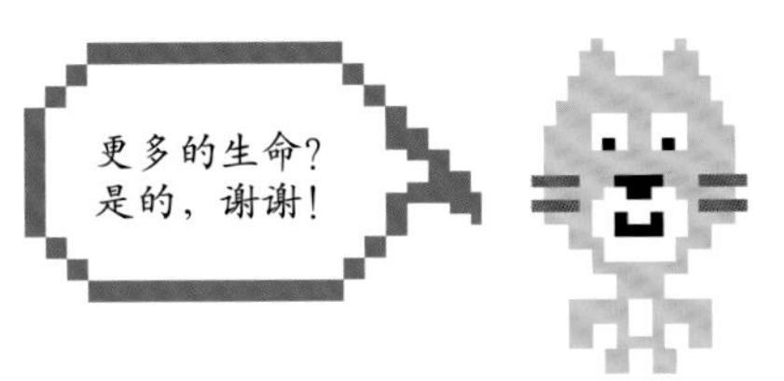
更多的生命？
是的，谢谢！

Mississippi

◁用更长的单词

如果你觉得用 5 个字母的单词太简单了，可以换更长一点的，但是要记住它们的长度必须一样。想要把游戏变得超级难，可以在字典中找出最长的、最少用的单词。

添加难度等级

为了让游戏更有趣，可以让玩家在游戏开始时选择游戏的难度。越简单的模式，玩家拥有的生命值越多。

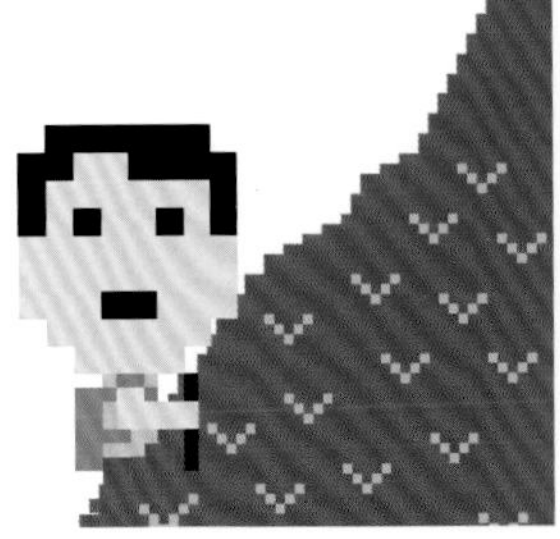
我觉得应该选择
一条更加容易的
路线！

1 添加难度等级

在 `while` 循环之前，添加如下代码。它请玩家选择一个难度等级。

```
difficulty = input('Choose difficulty (type 1, 2 or 3):\n 1 Easy\n 2 Normal\n 3 Hard\n')
difficulty = int(difficulty)

while lives > 0:
```

`difficulty` 变量现在是一个字符串，这一行把它转换成了一个整型数

2 测试代码

运行程序，看看这个修改生效了吗？这条消息应该会显示在壳窗口中。

```
Choose difficulty (type 1, 2, or 3):
 1 Easy
 2 Normal
 3 Hard
```

3 设置难度等级

现在，我们用 **if**，**elif** 和 **else** 语句来为每个难度设置不同的生命值：简单模式 12 条命，普通模式 9 条命，高难模式 6 条命。如果测试之后各难度的游戏体验不佳，可以再修改它们。在询问玩家选择难度的代码之后，添加如下代码。

今天我要挑战一下
更高难度！

```
difficulty = input('Choose difficulty (type 1, 2 or 3):\n 1 Easy\n 2 Normal\n 3 Hard\n')
difficulty = int(difficulty)

if difficulty == 1:
    lives = 12
elif difficulty == 2:
    lives = 9
else:
    lives = 6
```

不同长度的单词

想让游戏中包含不同长度的单词，该怎么办呢？如果游戏运行之前你不知道单词的长度，就无法知道应该准备一个多大的列表来存放线索。有一个巧妙的方法，可以解决这个难题。

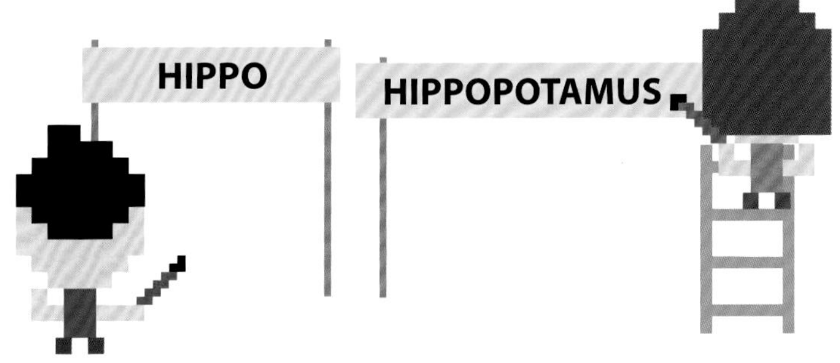
HIPPO
HIPPOPOTAMUS

1 使用一个空的列表

当你创建列表用来保存线索时，不要把问号放在列表里面，让它就那么空着。按右图所示修改列表 clue。

```
clue = []
```

方括号里什么都没有

2 添加一个新的循环

要让线索和被选中的单词一样长，请使用这个简单的循环。它会数一下单词中的字母数量，然后为每一个字母添加一个问号。

```
clue = []
index = 0
while index < len(secret_word):
    clue.append('?')
    index = index + 1
```

append() 函数会在列表的末尾增加一个问号

让游戏聪明地结束

目前，这个游戏不会自动结束，除非玩家输入了整个单词。让我们把程序设计得更聪明一些，当玩家成功猜出最后一个字母后，游戏会自动结束。

1 创建另一个变量

首先创建一个变量，用它来记录还剩下多少个字母是未知的。在 **update_clue()** 函数的上方添加这一行代码。

开始的时候，所有的字母都是未知的

```
unknown_letters = len(secret_word)
```

2 修改函数

接下来，我们按图示来修改 **update_clue()** 函数。每当玩家猜对了一个字母，程序就会计算这个字母在神秘单词中出现的次数，并且从 **unknown_letters** 中减去这个次数。

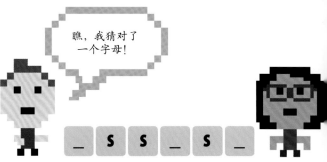

瞧，我猜对了一个字母！

_ s s _ s _

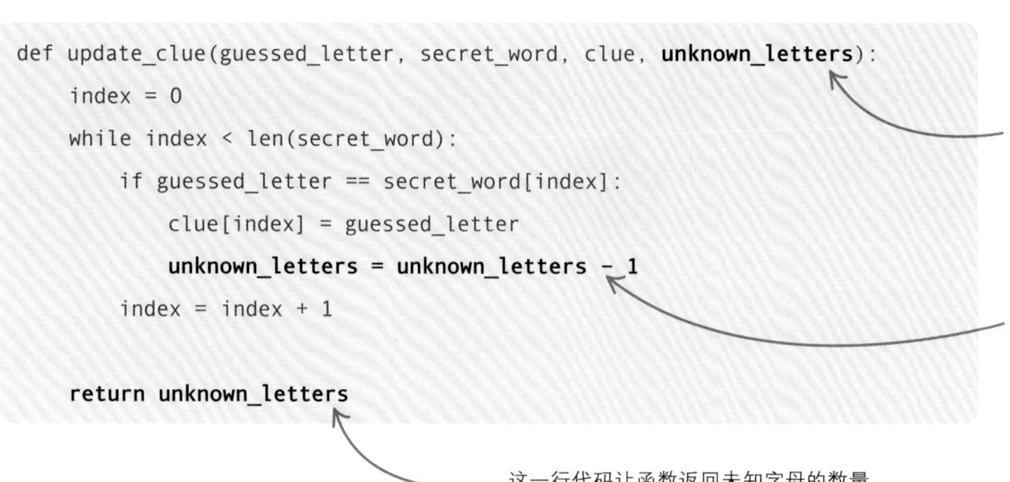

```
def update_clue(guessed_letter, secret_word, clue, unknown_letters):
    index = 0
    while index < len(secret_word):
        if guessed_letter == secret_word[index]:
            clue[index] = guessed_letter
            unknown_letters = unknown_letters - 1
        index = index + 1

    return unknown_letters
```

在函数中添加这个新的参数

每当猜中的字母在单词中出现一次，**unknown_letters** 就减少 1

这一行代码让函数返回未知字母的数量

工作原理

为什么当玩家猜出的字母出现在神秘单词中时，程序必须更新 update_clue() 函数中的 unknown_letters，而不能直接减 1？如果每个字母在单词中只出现一次，这么做是可行的。但如果某个字母在单词中出现多次，就会发生计数错误。函数会检查神秘单词中的每个字母，看它是否匹配玩家猜测的字母。通过更新函数中的变量，猜中的字母在单词中出现几次，代码就会从 unknow_letters 中减几。

3 调用函数

你还需要修改对函数 update_clue() 的调用，把变量 unknown_letters 作为参数传递给它，同时还要保存它的新值。

```
if guess in secret_word:
    unknown_letters = update_clue(guess, secret_word, clue, unknown_letters)
else:
    print('Incorrect. You lose a life')
    lives = lives - 1
```

它传递变量 unknown_letters

这一行将新的值赋予变量 unknown_letters

4 赢得游戏

当 unknown_letters 达到 0，玩家就猜出了整个单词。在主循环的末尾添加如下代码。现在，当玩家猜出所有字母，游戏就会自动结束了。但如果你连续输入已经猜出的字母，游戏也会结束，当你学完本书试着修复吧！

```
    lives = lives - 1

if unknown_letters == 0:
    guessed_word_correctly = True
    break
```

当玩家猜出了整个单词，break 语句就会让程序跳出循环

乌龟图形

机器人设计师

在 Python 中绘图很简单。乌龟图形模块让你能控制一个机器乌龟在屏幕上四处移动，当它移动时就会用一支笔画出图形。在本作品中，你将用乌龟来编写程序，建造很多机器人，至少是机器人画像！

你能帮我装上手臂吗?

游戏是如何进行的？

当你运行程序的时候，Python 的乌龟开始出发，它一边在舞台上走动，一边就画出了一个友善的机器人。注意观察它如何一块一块、用不同的颜色把机器人拼接出来。

Python Turtle Graphics

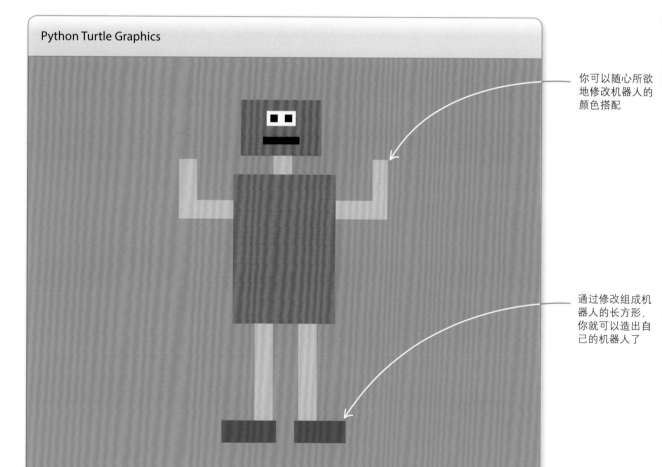

你可以随心所欲地修改机器人的颜色搭配

通过修改组成机器人的长方形，你就可以造出自己的机器人了

工作原理

第一步，先完成一个可以画矩形的函数。接下来，把所有的矩形组合成一个机器人。只要调整传递给矩形的参数，你就可以修改它的大小和颜色。所以，你可以用又长又窄的矩形来当腿，用方方的矩形当眼睛，等等。

▽别叫我乌龟！

注意，千万别把你的程序命名为“turtle.py”。这样会令Python很困惑，它就会显示出很多的错误信息。

▽用乌龟来作图

乌龟图形模块让你能用指令控制一只带笔的乌龟在屏幕上移动，这样就可以画出各种图形了。你还可以告诉乌龟什么时候落笔画线，也可以命令它抬起笔来，这样它移动到屏幕的另一个位置时就不会画出杂乱的线条。

```
t.forward(100)
t.left(90)
t.forward(50)
```

乌龟向前移动 100 像素，然后向左旋转 90 度，接着向前移动 50 像素

▽“机器人设计师”工作流程图

流程图展示了这个作品中的代码是如何工作的。首先，程序设置背景颜色和乌龟的运动速度。然后，它依次画出机器人的各个部分，从脚开始，一直向上，到头为止。

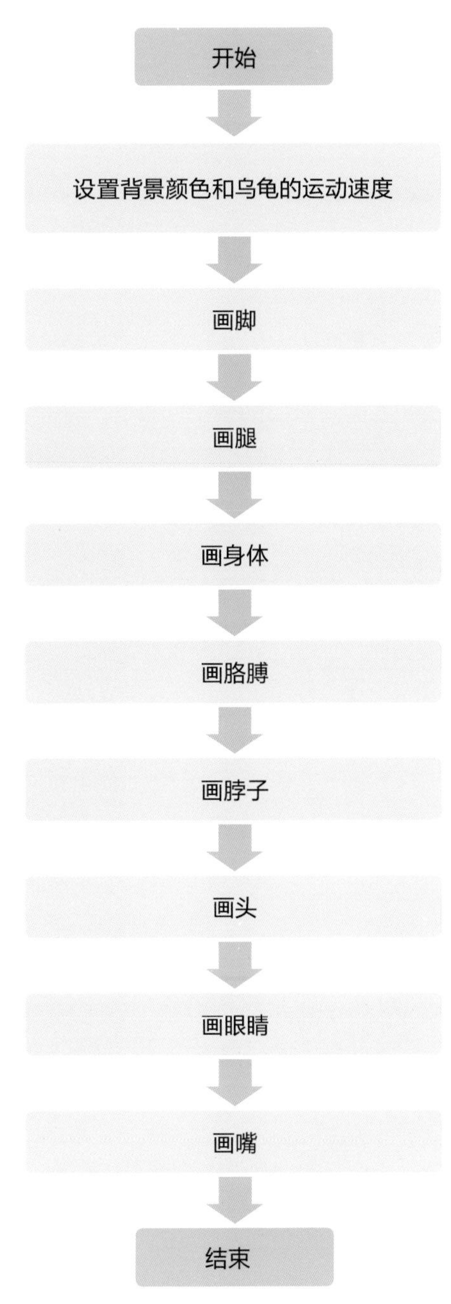

画矩形

首先我们导入乌龟模块，然后用它来创建一个可以画出矩形的函数。

1 创建一个新的文件

打开 IDLE，创建一个新文件，把它保存为“robot_builder.py”。

Close
Save
Save As...
Save Copy As...

2 导入乌龟模块

在程序最上方输入右边这一行命令 **import turtle as t**，它让你能使用乌龟模块中的所有函数，但不必每次都要输入 turtle 这个完整的单词。这就好比你可以把“本杰明”(Benjamin)简称为“本”(Ben)。

```
import turtle as t
```

这行代码给乌龟模块起了一个昵称“t”

3 创建一个新的矩形函数

现在创建一个可以画矩形的函数，下面会用这些矩形来构建机器人。这个函数有 3 个参数：水平边的长度、垂直边的高度、颜色。你将用它设计一个循环，每次绘制一条水平边、一条垂直边，并且让这个循环重复两次。把矩形函数的代码放在第 2 步的代码下面。

和其他所有编程语言一样，Python 使用美式英语的单词拼写“color”

```
def rectangle(horizontal, vertical, color):
    t.pendown()
    t.pensize(1)
    t.color(color)
    t.begin_fill()
    for counter in range(1, 3):
        t.forward(horizontal)
        t.right(90)
        t.forward(vertical)
        t.right(90)
    t.end_fill()
    t.penup()
```

把乌龟的笔落下，准备开始画线

这段代码把矩形画出来了

使用 **range(1,3)** 让循环工作两次。**range()** 会生成一个列表，其范围是从前一个参数开始，到后一个参数减去 1 的值为止。

重新抬起乌龟的画笔，让它停止画线

1
4 2
3

这张图显示了乌龟画各条边的顺序

专家提示

乌龟模块

你将在标准模式下使用乌龟模块，这意味着它开始的方向是向屏幕右侧。如果你让它朝向 0 度方向，它就是面向右；让它朝 90 度方向，它就会指向屏幕上方；朝 180 度方向是向左；朝 270 度方向是向下。

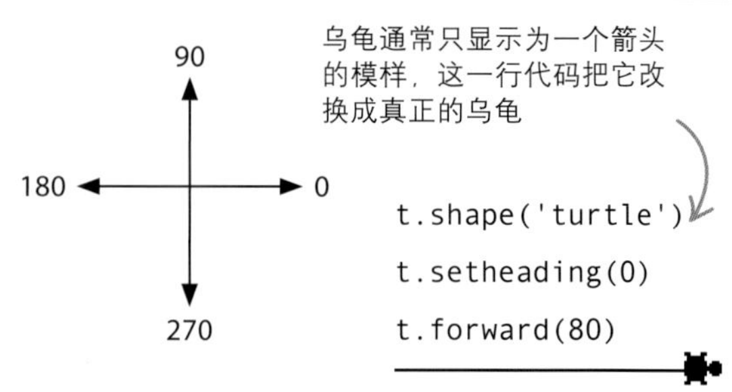
90
180
0
270
乌龟通常只显示为一个箭头的模样，这一行代码把它改换成真正的乌龟
t.shape('turtle')
t.setheading(0)
t.forward(80)

专家提示

乌龟的速度

你可以用 **t.speed()** 函数来设置乌龟的移动速度，可设定的值包括：“slowest”（最慢）、“slow”（慢速）、“normal”（常速）、“fast”（快速）、“fastest”（最快）

4 设置背景

接下来，编写程序让乌龟做好准备，并设置好窗口的背景颜色。你必须让乌龟先抬起画笔，以免它在你想让它画线之前就乱画。它只有到达机器人的脚部位置后才会开始画线（第 5 步），在第 3 步完成的代码后面，输入如下代码。

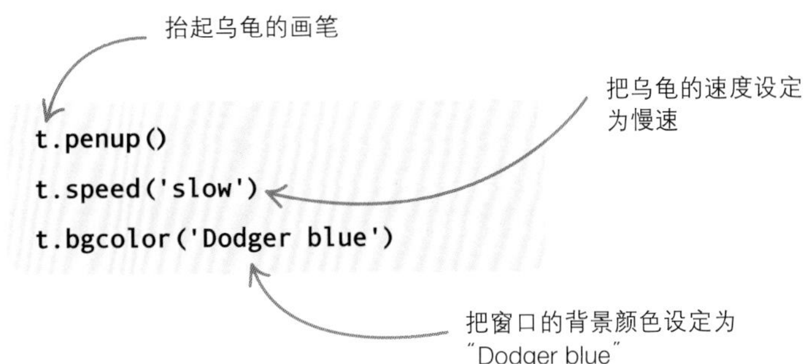
抬起乌龟的画笔
把乌龟的速度设定为慢速
把窗口的背景颜色设定为"Dodger blue"

```
t.penup()
t.speed('slow')
t.bgcolor('Dodger blue')
```

创造机器人

现在，创造机器人的准备工作已经完成。你将一块一块地把它造出来，首先从脚开始，然后逐渐向上。整个机器人将由不同大小和颜色的矩形组合而成，每个矩形都从不同的起始点开始绘制。

我要造一个超酷的机器人!

5 画脚

把乌龟挪动到你想要画的第一只脚的位置，然后使用矩形函数把它画出来。接着如法炮制画出第二只脚。在第 4 步完成的代码后面，输入如下内容，然后运行程序，看看机器人的脚如何显现出来。

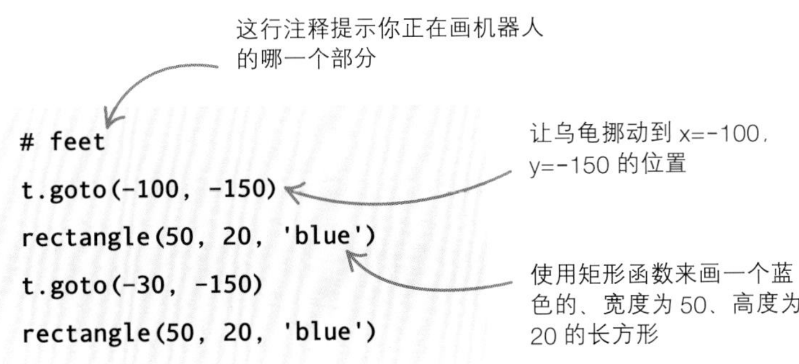
这行注释提示你正在画机器人的哪一个部分
让乌龟挪动到 x=-100，y=-150 的位置
使用矩形函数来画一个蓝色的、宽度为 50、高度为 20 的长方形

```
# feet
t.goto(-100, -150)
rectangle(50, 20, 'blue')
t.goto(-30, -150)
rectangle(50, 20, 'blue')
```

专家提示

注释

你会注意到在这个程序中有几行代码是以 # 号开头的。跟在 # 后面的文字是注释，它的用途是让代码更好读、易理解。Python 知道它应该忽略这些内容。

专家提示

乌龟的坐标

Python 会调整乌龟窗口的大小以适应你的屏幕。现在，我们先用一个 400*400 的窗口为例来说明坐标问题。Python 用坐标来标识窗口中乌龟可能在的所有位置。这意味着窗口中的任何位置都可以用两个数字来表示。第一个数字是 x 坐标，它表明乌龟的位置距离窗口中心向左或者向右有多远。第二个数字是 y 坐标，它表明乌龟的位置距离窗口中心向上或者向下有多远。坐标写在一对圆括号中，x 坐标在前，就像这样：(x，y)。

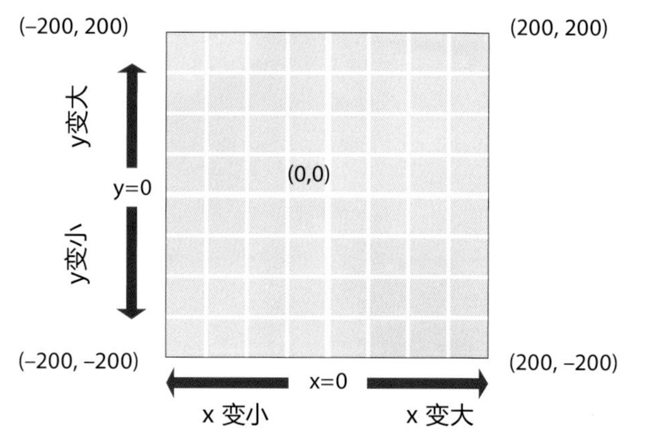

6 画腿

下一步是让乌龟移动到准备画腿的位置。在第 5 步完成的代码下面添加这几行代码。然后再次运行程序。

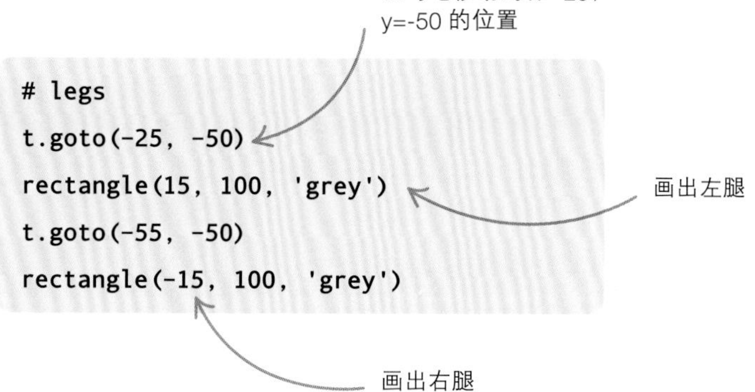


```
# legs
t.goto(-25, -50)
rectangle(15, 100, 'grey')
t.goto(-55, -50)
rectangle(-15, 100, 'grey')
```

7 画身体

在第 6 步完成的代码后面，继续添加这几行代码。运行程序，你会看到身体也画出来了。

```
# body
t.goto(-90, 100)
rectangle(100, 150, 'red')
```

画一个宽 100、高 150 的红色矩形

8 画胳膊

每条胳膊都由两部分组成：首先是上臂，从机器人的肩部到肘部；然后是前臂，从肘部到腕部。把这几行代码添加到第 7 步完成的程序之后，然后运行程序，观察画出胳膊的效果。

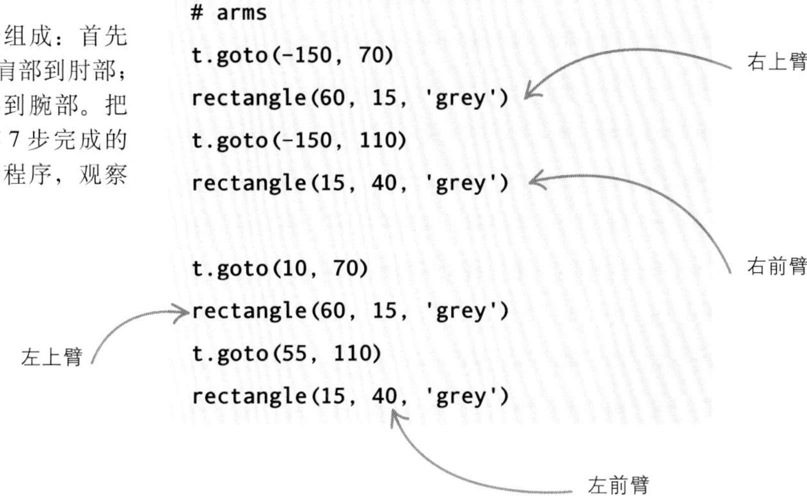

```
# arms
t.goto(-150, 70)
rectangle(60, 15, 'grey')
t.goto(-150, 110)
rectangle(15, 40, 'grey')

t.goto(10, 70)
rectangle(60, 15, 'grey')
t.goto(55, 110)
rectangle(15, 40, 'grey')
```


9 画脖子

现在，我们来画机器人的脖子。在第 8 步已完成的程序后面输入绘制脖子的代码。

```
# neck
t.goto(-50, 120)
rectangle(15, 20, 'grey')
```

10 画脑袋

哎哟，你现在画了一个没有脑袋的机器人！快给可怜的机器人装一个脑袋吧。把这些代码输入到第 9 步已完成的程序后面。

```
# head
t.goto(-85, 170)
rectangle(80, 50, 'red')
```

终于，我们创造出了完美的机器人！
呃，还不够完美。

11 画眼睛

我们还要给机器人添加两只眼睛，这样它就能看清楚前进的方向了。先画一个大的白色矩形，再在里面画两个小正方形作为瞳孔。你不需要创建新的函数来画正方形，正方形不就是边长都一样的长方形嘛。把右侧的指令添加到第 10 步已经完成的程序下面。

```
# eyes
t.goto(-60, 160)
rectangle(30, 10, 'white')
t.goto(-55, 155)
rectangle(5, 5, 'black')
t.goto(-40, 155)
rectangle(5, 5, 'black')
```

画出眼睛的白色部分

画出右边的瞳孔

画出左边的瞳孔

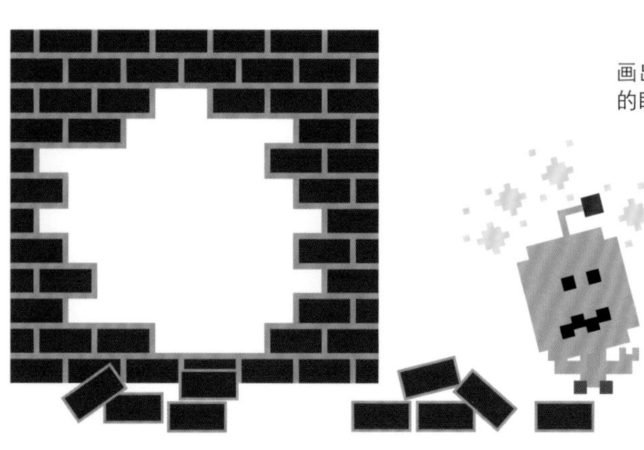
我有眼睛啦，
但我还是会撞
到东西！

12 画嘴巴

现在给机器人画一个嘴巴。在第 11 步完成的程序之下，添加右侧代码。

```
# mouth
t.goto(-65, 135)
rectangle(40, 5, 'black')
```

13 隐藏乌龟

最后，我们把乌龟隐藏起来，否则它会停留在机器人的脸上，显得怪怪的。在第 12 步完成的程序后面添加这一行代码。运行程序，看看整个机器人是如何创造出来的吧。

```
t.hideturtle()
```

这个代码能让乌龟隐身

我超爱看机器人
的生产过程！

我需要一个
假期！

修正与微调

现在你的作品已经完成，可以正常运行。下面提供一些修改代码的思路，以便你创造出自己独特的机器人。

▽修改颜色

刚才做出的机器人色彩很丰富，但是颜色的使用空间还大得很呢。你可以修改代码，让它画出一个和你房间颜色搭配，或者和你的球队队服颜色一致的机器人。当然，你也可以创造一个颜色大杂烩机器人！右边列举了一些乌龟模块可识别的颜色。

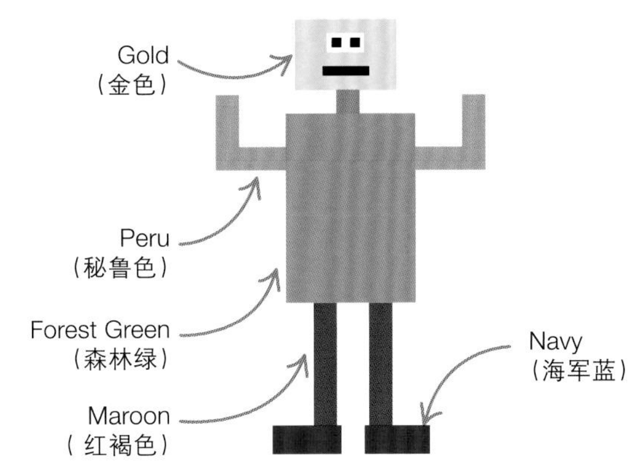

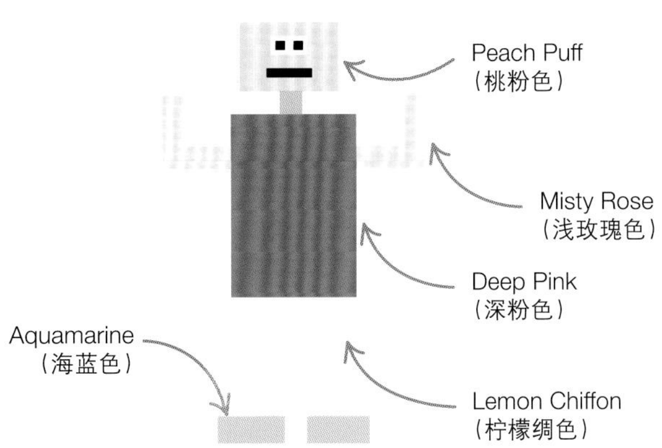

▷大变脸

改变机器人的容貌，让它拥有不同的表情。你可以用右边的代码，让它的眼睛和嘴巴都变得歪斜。

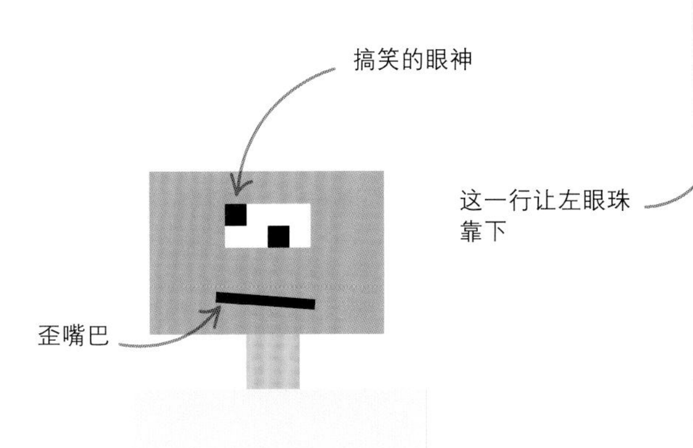


```
# eyes
t.goto(-60, 160)
rectangle(30, 10, 'white')
t.goto(-60, 160)
rectangle(5, 5, 'black')
t.goto(-45, 155)
rectangle(5, 5, 'black')

# mouth
t.goto(-65, 135)
t.right(5)
rectangle(40, 5, 'black')
```

这一行移动机器人的右眼珠，让它看起来像在翻白眼

这一行让左眼珠靠下

乌龟稍微向右转动一点，就能让嘴巴变歪

▷**援助之手**

添加右侧代码，机器人会多一双U型叉子手。你也可以把手变成钩子、钳子或者其他喜欢的样子。尽情发挥想象，创造属于你自己的机器人吧！

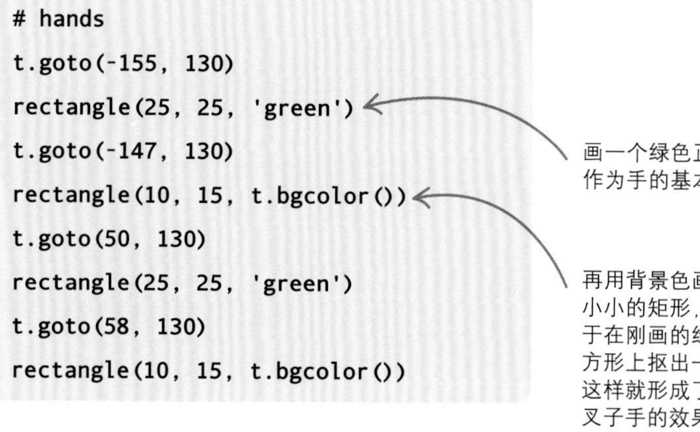

```
# hands
t.goto(-155, 130)
rectangle(25, 25, 'green')
t.goto(-147, 130)
rectangle(10, 15, t.bgcolor())
t.goto(50, 130)
rectangle(25, 25, 'green')
t.goto(58, 130)
rectangle(10, 15, t.bgcolor())
```

画一个绿色正方形作为手的基本形状
再用背景色画一个小小的矩形，相当于在刚画的绿色正方形上抠出一小块，这样就形成了U型叉子手的效果

一次成型的胳膊

我们在不同的部位画出胳膊，想要修改胳膊的位置或增加一条胳膊都会很麻烦。让我们来改进一下，创建一个函数，它一次就能完成画胳膊的任务。

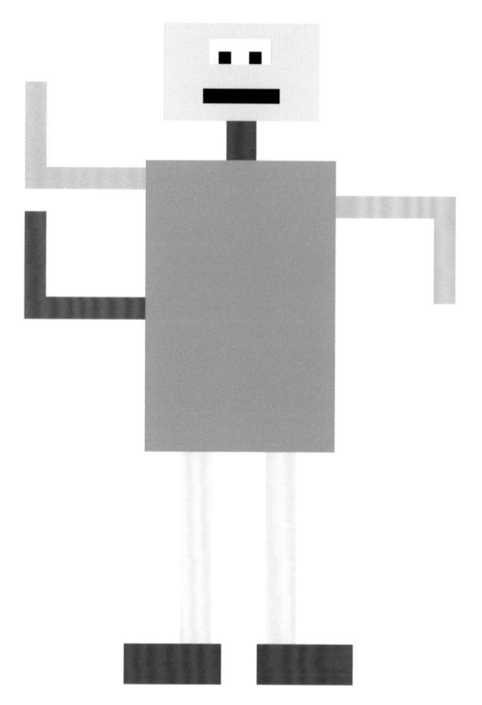

1 创建一个胳膊函数

首先，添加一个新的函数，它能画出一条胳膊的形状，并且涂上颜色。

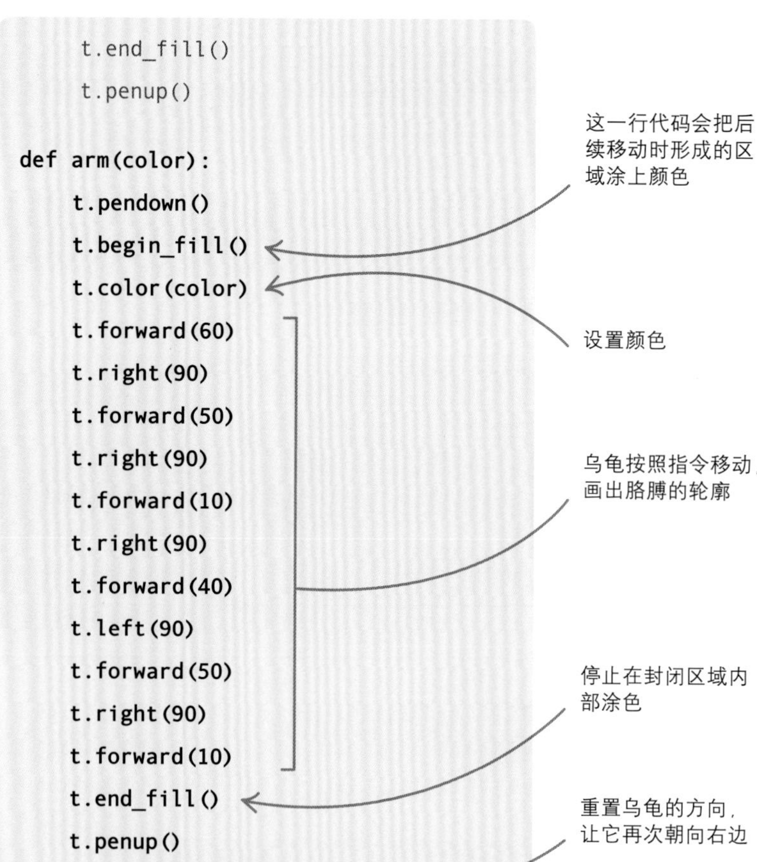

```
    t.end_fill()
    t.penup()

def arm(color):
    t.pendown()
    t.begin_fill()
    t.color(color)
    t.forward(60)
    t.right(90)
    t.forward(50)
    t.right(90)
    t.forward(10)
    t.right(90)
    t.forward(40)
    t.left(90)
    t.forward(50)
    t.right(90)
    t.forward(10)
    t.end_fill()
    t.penup()
    t.setheading(0)
```

这一行代码会把后续移动时形成的区域涂上颜色
设置颜色
乌龟按照指令移动，画出胳膊的轮廓
停止在封闭区域内部涂色
重置乌龟的方向，让它再次朝向右边

2 添加胳膊

接下来，把注释行 **#arms** 和注释行 **#neck** 之间的代码替换成下图中的代码。我们将用胳膊函数来画 3 条胳膊。

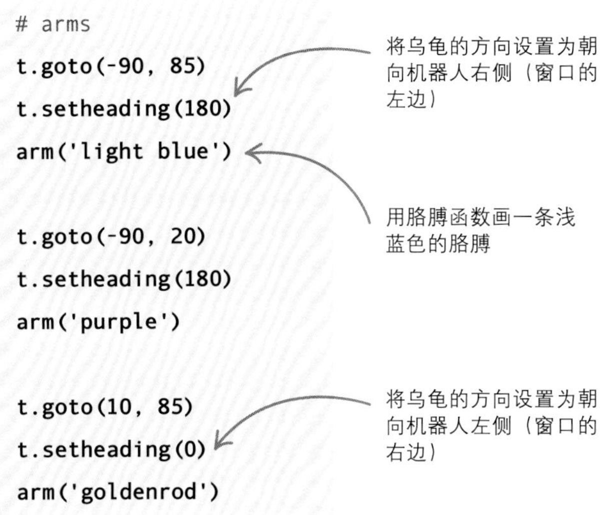

# arms
t.goto(-90, 85)
t.setheading(180)
arm('light blue')
t.goto(-90, 20)
t.setheading(180)
arm('purple')
t.goto(10, 85)
t.setheading(0)
arm('goldenrod')
将乌龟的方向设置为朝向机器人右侧（窗口的左边）
用胳膊函数画一条浅蓝色的胳膊
将乌龟的方向设置为朝向机器人左侧（窗口的右边）

▽移动胳膊

现在，你只需一步就能画出胳膊。你还可以改变胳膊的位置，让机器人看起来像在挠头或者像在跳苏格兰高地舞！要达到这样的效果，请在乌龟到达画胳膊的位置后，使用 **setheading()** 函数来改变它的方向。

```
# arms
t.goto(-90, 80)
t.setheading(135)
arm('hot pink')

t.goto(10, 80)
t.setheading(315)
arm('hot pink')
```

将乌龟的方向设置为窗口的左上角

使用胳膊函数在右边画出一条胳膊

把乌龟的方向指向窗口的右下角

使用胳膊函数在左边画一条胳膊

专家提示

试错

当你设计一个机器人或者给已有的机器人添加新的部件时，可能需要不断试错，以达到想要的效果。在 **t.speed('slowest')** 之后添加两行代码：**print(t.window_width())** 和 **print(t.window_height())**，Python 就会显示出乌龟窗口的宽度和高度。你就可以在一张同样尺寸的绘图纸上找出机器人身体各部分的坐标。

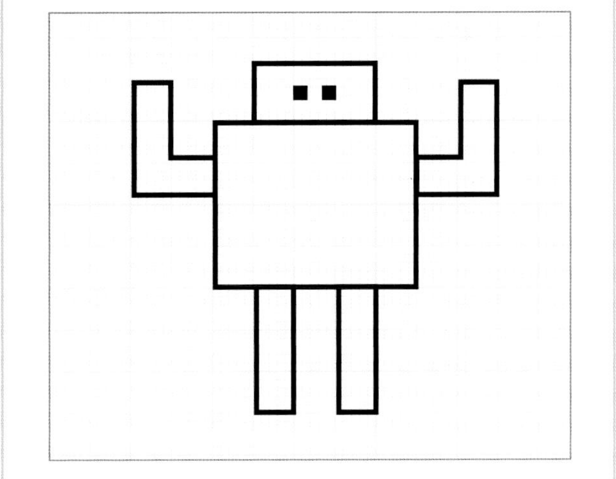

螺旋万花筒

正如用简单的几行代码就能编出一个好程序，简单的形状也可以组成复杂的画面。螺旋万花筒用代码把不同的形状和颜色组合起来，让你创作出足以在画廊中展出的大师级作品。

每一个圆的大小、颜色都和前一个不同

Python Turtle Graphics

游戏是如何进行的？

Python 的乌龟在屏幕上画圆圈，一个接一个。每次画圆圈的时候，乌龟都会改变圆圈的位置、角度、颜色和大小。一幅精彩的抽象画就慢慢地出现了。

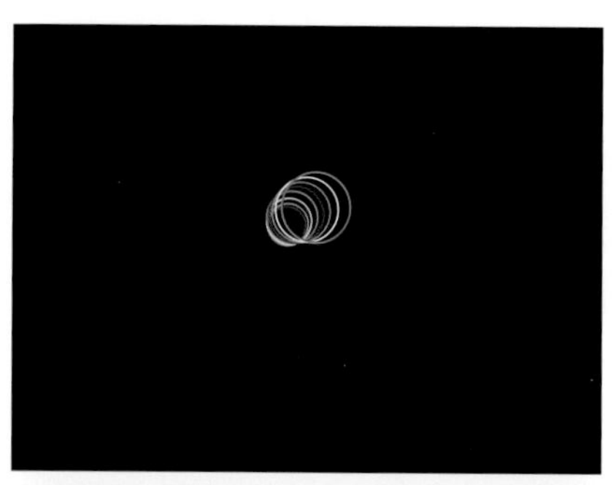

代码把乌龟隐藏起来了，所以当它在画圆圈时，你看不到

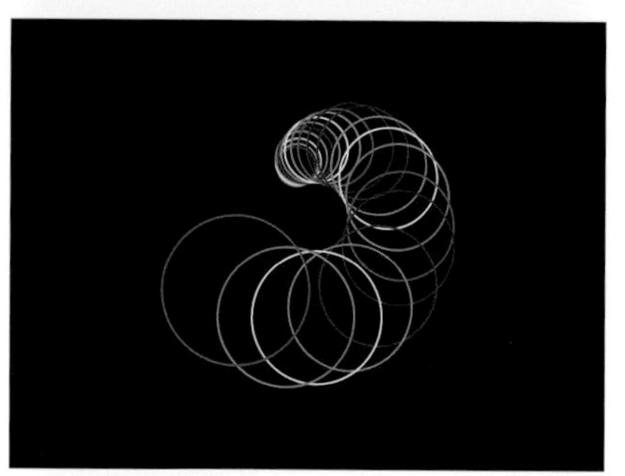

△偏移的螺旋

圆圈一个叠在前一个之上，它们不断偏移的位置形成了一个从中心向外的螺旋蛇形。

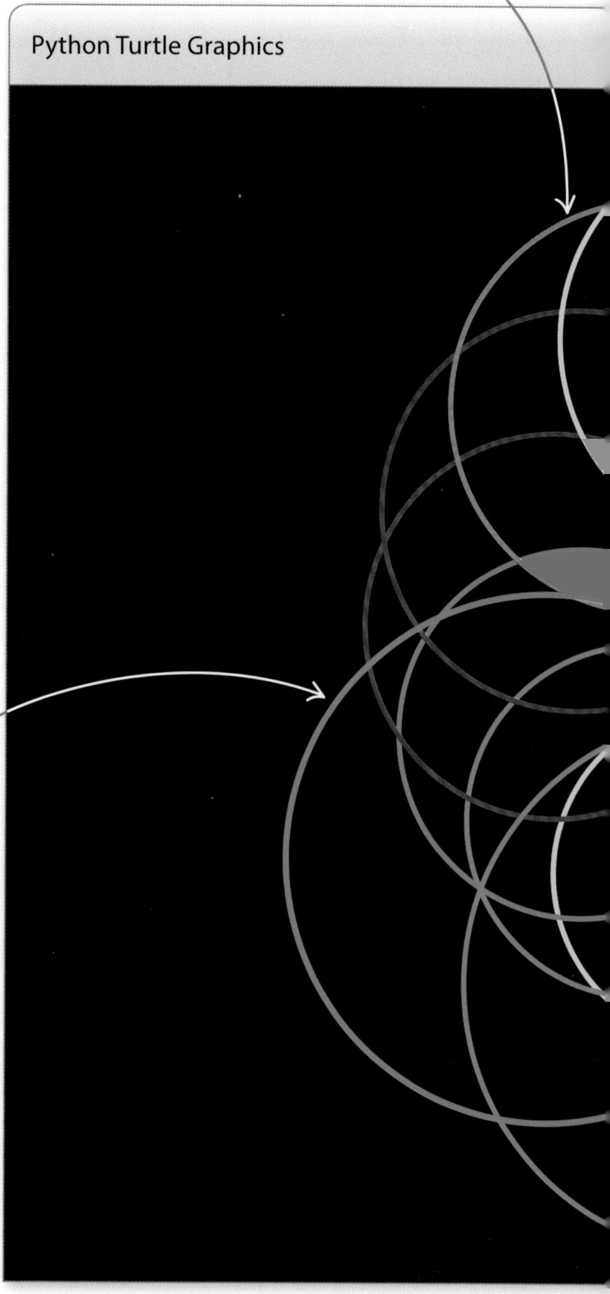

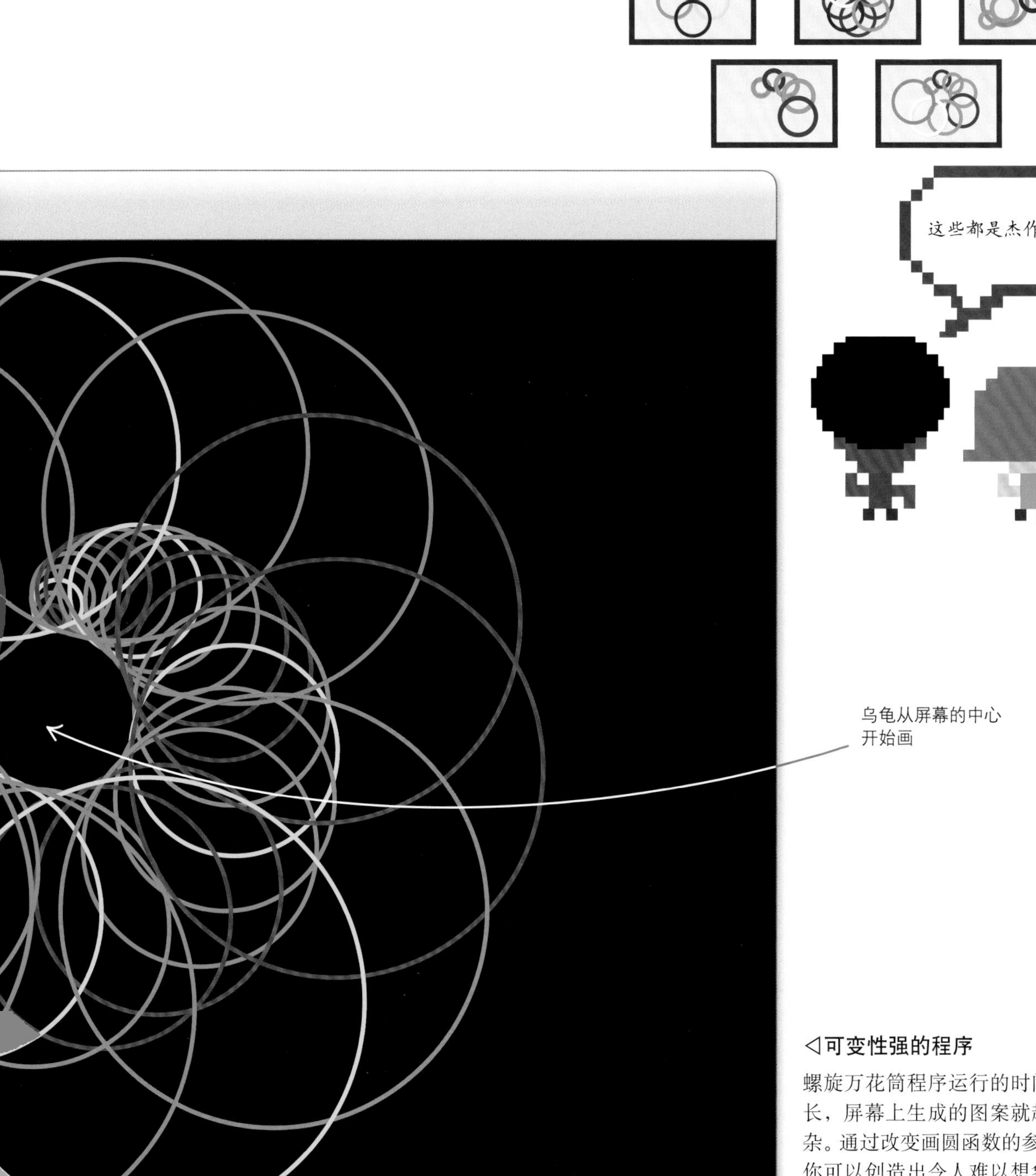

◁可变性强的程序

螺旋万花筒程序运行的时间越长，屏幕上生成的图案就越复杂。通过改变画圆函数的参数，你可以创造出令人难以想象的图形。

工作原理

在本作品中，你将使用乌龟模块，并且会利用一个聪明的循环把一个圆圈叠加在另一个之上，最终形成螺旋形状。每次画圆圈，程序都会在调用画圈函数的时候增加一点参数值。每一个圆圈都和之前的略有不同，这就让整个图案变得非常有趣。

专家提示

轮替

为了让图案变得丰富多彩，这个作品使用了 itertools 模块中的 **cycle()** 函数。**cycle()** 函数让循环通过颜色列表，一遍又一遍。这样，你就可以很方便地使用不同的画笔颜色。

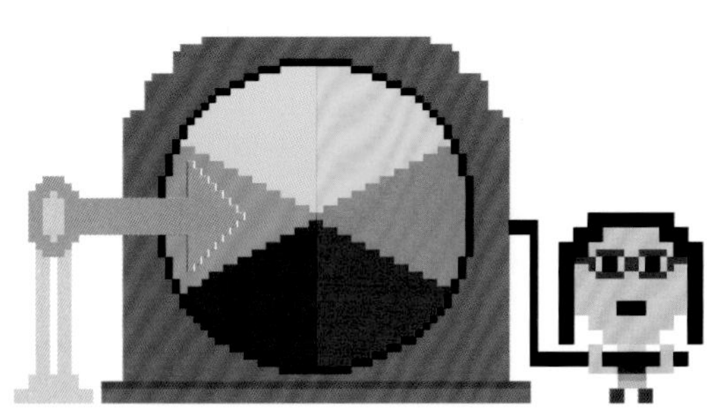

▽ “螺旋万花筒”工作流程图

程序首先设置了一些执行过程中保持不变的值，比如乌龟的速度，然后开始了一个循环。在循环中，先选择一个新的画笔颜色，画一个圆圈，旋转方向并且移动乌龟，接着重复这几个步骤。当你退出程序时，它才会停止。

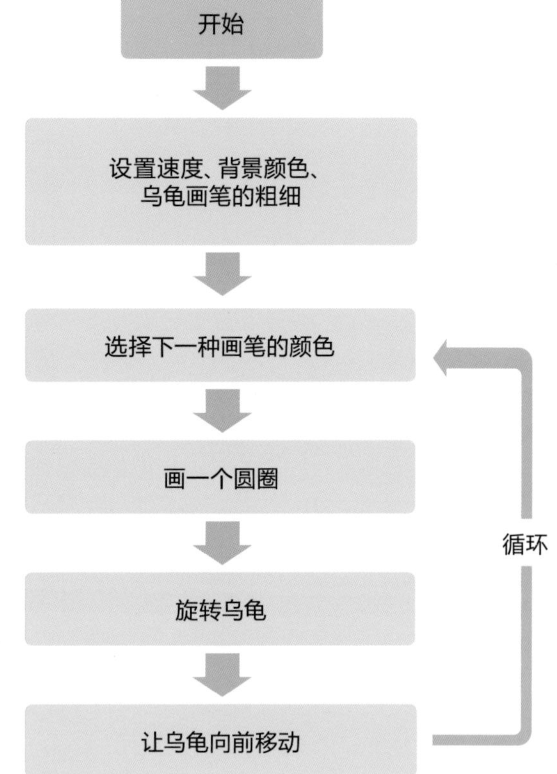
开始
设置速度、背景颜色、乌龟画笔的粗细
选择下一种画笔的颜色
画一个圆圈
旋转乌龟
让乌龟向前移动
循环

开始画吧！

首先我们要在屏幕上画一个圆，然后不断重复地画圆，但是每个圆都略有不同。最后，微调程序，让它能画出斑斓、有趣的图案。

1 创建一个新文件

打开 IDLE，创建一个新文件，把它保存为“kaleido-spiral.py”。

2 导入乌龟模块

首先，导入乌龟模块。这是我们要使用的第一个主要模块。在程序的最上面输入下面这一行代码。

```
import turtle
```

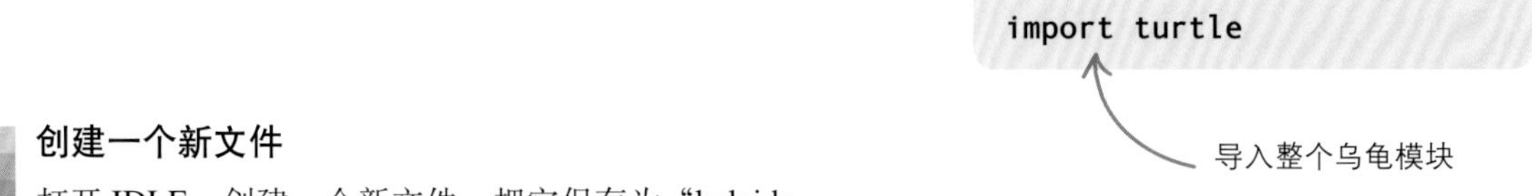
导入整个乌龟模块

3 设置好乌龟

右侧的代码将调用乌龟模块中的函数，用它们来设定背景的颜色、乌龟的速度和画笔的粗细。

```
import turtle

turtle.bgcolor('black')
turtle.speed('fast')
turtle.pensize(4)
```

背景颜色

乌龟的速度

乌龟轨迹，即画笔的粗细

4 选择画笔颜色，画一个圆圈

接下来，设置画笔的颜色，然后测试一下程序，让它画一个圆圈。在程序的末尾添加右边的两行代码，然后运行它。

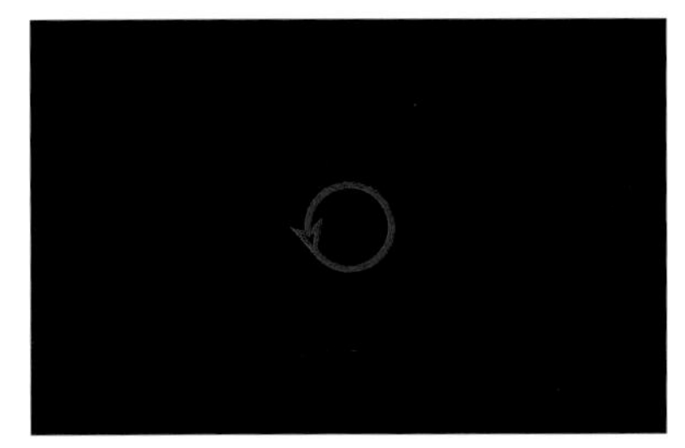

```
import turtle

turtle.bgcolor('black')
turtle.speed('fast')
turtle.pensize(4)

turtle.pencolor('red')
turtle.circle(30)
```

画笔颜色

这一行告诉乌龟画一个圆圈

5 画更多的圆圈

现在，你应该看到了一个圆圈，但是我们还需要很多。来用一个聪明的技巧吧。把画一个圆圈的代码放入一个函数，但是在其中添加一行让它调用自己。这个让函数重复调用自己的技巧就叫作“递归”。记住，函数要先定义再使用，所以你需要把函数放到调用它之前的位置。

```
import turtle

def draw_circle(size):
    turtle.pencolor('red')
    turtle.circle(size)
    draw_circle(size)

turtle.bgcolor('black')
turtle.speed('fast')
turtle.pensize(4)
draw_circle(30)
```

这一行代码使用了size参数

函数调用了自己，让它无限重复下去

这一行代码第一次调用了函数

专家提示

递归

当一个函数调用它自己的时候，就叫作“递归”。这是在程序中实现循环的另一种方式。运用递归时，我们通常要在每次调用函数的时候改变其参数。比如在螺旋万花筒作品中，函数每次调用自己时就要改变圆圈的尺寸、角度、位置。

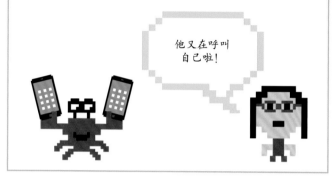

他又在呼叫
自己啦！

6 测试你的程序

运行程序。你应该会看到乌龟一遍又一遍地画着同样的圆圈。别担心，下面我们就会修正这个问题。

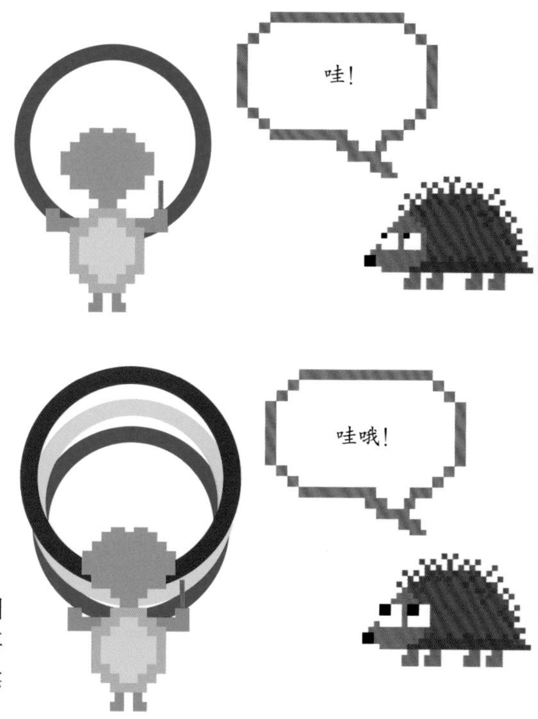
哇！
哇哦！

7 改变颜色，增加尺寸

为了生成令人赞叹的图案，我们要对代码做一些修改，增加圆圈的尺寸，改变它的颜色。这段代码使用了 **cycle()** 函数，它需要一个列表作为参数，它会返回一个特殊类型的列表——“环”。然后你可以用 **next()** 函数轮回地访问这个“环”。再次运行程序。

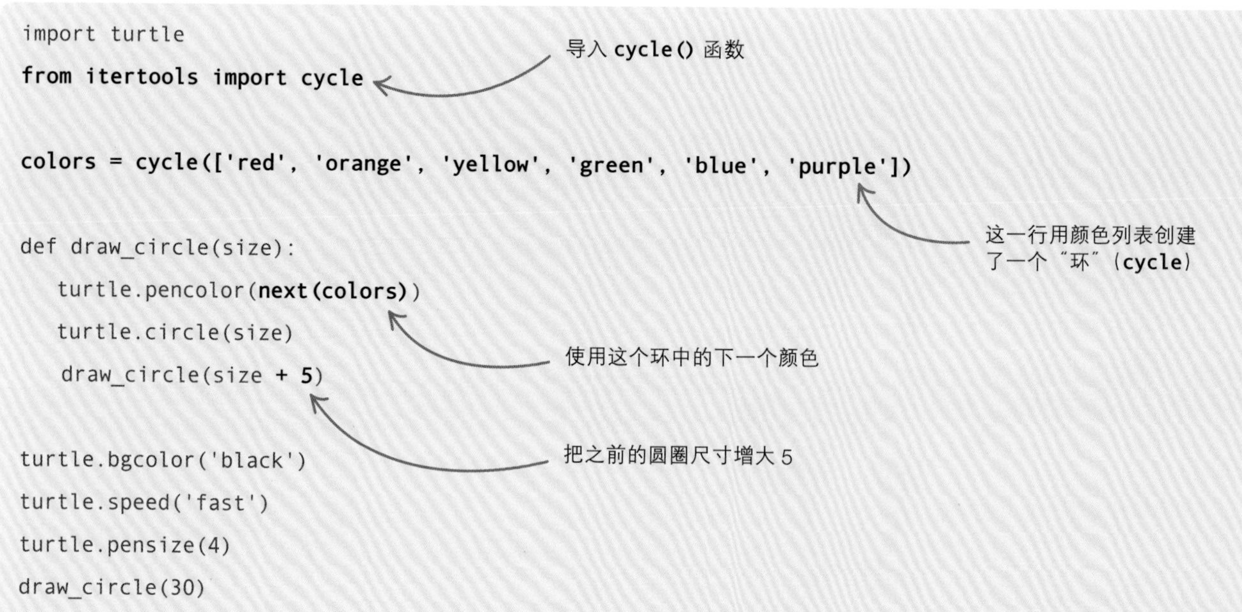

```
import turtle
from itertools import cycle

colors = cycle(['red', 'orange', 'yellow', 'green', 'blue', 'purple'])

def draw_circle(size):
    turtle.pencolor(next(colors))
    turtle.circle(size)
    draw_circle(size + 5)

turtle.bgcolor('black')
turtle.speed('fast')
turtle.pensize(4)
draw_circle(30)
```

导入 cycle() 函数
这一行用颜色列表创建了一个“环”(cycle)
使用这个环中的下一个颜色
把之前的圆圈尺寸增大 5

8 改进图案

现在，你已经修改了圆圈的颜色和尺寸，想要增强图案效果，可以做更多尝试哦。我们能让图案发生可笑的扭曲，只须每次画圆圈时修改它的角度和位置。按图中加粗部分修改代码，然后运行程序，看看会发生什么。

别忘了保存你的工作成果!

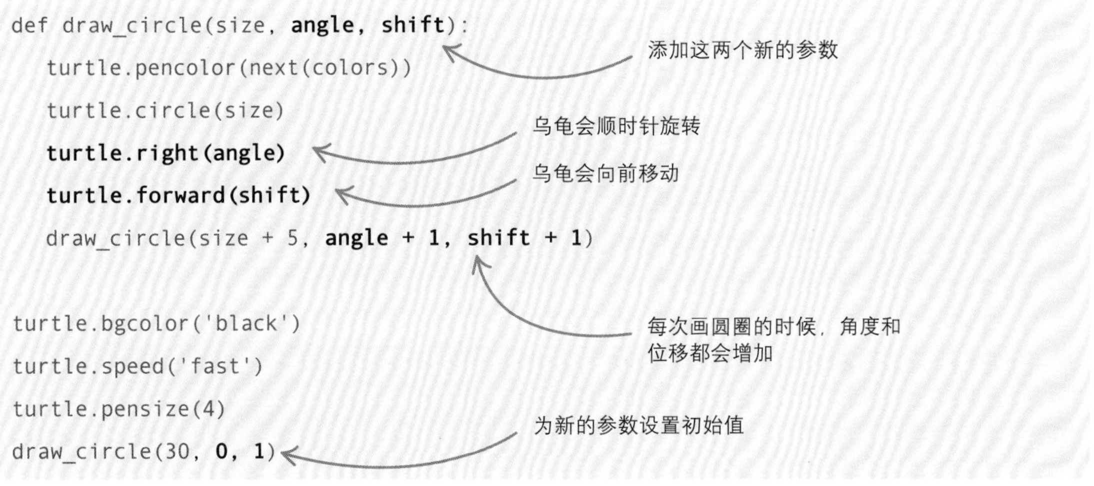

```
def draw_circle(size, angle, shift):
    turtle.pencolor(next(colors))
    turtle.circle(size)
    turtle.right(angle)
    turtle.forward(shift)
    draw_circle(size + 5, angle + 1, shift + 1)

turtle.bgcolor('black')
turtle.speed('fast')
turtle.pensize(4)
draw_circle(30, 0, 1)
```

添加这两个新的参数
乌龟会顺时针旋转
乌龟会向前移动
每次画圆圈的时候，角度和位移都会增加
为新的参数设置初始值

修正与微调

当程序运行得很顺利后，你就可以继续钻研你的代码了，让它画出更神奇、更匪夷所思的图案。

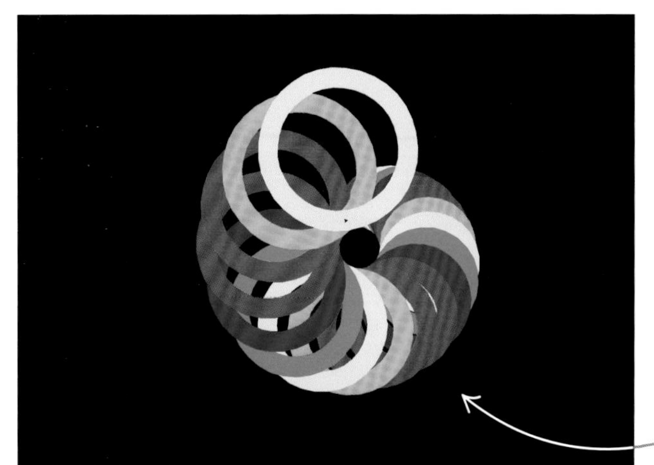

◁粗线笔

试着把画笔变粗，看看对于图案有什么影响。原来画笔设定为 4，现在把它改成 40，看看会有什么奇妙效果?

```
turtle.pensize(40)
```

当画笔变粗后，圆圈也变得粗壮了

```
def draw_circle(size, angle, shift):
    turtle.bgcolor(next(colors))
    turtle.pencolor(next(colors))
    turtle.circle(size)
    turtle.right(angle)
    turtle.forward(shift)
    draw_circle(size + 5, angle + 1, shift + 1)

turtle.speed('fast')
turtle.pensize(4)
draw_circle(30, 0, 1)
```

在循环体中设置背景颜色

◁疯狂的颜色

如果你每次改变画笔颜色时也同时改变背景颜色，效果会怎样呢？可能会很疯狂！把这一行代码添加到 **draw_circle()** 函数中，就能每次都改变背景颜色。你将使用颜色环，以便每次循环的时候挑选一个新的颜色。

▽探索新的图案

每次调用函数的时候，参数的增加量会决定生成图案的外观。试着让尺寸、位移、角度这些参数发生更大或更小的改变，看看调整参数会对图案产生何种影响。

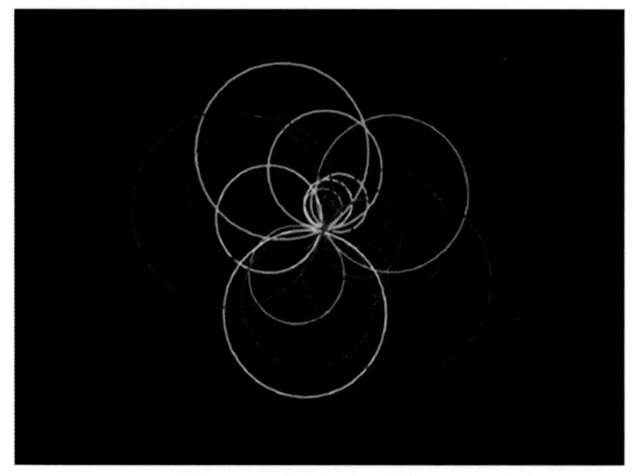
尺寸 +10，角度 +10，位移 +1

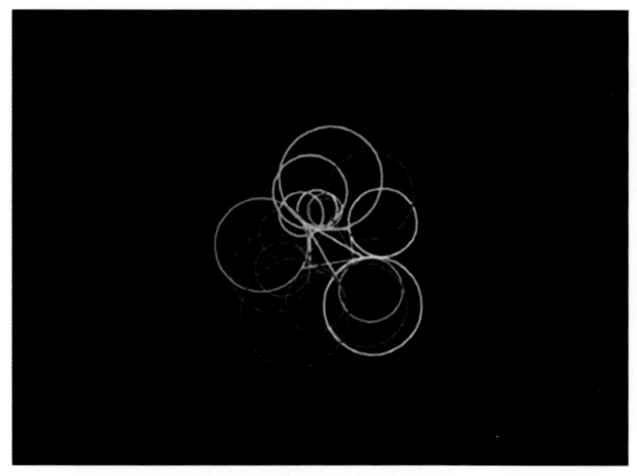
尺寸 +5，角度 −20，位移 −10

你可以修改代码，给它添加不同的形状

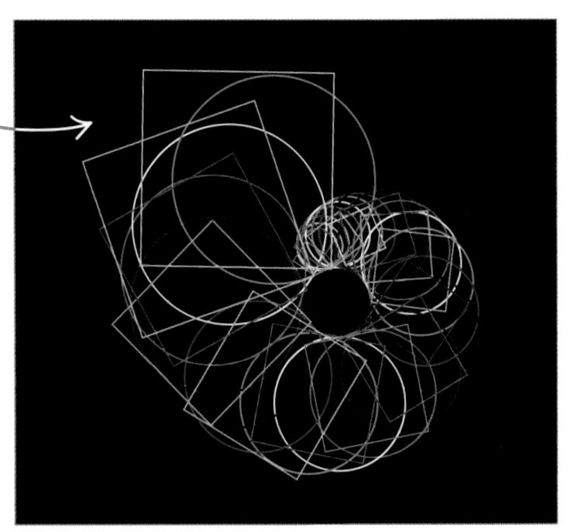

▽切换形状

如果程序还能画出其他形状，而不仅仅是圆圈，看起来会怎样呢？每间隔一次，就画一个正方形，图案会变得很有趣。下面这些代码能帮你完成这个任务。注意函数的名字已经改变了。

```
import turtle
from itertools import cycle

colors = cycle(['red', 'orange', 'yellow', 'green', 'blue', 'purple'])

def draw_shape(size, angle, shift, shape):
    turtle.pencolor(next(colors))
    next_shape = ''
    if shape == 'circle':
        turtle.circle(size)
        next_shape = 'square'
    elif shape == 'square':
        for i in range(4):
            turtle.forward(size * 2)
            turtle.left(90)
        next_shape = 'circle'
    turtle.right(angle)
    turtle.forward(shift)
    draw_shape(size + 5, angle + 1, shift + 1, next_shape)

turtle.bgcolor('black')
turtle.speed('fast')
turtle.pensize(4)
draw_shape(30, 0, 1, 'circle')
```

添加一个新的参数 **shape**（形状）

循环执行 4 次，每一次画出正方形的一条边

乌龟旋转

乌龟向前移动

这个参数让乌龟在圆圈和正方形之间切换

第一个形状是圆圈

星光夜空

让你的屏幕洒满星光吧！本作品使用 Python 的乌龟模块来绘制星星图案。利用随机数把星星洒落在屏幕上，每颗星星的颜色、形状和大小都各不相同。

当程序运行时，就会打开一个新的乌龟图形窗口

乌龟画出星星，一颗接着一颗

Python Turtle Graphics

游戏是如何进行的？

一开始，夜空出现了，接着一颗星星出现在空中。当程序继续运行，天空中出现的星星越来越多，它们散布在整个窗口中，每颗都有着不同的特征。程序运行的时间越长，天空就会变得越奇幻缤纷。

专家提示

制造颜色

计算机屏幕上的图形是由一个一个叫作“像素”的点组成的，这些像素会发出红色、绿色或者蓝色的光。通过把这 3 种颜色混合起来，你就可以生成任何想要的颜色。在本作品中，每一颗星星的颜色都由 3 个数字来保存，分别代表了红、绿、蓝三色各是多少，它们混合起来你就会得到想要的颜色了。

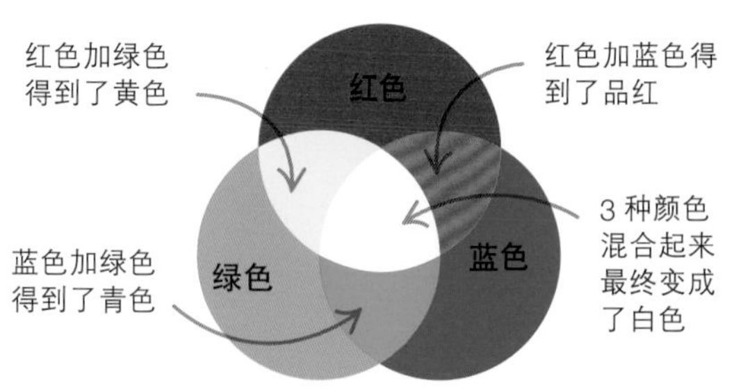
红色加绿色得到了黄色
红色加蓝色得到了品红
红色
绿色
蓝色
3 种颜色混合起来最终变成了白色
蓝色加绿色得到了青色

我看见星星了！

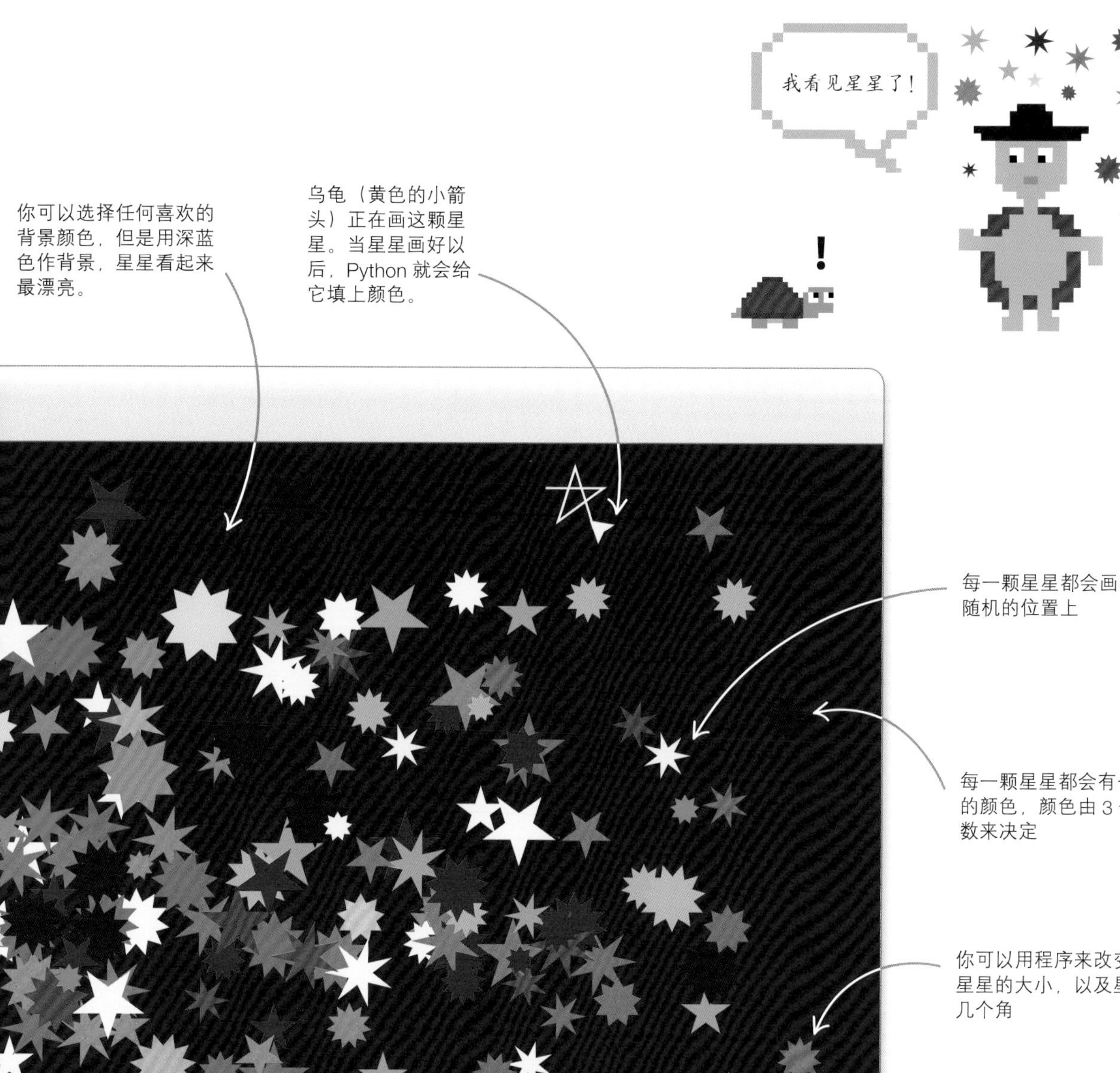

你可以选择任何喜欢的背景颜色，但是用深蓝色作背景，星星看起来最漂亮。
乌龟（黄色的小箭头）正在画这颗星星。当星星画好以后，Python 就会给它填上颜色。
每一颗星星都会画在一个随机的位置上
每一颗星星都会有一个新的颜色，颜色由 3 个随机数来决定
你可以用程序来改变每颗星星的大小，以及星星有几个角

◁**满屏的星星**

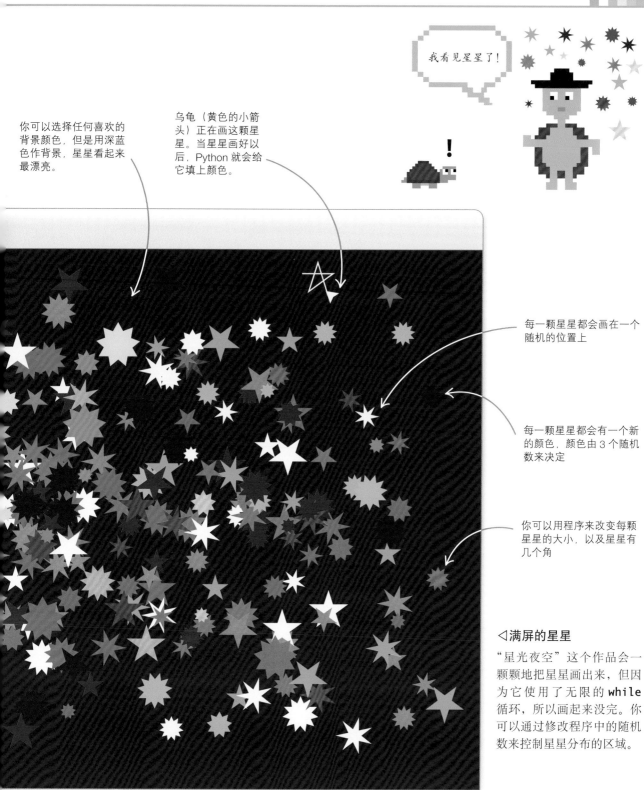

“星光夜空”这个作品会一颗颗地把星星画出来，但因为它使用了无限的 **while** 循环，所以画起来没完。你可以通过修改程序中的随机数来控制星星分布的区域。

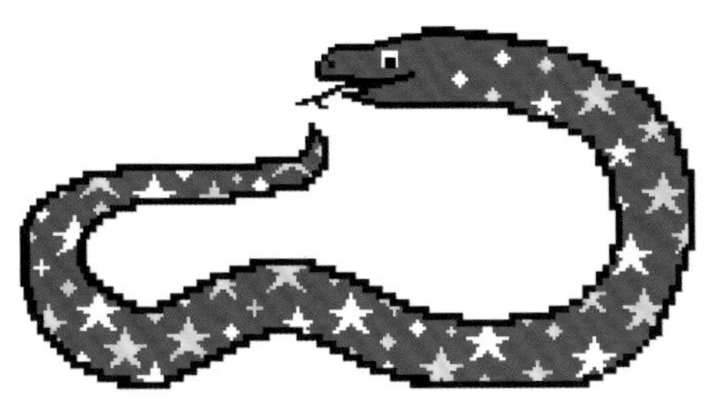

工作原理

在乌龟图形窗口中，程序会在随机位置上画出星星的形状。先创建一个函数，它的任务是单独画一颗星星。接着再创建一个循环，它会不停地重复执行这个函数，在整个屏幕上画出各种不同的星星。

▽“星光夜空”工作流程图

这个流程图非常简单，不需要提出什么问题，也不需要做什么决定。当乌龟画出了第一颗星星，程序就会再次进入循环，重复画星星的步骤，直到你退出程序。

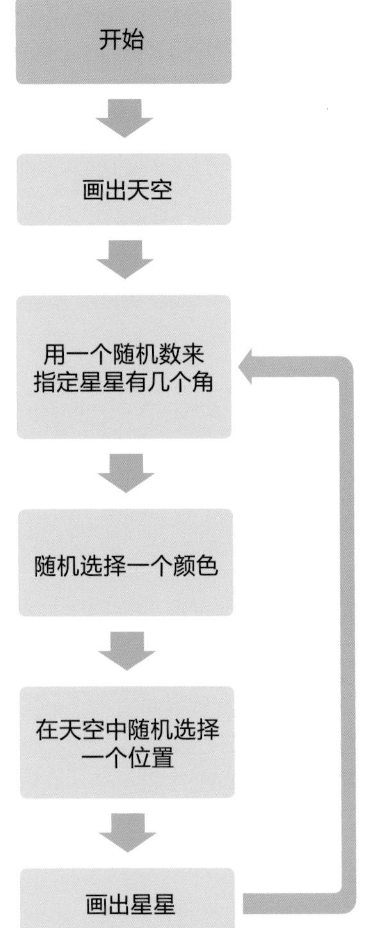

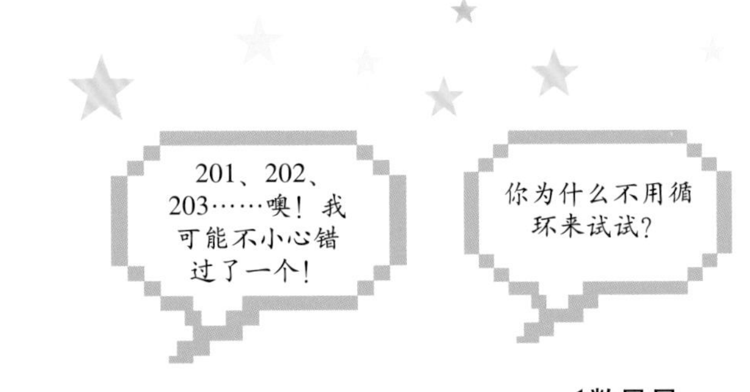

201、202、203……噢！我可能不小心错过了一个！
你为什么不用循环来试试？

◁数星星

在明朗的夜空中，大约有 4500 颗星星肉眼可见。如果要让程序画出这么多的星星，需要持续运行 3 个小时。

画一颗星星

在创建函数之前，你首先要学会怎样在乌龟模块中画一颗星星。当熟练掌握后，就可以完成程序的其余代码了。

1 创建一个新文件

打开 IDLE，进入“File”菜单，选择“New File”，然后保存文件为“starry_night.py”。

2 导入乌龟模块

在编辑窗口中输入这一行代码。它会把乌龟模块加载进来，做好画星星的准备。

```
import turtle as t
```

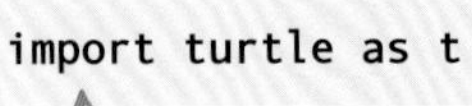

3 向乌龟发出指令

在导入乌龟模块的代码下面，添加这几行代码。它们会创建几个变量，用于设置星星的尺寸和形状，同时指挥乌龟在窗口中移动，画出星星。

```
import turtle as t

size = 300
points = 5
angle = 144

for i in range(points):
    t.forward(size)
    t.right(angle)
```

这些指令设定了星星的大小和形状

这是星星的每个角，它是用度数表示的

这个 for 循环让乌龟不断地重复画出星星的每一个角

4 画一颗测试的星星

在 IDLE 的菜单中，选择“Run”（执行），然后再选择“Run Module”（执行模块），测试一下程序的运行。乌龟窗口出现了。（小心，它可能被别的窗口挡住哦！）接着，你会看到乌龟箭头开始画星星。

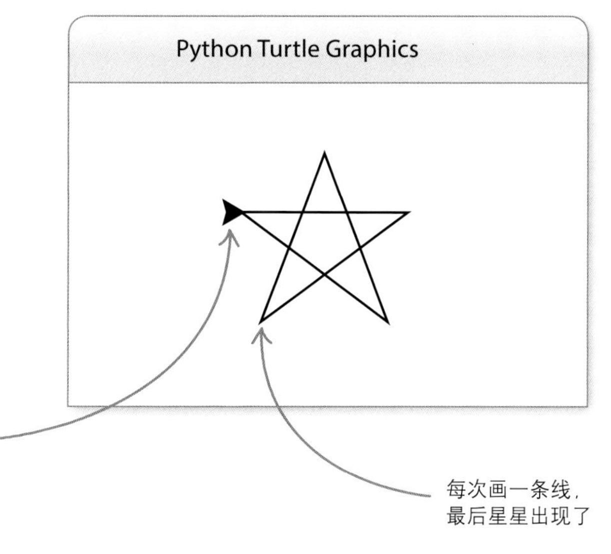

别忘了保存你的工作成果！

乌龟箭头在窗口中移动，在移动的过程中会画出线条

每次画一条线，最后星星出现了

5 添加一个角度计算器

如果程序能画出角数不同的星星，那就太棒了！如右所示修改一下程序，它就会根据星星的角数来计算每次旋转的角度。

```
import turtle as t

size = 300
points = 5
angle = 180 - (180 / points)

for i in range(points):
    t.forward(size)
    t.right(angle)
```

角度是按照星星有几个角来计算的（注意，这里的角数，也就是变量 points 的值，只能是奇数）

6 给星星涂色

现在程序画出的星星完美又整齐，但略显呆板。涂上颜色，让它们变得更有吸引力吧。如右图所示修改程序，把星星涂成黄色。

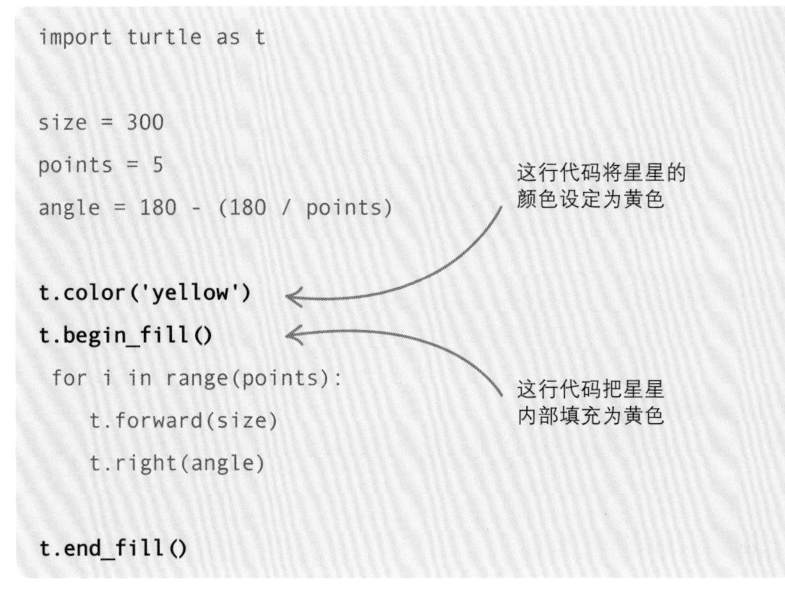

```
import turtle as t

size = 300
points = 5
angle = 180 - (180 / points)

t.color('yellow')
t.begin_fill()
    for i in range(points):
        t.forward(size)
        t.right(angle)

t.end_fill()
```

这行代码将星星的颜色设定为黄色
这行代码把星星内部填充为黄色

7 运行程序

现在乌龟应该会画出一颗黄色的星星。试一试能不能修改代码来改变星星的颜色。

好明亮的星星!

8 画不同形状的星星

更改变量 **points** 等号右边的数字，你会发现程序能画出不同的星星。注意，变量 **points** 只能是奇数，偶数会把事情搞砸的!

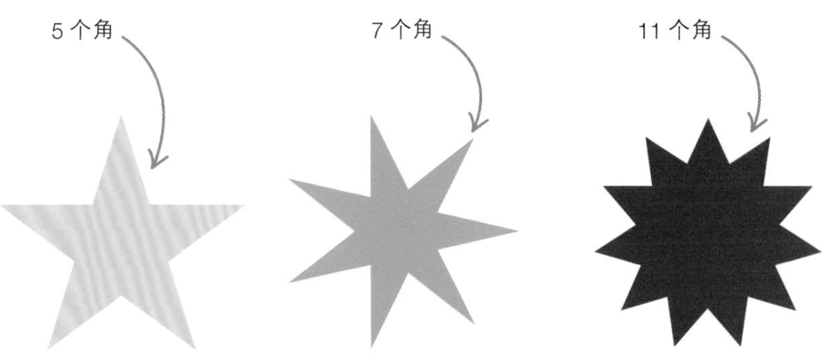
5 个角
7 个角
11 个角

专家提示

有洞的星星

在某些计算机上，你的星星可能会看起来和书上的不太一样，甚至会出现一个洞。Python 的乌龟图形模块在不同的计算机上可能会表现不同，但这并不意味着你的程序有问题。

别忘了保存你的工作成果!

星光夜空

在接下来的步骤里，我们要把画星星的代码用一个函数囊括进来。然后，你就可以用这个函数来画出布满星星的夜空了。

draw_star() 函数用了 5 个参数来定义星星的形状、大小、颜色和位置

9 创建画星星的函数

按右侧图示修改代码。它几乎把原来的代码都替换成了新的。最大的一个代码块把绘制星星的指令全部囊括起来，做成了一个函数。在主程序中，当你要画星星时，只需短短一行代码就行了：**draw_star()**。

```
import turtle as t

def draw_star(points, size, col, x, y):
    t.penup()
    t.goto(x, y)
    t.pendown()
    angle = 180 - (180 / points)
    t.color(col)
    t.begin_fill()
    for i in range(points):
        t.forward(size)
        t.right(angle)
    t.end_fill()

# Main code
t.Screen().bgcolor('dark blue')
draw_star(5, 50, 'yellow', 0, 0)
```

xy 坐标用来设定星星在屏幕上的位置

这个由 # 开头的注释行不是 Python 程序中的可运行代码，它就像是一个标牌，用来帮助你理解程序

这一行把背景的颜色设定为深蓝色

这一行用来调用函数

在屏幕的中央，乌龟画了一颗黄色的五角星，尺寸为 50

10 运行程序

乌龟将会在蓝色的背景上画出一颗黄色的星星。

Python Turtle Graphics

牢记

注释

程序员经常会在代码中加入一些说明文字，目的是提醒自己各部分代码的功能，或者是描述程序中某段复杂代码的含义。注释以 **#** 开头。Python 会忽略 **#** 开头的这一行，不会把它当作程序中的代码。在程序中勤加注释是一个良好的习惯（比如此处的 **#Main code**），当你隔了很久再次阅读自己的代码，会发现注释真的很有用！

11 添加随机数

现在，我们来升级程序，给它加入一些随机数。在导入乌龟模块的下方，输入这一行代码。它将导入 **random** 模块中的 **randint()** 和 **random()** 函数。

```
import turtle as t
from random import randint, random


def draw_star(points, size, col, x, y):
```

12 创建一个循环

在 **#Main code** 这一段中做如图所示的修改。我们添加一个 **while** 循环，让它不停地用随机生成的参数来设置星星的大小、形状、颜色和位置。

```
# Main code
t.Screen().bgcolor('dark blue')


while True:
    ranPts = randint(2, 5) * 2 + 1
    ranSize = randint(10, 50)
    ranCol = (random(), random(), random())
    ranX = randint(-350, 300)
    ranY = randint(-250, 250)


    draw_star(ranPts, ranSize, ranCol, ranX, ranY)
```

ranPts 这一行把星星的角数设定为 5 到 11 之间一个随机的奇数

这一行也被修改了。当调用 **draw_star()** 函数时，它会使用在 **while** 循环内生成的随机变量。

13 再次运行这个作品

乌龟会不断地画出星星，一颗接一颗，很快就会布满整个窗口。每颗星星颜色、形状和大小都各不相同。

乌龟随机地画出各种星星

牢记

隐身的乌龟

如果你不想看见乌龟，Python 中有一个命令能让它隐藏起来。在程序中增加这一行，天上的星星就会奇迹般地出现，其实是被隐身的乌龟画出来的。

```
# Main code
t.hideturtle()
```

修正与微调

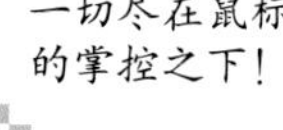

现在，你可以根据自己的需求来创作星星啦。何不把这个 draw_star() 函数用到你自己的程序作品中呢？下面就提供一些好主意。

▷**点击生成星星**

除了让乌龟随机画出星星，我们还可以用函数 **turtle.onScreenClick()** 命令乌龟在鼠标点击的位置画星星！

△**改变星星的样子**

想让星星的造型变化多样，你可以修改 **while** 循环中 **ranPts** 和 **ranSize** 变量的值，方法就是改变赋值语句右边圆括号中的数字。

▽**让乌龟提速**

你还可以调用一个函数 **speed()**，用它来控制乌龟的移动速度。只须在主程序的开始添加一行代码：**t.speed(0)**，就能让乌龟行动加速。Python 的“Help”菜单中能查看到所有的乌龟模块函数。

▽**设计一个星座**

星座就是夜空中一群星星组成的特定图案。把你设计的星座中每颗星星的坐标（x,y）保存到一个列表里。然后，用一个 **for** 循环把所有星星画在这些位置上。

我现在画得好快啊！

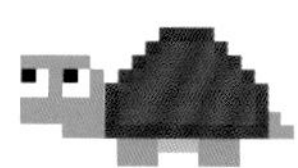

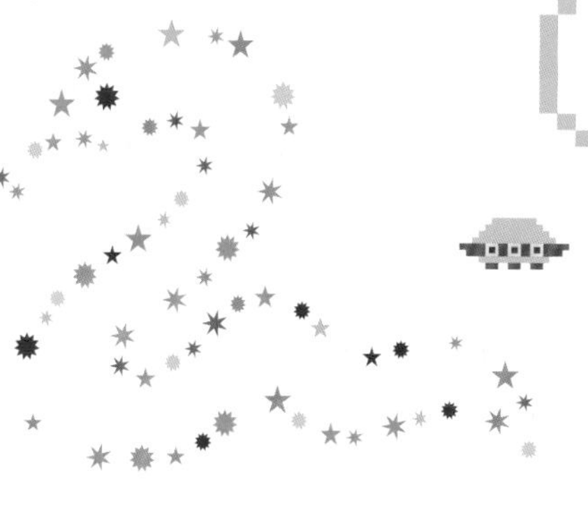

我们在太空迷路了！你必须找人问问路！

试着给你的行星添加一些圆环

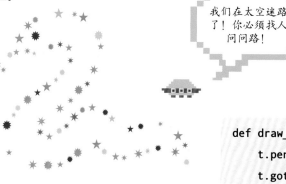

嗨，有人在这附近看见一颗行星了吗？

▷**画一些行星**

研究一下 **turtle.circle()** 函数，看看能否利用它来创建一个会画出行星的函数。这里有一些代码，可以帮助你起步。

```
def draw_planet(col, x, y):
    t.penup()
    t.goto(x, y)
    t.pendown()
    t.color(col)
    t.begin_fill()
    t.circle(50)
    t.end_fill()
```

奇异的彩虹

你可以用 Python 的乌龟模块编写程序，画出各种图案。但是请注意，本节作品中的乌龟就有点疯狂了，你绝不会在天空中看见这样的彩虹！

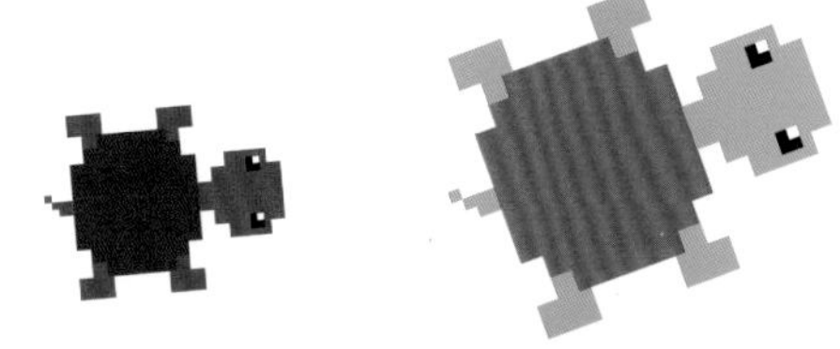

游戏是如何进行的？

程序首先会让你选择乌龟画线的长度和粗细，然后乌龟就开始在屏幕上急速移动，走过的地方都会画出彩色线条，直到你停止程序它才会休息。它画出的图案样式会根据线条的长度和粗细发生变化。

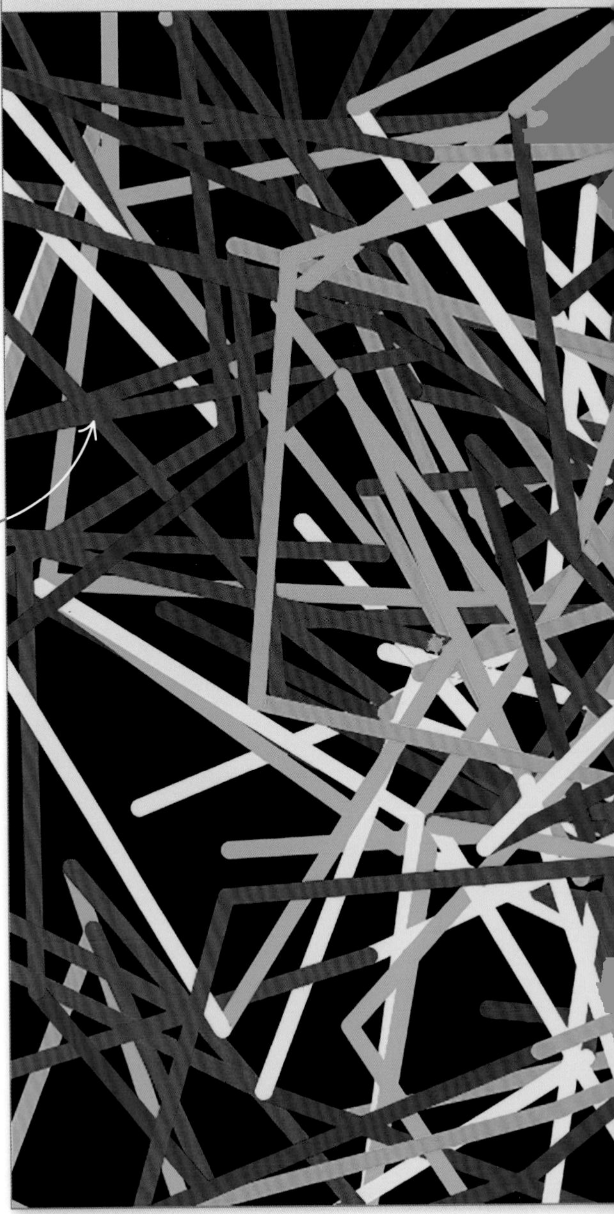

乌龟有一支"画笔"，当它在窗口中移动时，画笔就会画出线条

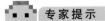

专家提示

下一种颜色是什么？

在奇异彩虹中，你会使用到函数 **choice()**，它来自 Python 的 **random** 库。程序用它来随机选择一个颜色，让乌龟用这种颜色画线。这意味着你无法预测乌龟每次会画出什么颜色的线条。

```
t.pencolor(random.choice(pen_colors))
```

首先把 6 种颜色放入一个列表：pen_colors，然后乌龟会从中随机挑选一个

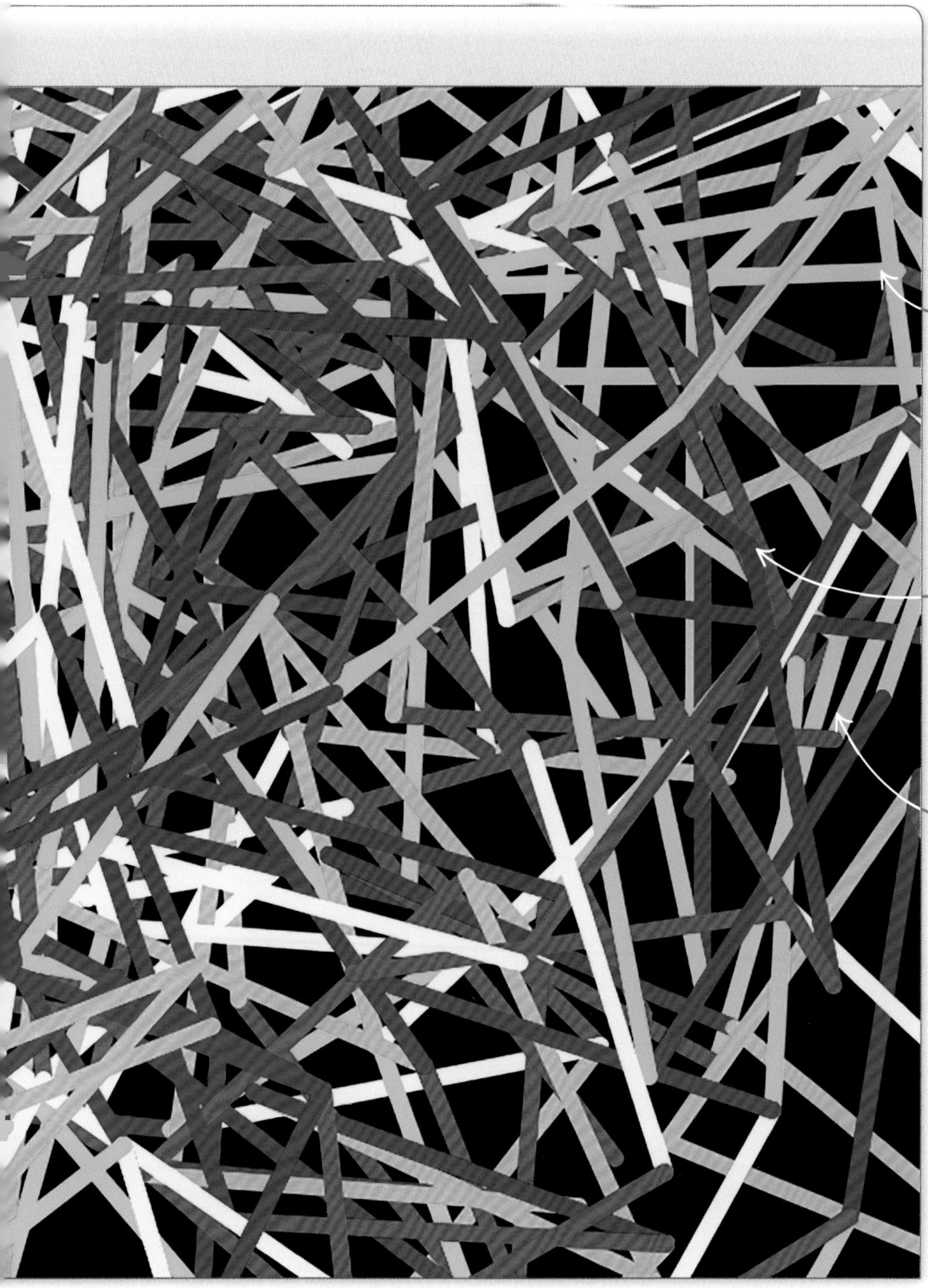

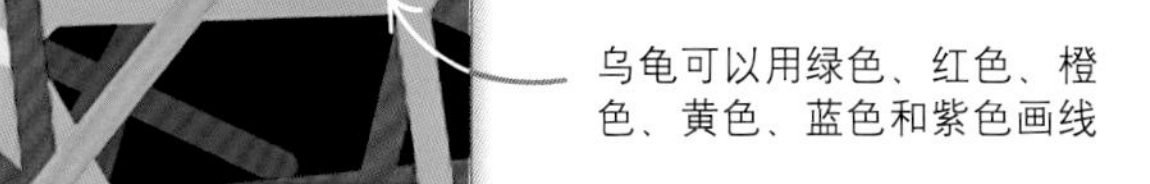

乌龟可以用绿色、红色、橙色、黄色、蓝色和紫色画线

乌龟会向右转，角度在 0 到 180 度之间

你可以用 `line_length()` 函数来控制乌龟画出长度不同的线条，长的、中等的、短的

◁展示颜色

这个程序中我们使用了一个无限的 **while** 循环，所以乌龟会一直画线，直到你关闭窗口。你不仅能改变线条的颜色、长度和粗细，还可以改变乌龟的形状、颜色和移动速度。

工作原理

在这个作品中，程序每次画出的图案都不同，因为程序会命令乌龟在画线之前随机选择一个方向。另外，每次画线的颜色也是从你规定的颜色列表中随机选定。所以，你无法预测乌龟会画出什么来。

▽“奇异的彩虹”工作流程图

这个程序使用了一个无限循环，会让乌龟不停地画彩色线条。只有关闭窗口，乌龟才会停止它的疯狂漫游。

长的粗线条

中等长度的细线条

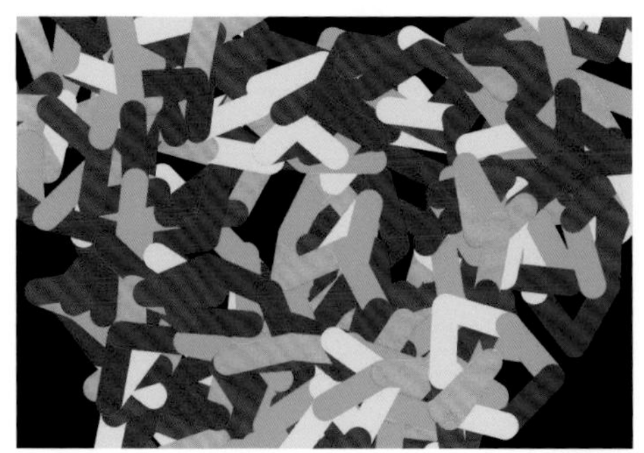

短的超粗线条

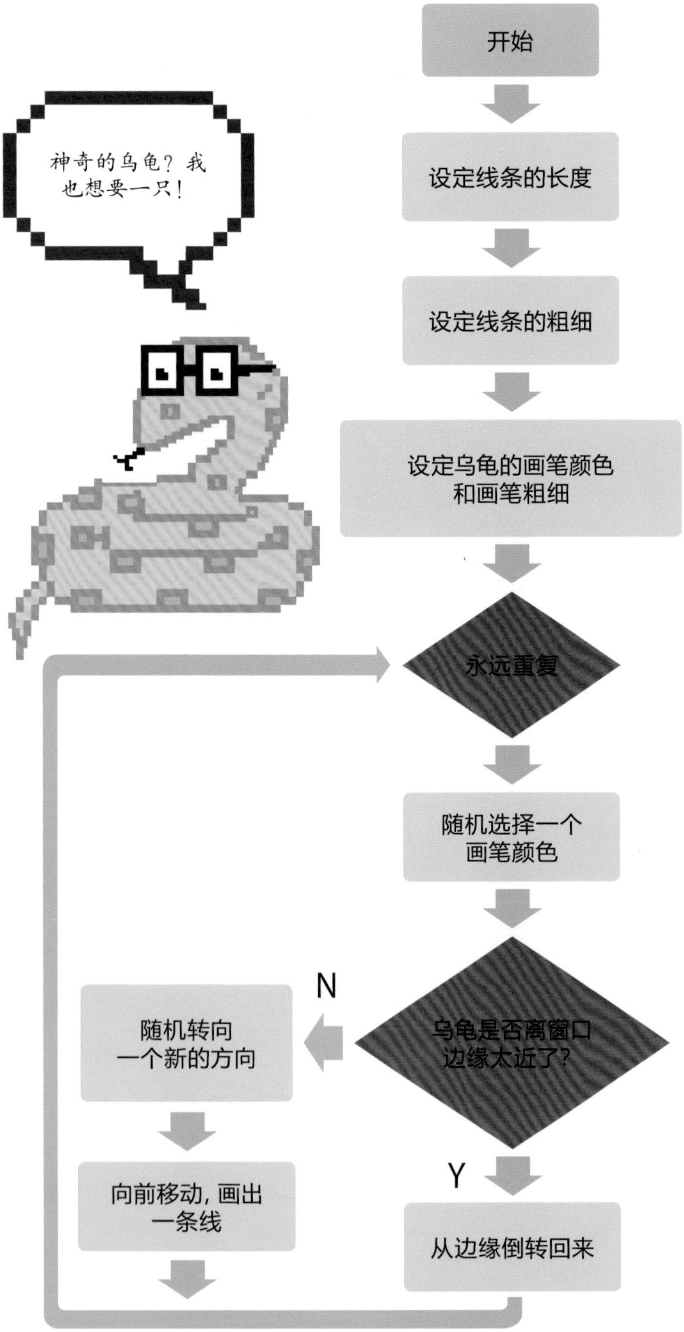

神奇的乌龟？我也想要一只！

开始

设定线条的长度

设定线条的粗细

设定乌龟的画笔颜色和画笔粗细

永远重复

随机选择一个画笔颜色

乌龟是否离窗口边缘太近了？

N

随机转向一个新的方向

向前移动，画出一条线

Y

从边缘倒转回来

◁奔跑吧，乌龟！

如果让乌龟自由漫步，它就有可能跑到窗口外面去。当你组织好程序后，还需要写一些代码来检查乌龟的位置，防止它跑得太远。否则，你的乌龟可能会消失不见。

开始编程

首先创建并保存一个新文件，接着导入程序所需的模块，最后编写几个函数，用于接收用户的输入信息。

1 创建新文件

打开 IDLE，创建一个新文件，然后把它保存为“rainbow.py”。

2 添加模块

在文件的最上面添加两行代码，导入乌龟模块和随机数模块。请记住，使用 `import turtle as t`，这样每当要使用乌龟函数时你就只须输入 t，而不是 turtle。

```
import random
import turtle as t
```

3 设定线条的长度

接下来我们创建一个函数，它会让用户来决定乌龟画线的长度：长的、中等的还是短的。只有到了第 5 步你才会真正使用这个函数，但是提前准备让你有备无患。把这些代码输入到第 2 步代码的下面。

```
import turtle as t

def get_line_length():
    choice = input('Enter line length (long, medium, short): ')
    if choice == 'long':
        line_length = 250
    elif choice == 'medium':
        line_length = 200
    else:
        line_length = 100
    return line_length
```

这句话让用户选择线条的长度

如果用户输入了“short”，`line_length` 就设定为 100

这个命令把 `line_length` 传回给调用此函数的代码

4 定义粗细

在这一步，我们要创建一个新的函数，它会让用户决定乌龟画线的粗细：超粗、粗的、细的。就像 **get_line_length()** 函数，你只有到了第 5 步才会使用这个函数。把这些代码输入到第 3 步代码的下面。

```
    return line_length

def get_line_width():
    choice = input('Enter line width (superthick, thick, thin): ')
    if choice == 'superthick':
        line_width = 40
    elif choice == 'thick':
        line_width = 25
    else:
        line_width = 10
    return line_width
```

这句话让用户选择线条的粗细

这个指令把 **line_width** 传回给调用此函数的代码

如果用户输入了“thin”，**line_width** 的值就设定为 10

5 使用函数

现在你已经创建了两个函数，可以使用它们来获取用户的输入，确定线条的长度和粗细。在程序的末尾输入这两行代码，然后选择保存。

```
    return line_width

line_length = get_line_length()
line_width = get_line_width()
```

6 测试程序

运行程序，你会看到新函数在壳窗口中的运行状态。它们会要求你选择线条的长度和粗细。

用户输入

```
Enter line length (long, medium, short): long
Enter line width (superthick, thick, thin): thin
```

召唤乌龟！

现在，让我们编写代码启动图形窗口，把乌龟召唤出来，开始画图吧。

7 打开一个窗口

在第 5 步完成的代码下面，输入这几行代码。这些代码定义了窗口的背景颜色，乌龟的形状、颜色和运动速度，以及乌龟画笔的粗细。

```
line_width = get_line_width()

t.shape('turtle')
t.fillcolor('green')
t.bgcolor('black')
t.speed('fastest')
t.pensize(line_width)
```

乌龟的标准外形是一个箭头，这个指令把它改为小乌龟

这个指令把乌龟设定为绿色

这个指令把窗口背景设定为黑色

这个指令设定了乌龟的运动速度

根据用户的选择设定画笔的粗细

修正与微调

你的彩虹足够炫目吗？本节提供了一些新的想法，试试按它们来修改程序，让彩虹变得更加奇特吧。

▽惊奇的颜色！

在 Python 里面，颜色是由 RGB 这 3 个值决定的：它们分别代表红色、绿色和蓝色。随机选择红、绿、蓝三原色的值，就意味着会得到一个完全随机的颜色。现在，试着把函数 **move_turtle()** 中关于颜色的指令替换成 RGB 值，不再使用颜色的名字。修改完后再运行一下程序，看看出现了哪种颜色？

把这两行替换为……

```
pen_colors = ['red', 'orange', 'yellow', 'green', 'blue', 'purple']
t.pencolor(random.choice(pen_colors))
```

……这 5 行

```
t.colormode(255)
red = random.randint(0, 255)
blue = random.randint(0, 255)
green = random.randint(0, 255)
t.pencolor(red, green, blue)
```

专家提示

RGB 颜色

在 RGB 值中，乌龟的蓝色画笔“blue”等于（0，0，255），因为蓝色是由最多的蓝组成，且没有红和绿。如果想用 RGB 值来设定乌龟的画笔颜色，就需要调用 **t.colormode(255)** 来通知 Python，否则 Python 会要求你使用字符串，那么程序就会报错。

这个数字指定了颜色中红色的值是多少（该值在 0 到 255 之间）

```
t.pencolor(0, 0, 255)
```

绿色的值

蓝色的值

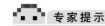

```
t.pencolor('blue')
```

▽混乱的线条

不要一成不变地使用同一种粗细的线条，用下面这个技巧，能画出更加杂乱的彩虹。这一行代码会把线条粗细随机设定为最细到最粗范围内的任何一种！在 **move_turtle()** 函数中，在设定好画笔颜色（**t.pencolor**）之后，加入下面这行代码。

```
t.pensize(random.randint(1,40))
```

▽乌龟之印！

如果想把彩虹线铆接在一起，方法是调用乌龟模块的 **stamp()** 函数，它会在每条线的开始位置印出一个乌龟形状。把下面这几行代码添加到函数 **move_turtle()** 中，位置在画笔指令的后面，然后你就可以把线条铆接起来了。你还可以创建一个函数，它能画出完全由乌龟之印组成的彩虹线，你完全可以用它来替换 **t.forward()** 和 **t.backward()**。

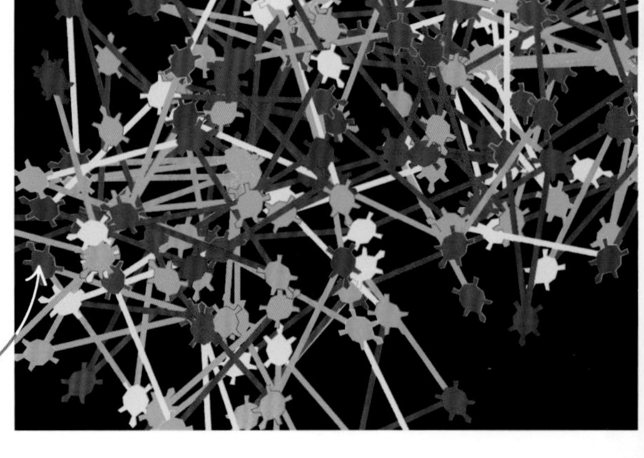

乌龟图形看起来就像铆钉，把线条都铆接在一起了

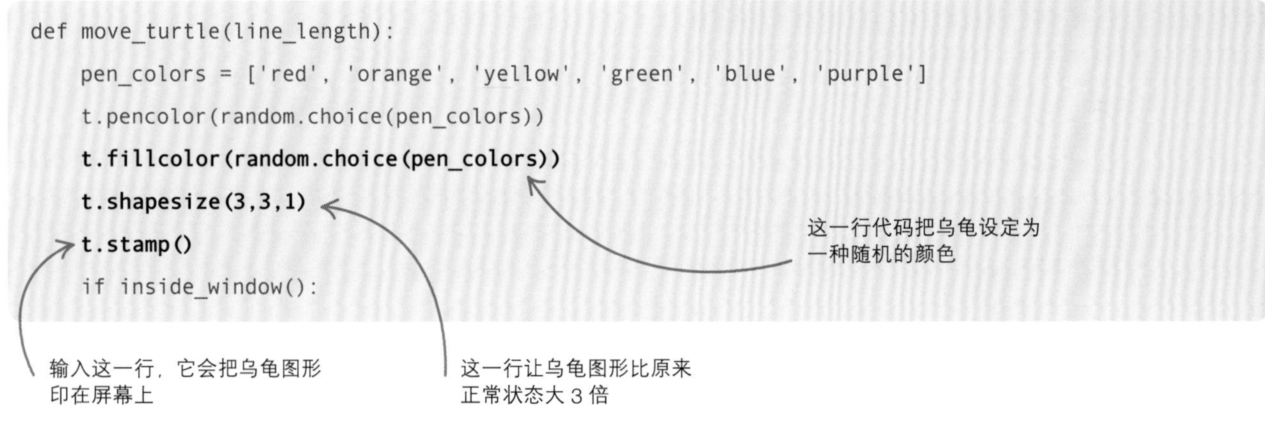

```
def move_turtle(line_length):
    pen_colors = ['red', 'orange', 'yellow', 'green', 'blue', 'purple']
    t.pencolor(random.choice(pen_colors))
    t.fillcolor(random.choice(pen_colors))
    t.shapesize(3,3,1)
    t.stamp()
    if inside_window():
```

这一行代码把乌龟设定为一种随机的颜色

输入这一行，它会把乌龟图形印在屏幕上

这一行让乌龟图形比原来正常状态大 3 倍

大转弯还是小转弯？

你可以添加一个输入提示，让用户决定乌龟转向的角度，钝角、直角或锐角都可以。按照如下步骤修改程序，看看画出的图案有何变化。

1 创建一个函数

创建一个函数，它会让用户选择转向的角度。在第 3 步的代码中，**get_line_length()** 函数之上的位置，添加如下代码。

输入这一部分代码，以获取用户的选择，让乌龟转什么样的角度

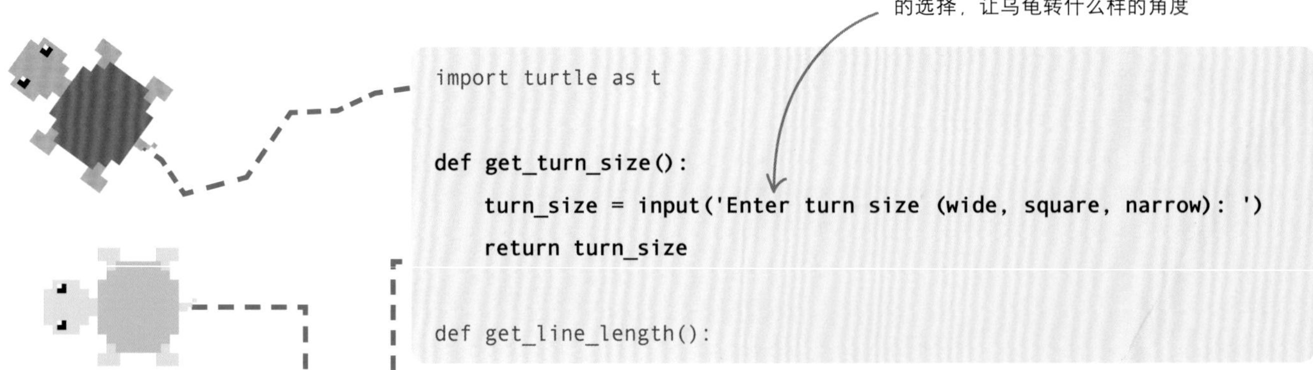

```
import turtle as t

def get_turn_size():
    turn_size = input('Enter turn size (wide, square, narrow): ')
    return turn_size

def get_line_length():
```

2 **定义不同的移动方式**

把原来的 move_turtle() 函数替换成如图所示的新函数。它添加了一个新的参数 turn_size，并把代码行 angle = random.randint(0,180) 替换成了由 turn_size 规定的不同转角。

```
def move_turtle(line_length, turn_size):
    pen_colors = ['red', 'orange', 'yellow', 'green', \
'blue', 'purple']
    t.pencolor(random.choice(pen_colors))
    if inside_window():
        if turn_size == 'wide':
            angle = random.randint(120, 150)
        elif turn_size == 'square':
            angle = random.randint(80, 90)
        else:
            angle = random.randint(20, 40)
        t.right(angle)
        t.forward(line_length)
    else:
        t.backward(line_length)
```

大角度转角在 120 度到 150 度之间

近乎直角的转角在 80 度到 90 度之间

小角度转角在 20 度到 40 度之间

3 **用户输入**

接着，我们再给主程序添加一行代码，它会使用 get_turn_size() 函数来获取用户选择的转角。

```
line_length = get_line_length()
line_width = get_line_width()
turn_size = get_turn_size()
```

4 **主程序**

最后修改一下调用 move_turtle() 函数的方法，添加一个参数 turn_size。

```
while True:
    move_turtle(line_length, turn_size)
```

短，粗，小角度

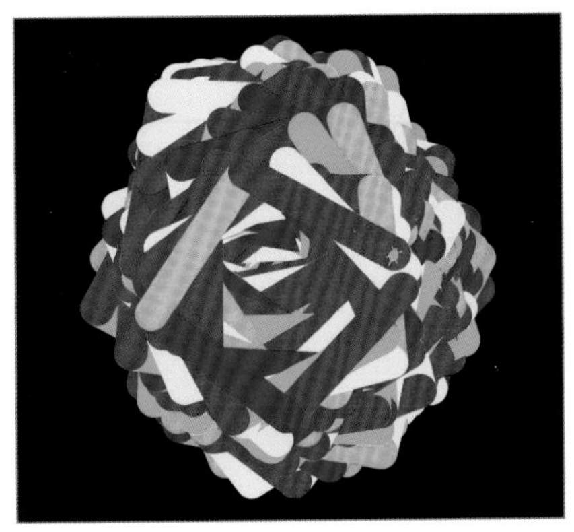
中长，超粗，近乎直角

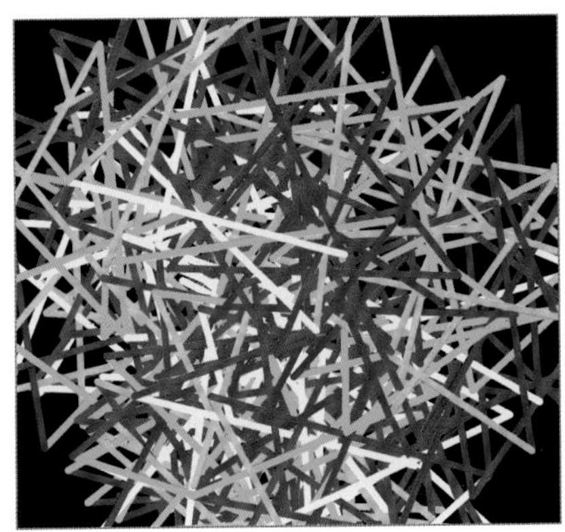
长，细，大角度

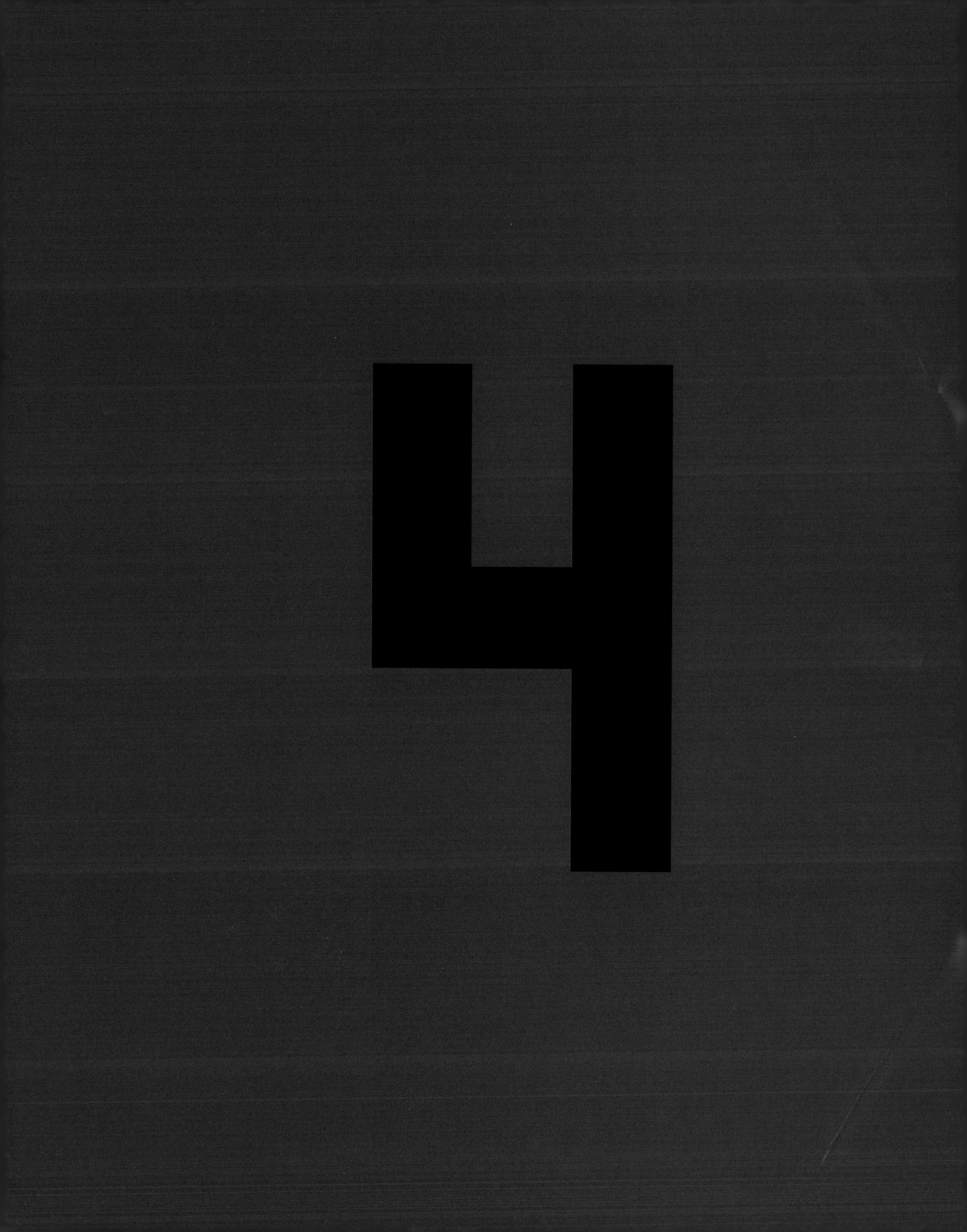
4

好玩的
应用程序

倒计时日历

当你正在期待一个特别的日子，这个程序会告诉你这一天还需要等多久。在这个作品中，你将利用 Python 的 Tkinter 模块来创建一个简便的程序，用来计算到重要日子的倒计时。

游戏是如何进行的？

当程序运行时，它会显示出未来的重要活动，以及距离各项活动还有多少天。隔一天后，再次运行这个程序，你会发现倒计时的天数减少了 1 天。在程序中输入未来重要活动的日期，你就绝不会错过近期大事了，比如家庭作业的截止日期。

给你的日历程序添加个性化的标题

tk

My Countdown Calendar

It is 20 days until Halloween
It is 51 days until Spanish Test
It is 132 days until School Trip
It is 92 days until My Birthday

当程序运行时，一个小窗口就会弹出，每行代表一个活动日期

工作原理

这个程序会读入一个文本文件中的信息，这叫作“文件输入”，文件中记录了和重要活动有关的事项。准确地说，文本文件中包含每个活动的名称和日期。程序会计算从今天到活动日期的间隔天数，它使用 Python 的 **datetime** 模块来完成这个任务，用 **Tkinter** 模块生成一个窗口，显示计算结果。

▷使用 Tkinter 模块

Tkinter 模块是一组工具，Python 程序员用它们来显示图形、获取用户输入。与在壳窗口显示输出不同，**Tkinter** 可以在一个独立的窗口中显示结果，你可以设计具有个人风格的窗口。

术语

图形用户界面（GUI）

程序员称图形用户界面为 GUI，所谓 GUI 就是一个程序的可见部分，例如你在智能手机上看见的那些图标、菜单。用 **Tkinter** 来创建图形用户界面非常方便，用户可以通过 GUI 和程序互动。它可以生成弹出式的窗口，你可以在窗口里添加按钮、滚动条和菜单，等等。

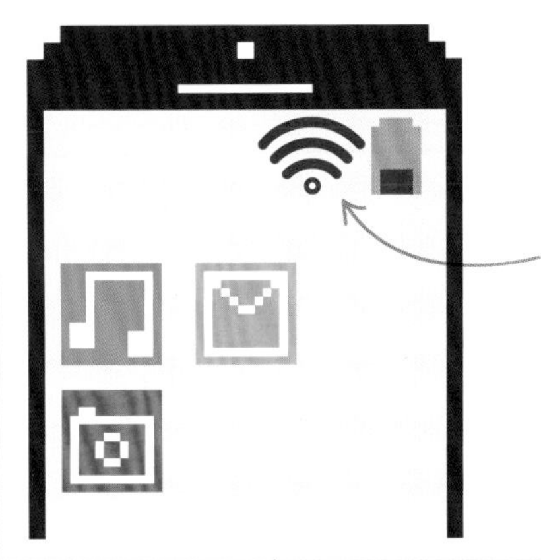

智能手机的 GUI 会使用图标来显示无线网络信号的强度和电池的剩余电量。

▽“倒计时日历”工作流程图

在这个程序中，重要活动列表单独创建在一个文本文件中。程序先读取文本文件中的活动项目，接着计算今天到活动日期的间隔天数，显示结果。当计算完所有活动日期，程序结束。

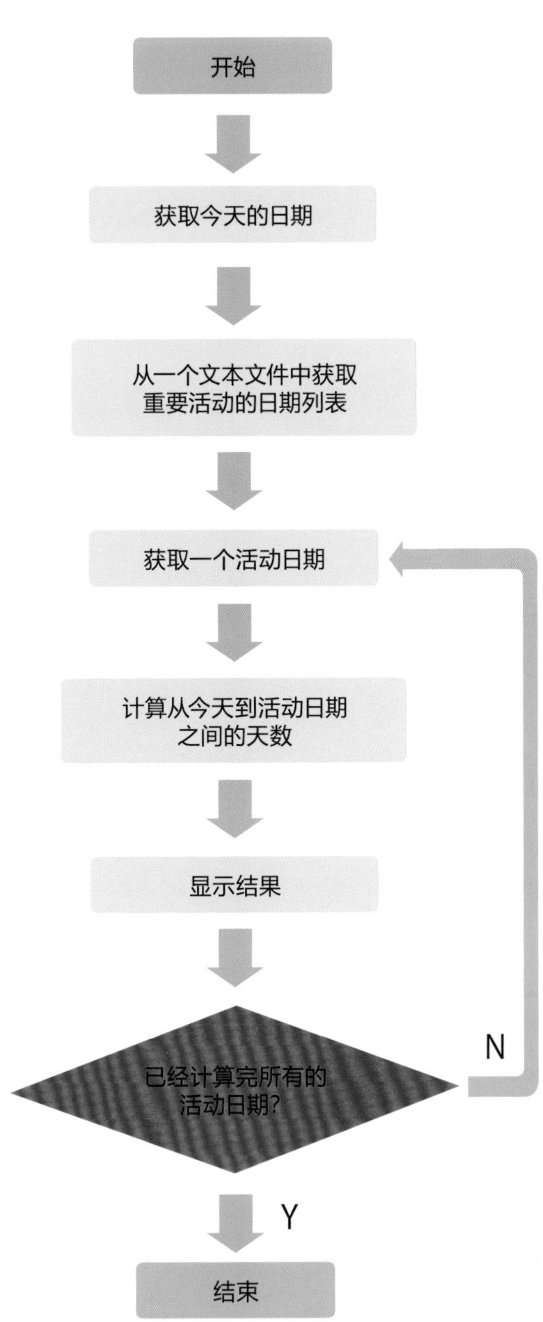
开始
获取今天的日期
从一个文本文件中获取
重要活动的日期列表
获取一个活动日期
计算从今天到活动日期
之间的天数
显示结果
已经计算完所有的
活动日期?
N
Y
结束

创建和读入文本文件

倒计时日历程序所需的所有信息都保存在一个文本文件中。你可以用 IDLE 来创建文本文件。

1 创建一个新文件

创建一个新的 IDLE 文件，然后输入一些对你来说重要的活动日期。每项活动分别占一行，活动的名称和日期用逗号分开，确保逗号和日期之间没有空格。

events.txt

```
Halloween,31/10/17
Spanish Test,01/12/17
School Trip,20/02/18
My Birthday,11/01/18
```

按日 / 月 / 年的格式录入日期

把活动的名称写在前面

2 把文件保存为文本文件

这一步，请把这个文件保存为纯文本文件（text 文件）。点击菜单“File”，选择“Save As”，输入文件名为：events.txt。好了，现在可以开始编写 Python 程序了。

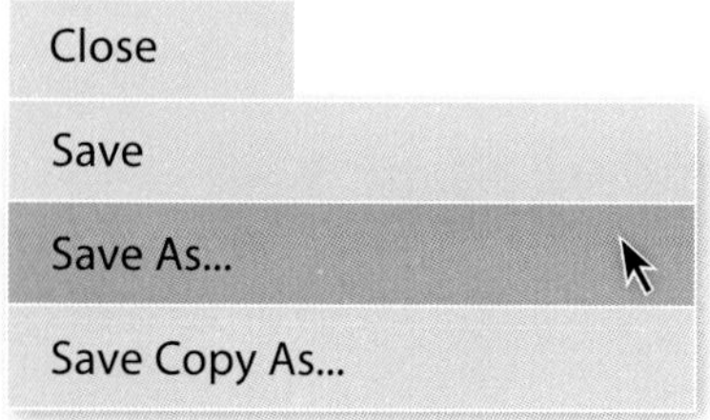

3 打开一个新的 Python 文件

现在，你需要创建一个新文件，用它来保存代码。把它保存为 countdown_calendar.py，并确保它和 events.txt 文件在同一个文件夹中。

4 设置模块

这个作品需要两个模块：Tkinter 和 datetime。Tkinter 用来创建一个独立的图形用户界面，而 datetime 则为计算日期提供了方便。在程序最前面输入右侧这两行代码，导入这两个模块。

```
from tkinter import Tk, Canvas
from datetime import date, datetime
```

导入 Tkinter 和 datetime 模块

5 创建画布

现在，我们要准备一个窗口用来显示有关活动的重要信息，还需要计算距离活动的天数。把下面这些代码输入到第 4 步的代码之下。这些代码会创建一个包含“画布”的窗口。画布就是一个空白的长方形，你可以在里面添加文字和图片。

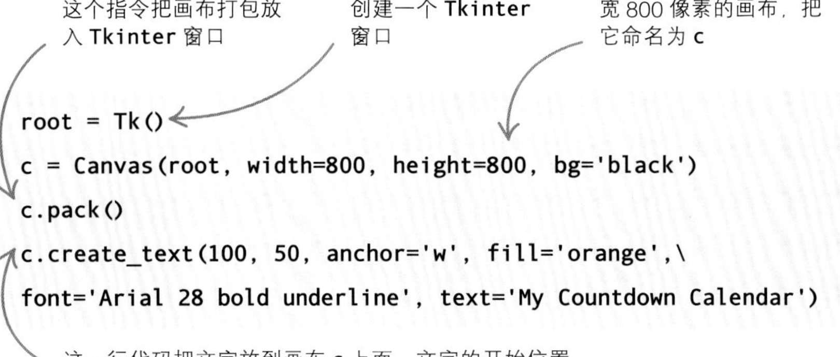
这个指令把画布打包放入 Tkinter 窗口
创建一个 Tkinter 窗口
创建一个高 800 像素、宽 800 像素的画布，把它命名为 c
这一行代码把文字放到画布 c 上面。文字的开始位置为 x=100，y=50。起始坐标位于文字的左边（西侧）。

```
root = Tk()
c = Canvas(root, width=800, height=800, bg='black')
c.pack()
c.create_text(100, 50, anchor='w', fill='orange',\
font='Arial 28 bold underline', text='My Countdown Calendar')
```

术语

画布

在 Tkinter 中，画布通常是一块长方形区域。你可以把不同的图形、图像、文字放入其中，用户既可以看到它们，还可以和它们互动。不妨把它想象成一块艺术家的画布，只不过你是用代码而非画笔在上面作画。

6 运行代码

现在试着运行程序。你会发现有一个窗口出现了，上面还有标题。如果程序没有正常工作，请仔细检查报错，从头到尾查看代码，找出可能的错误。

我很快就会追查出这些错误！

tk

My Countdown Calendar

你可以改变文字的颜色，修改这一行代码即可：c.create_text()

7 读入文本文件

接下来创建一个函数，它会从文本文件中读出活动信息，然后保存起来。在程序的最上面，导入模块的代码之下，创建这个新的函数：get_events。在函数里面有一个空的列表，从文件中读入活动数据后，这些数据会保存在这个列表中。

```
from datetime import date, datetime

def get_events():
    list_events = []

root = Tk()
```

创建一个空的列表叫作“事件列表”

8 打开文本文件

接下来的这一段代码会打开第 2 步中保存的那个 events.txt 文件，以便程序读出其中的数据。在第 7 步的代码之下，输入这一行代码。

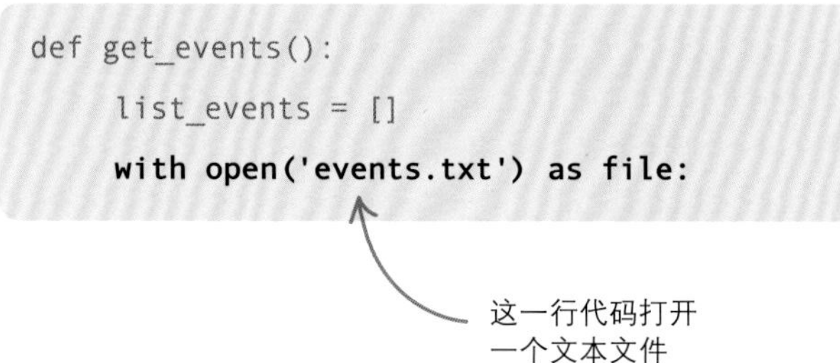
def get_events():
list_events = []
with open('events.txt') as file:
这一行代码打开
一个文本文件

9 启动一个循环

现在，我们添加一个 **for** 循环，利用它从文本文件读出信息，保存到你的程序里。这个循环会处理文本文件中的每一行数据。

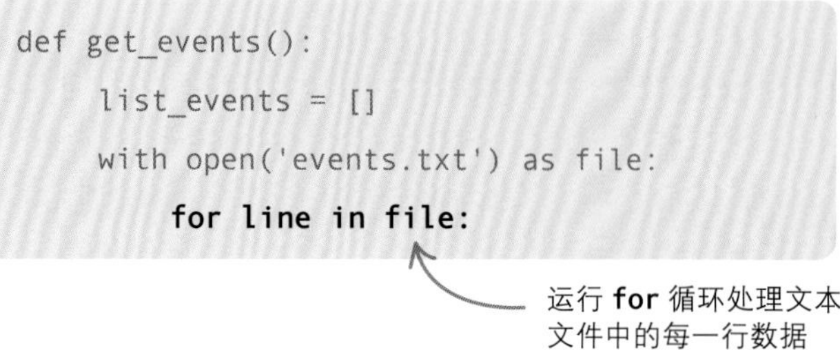
def get_events():
list_events = []
with open('events.txt') as file:
for line in file:
运行 for 循环处理文本
文件中的每一行数据

10 剔除不可见字符

在第一步创建文本文件时，每当你录入一条信息就会在这一行的末尾按下回车键换行。这就会在每一行的末尾添加一个看不见的字符："新行"字符。虽然你看不见它们，但是 Python 可以。添加这一行新的代码，它会告诉 Python 从文本文件读入数据时，要忽略掉这些不可见的字符。

11 保存活动的详细信息

目前，名为"**line**"的变量保存了文件中的一行数据，它是一个字符串，类似"**Halloween, 31/10/2017**"。现在，我们要使用 **split()** 函数把字符串分割成两个部分，逗号之前与逗号之后成为两个数据项，保存到名为"**current_event**"的列表中。在第 10 步的代码之后，添加这一行代码。

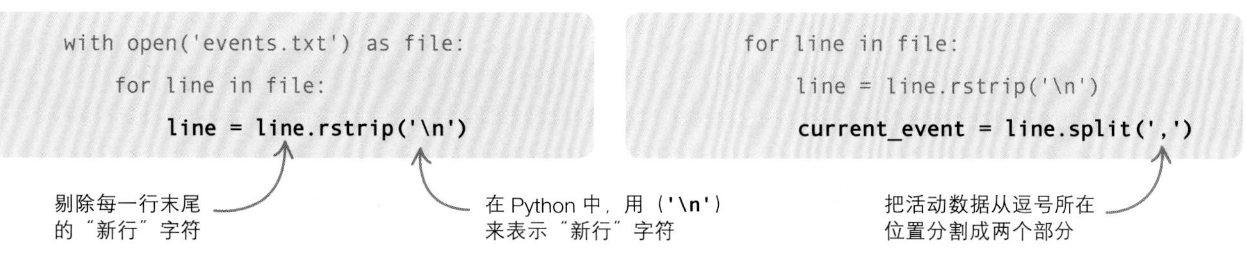
with open('events.txt') as file:
for line in file:
line = line.rstrip('\n')
剔除每一行末尾
的"新行"字符
在 Python 中，用（'\n'）
来表示"新行"字符
for line in file:
line = line.rstrip('\n')
current_event = line.split(',')
把活动数据从逗号所在
位置分割成两个部分

专家提示

Datetime 模块

如果你需要计算日期和时间，Python 的 **datetime** 模块会非常有用。比如，你想知道自己出生那天是星期几吗？把这些代码输入到 Python 的壳窗口中，看看结果如何吧。

用"年，月，日"的格式输入你的生日

```
>>> from datetime import *
>>> print(date(2007, 12, 4).weekday())
1
```

这个数字表示星期几，星期一是 0，星期天是 6，所以 2007 年 12 月 4 日是星期二

牢记

列表的下标

Python 是从 0 开始依次数列表中的数据的。所以在 **current_event** 列表中，“Halloween” 位于第 0 项，而第 2 个数据“31/10/2017” 则位于第 1 项，这里的第几项就是列表的下标。这就是为什么程序会把 **current_event[1]** 转换为一个日期。

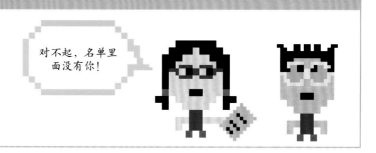

12 使用 datetime 模块

Halloween（万圣节）活动保存在列表 **current_event** 中，它包含两个数据项：“Halloween” 和 “31/10/2017”。用 **datetime** 模块把列表中的第 2 个数据（位于第 1 项）从字符串转换为 Python 可以理解的日期类型（date 类型）。在函数的末尾，添加这部分代码。

把列表中的第 2 个数据从字符串转换为日期

```
        current_event = line.split(',')
        event_date = datetime.strptime(current_event[1], '%d/%m/%y').date()
        current_event[1] = event_date
```

把列表的第 2 个数据设置为活动的日期

13 把活动添加到列表中

目前，**current_event** 列表中包含两个数据：活动的名称（这是一个字符串）和活动的日期。把 **current_event** 添加到记录活动的列表中。下面是完成的 **get_events()** 函数代码。

```
def get_events():
    list_events = []
    with open('events.txt') as file:
        for line in file:
            line = line.rstrip('\n')
            current_event = line.split(',')
            event_date = datetime.strptime(current_event[1], '%d/%m/%y').date()
            current_event[1] = event_date
            list_events.append(current_event)
    return list_events
```

执行完这一行，程序就会回到循环体的开始位置，继续从文件中读入下一行

当文件中所有的行都被读入后，函数把整个活动的列表传递给主程序

设置倒计时功能

现在，我们要完成“倒计时日历”的下一个功能——创建一个函数，用它来计算从今天到重要活动日期之间的天数。同时你也要编写代码，让活动显示在 **Tkinter** 画布上。

还有 20 天就是
圣诞节啦!

14 计算天数

创建一个函数，它能计算两个日期的间隔天数。**datetime** 模块能轻松完成这个任务，因为它可以对日期做加法或减法运算。在函数 **get_events()** 的下面输入右侧代码。它会把表示天数的数字作为一个字符串保存到变量 **time_between** 中。

这个函数需要两个日期参数

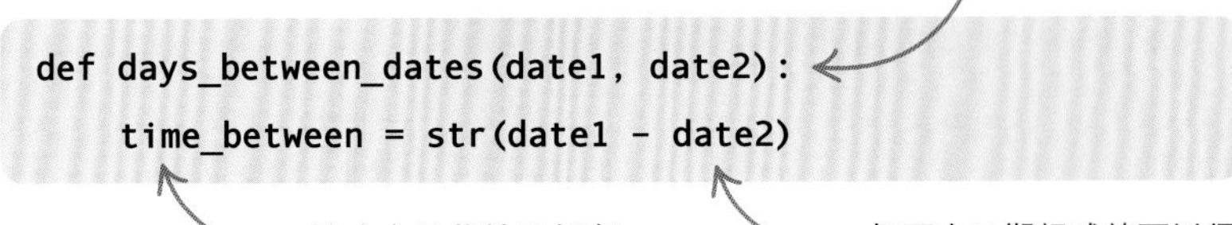

```
def days_between_dates(date1, date2):
    time_between = str(date1 - date2)
```

这个变量将结果保存为一个字符串

把两个日期相减就可以得到它们的间隔天数

哇! 我把字符串
剪断了!

15 分割字符串

如果万圣节还有 27 天就到了，保存在 **time_between** 中的字符串就是 '27days，0：00：00'（逗号后面的部分表示时、分、秒）。字符串开头位置的数字才是重要的，所以你可以再次使用 **split()** 命令，获取需要的那个部分。在第 14 步完成的代码之下，输入下面加粗的那一行。它会把字符串转换成一个列表，其中包括 3 项：**'27'**，**'days'**，**'0：00：00'**。列表保存于 **number_of_days** 中。

```
def days_between_dates(date1, date2):
    time_between = str(date1 - date2)
    number_of_days = time_between.split(' ')
```

这一次字符串被空格符号分隔开

16 返回天数

这个函数的最后一步就是返回列表中的第 0 项。对于 Halloween 来说就是 27。把右侧这一行代码添加到函数的末尾。

```
def days_between_dates(date1, date2):
    time_between = str(date1 - date2)
    number_of_days = time_between.split(' ')
    return number_of_days[0]
```

日期的间隔天数保存于列表的第 0 项

* 编者注：这里之所以是 27 天，是因为作者写书的时候是 2017 年 10 月 4 日，而测试数据中是 Halloween,31/10/17。

17 获取活动数据

现在，你已经完成了所有函数，接下来可以在主程序中使用它们了。在写好的程序最下面，添加如下两行。第一行调用（即“执行”）了 **get_events()** 函数，把活动日期的数据保存到了列表 **events** 中。第二行使用 **datetime** 模块获取当天的日期，并且把它保存于变量 **today** 中。

别忘了保存你的工作成果！

如果你要把一行很长的代码分成两行来写，可以使用一个反斜杠符号

```
c.create_text(100, 50, anchor='w', fill='orange', \
font='Arial 28 bold underline', text='My Countdown Calendar')

events = get_events()
today = date.today()
```

18 显示结果

接着要计算距离每项活动还有多少天，并把结果显示在屏幕上。你需要对列表中的每项活动都执行这个操作，所以可以使用一个 **for** 循环。针对列表中的每项活动，调用 **days_between_dates()** 函数，并把结果储存在名为 **days_until** 的变量中。然后再使用 **Tkinter create_text()** 函数将结果显示在屏幕上。将下面这段代码加在第 17 步之后。

对于每一个 events 列表中的活动，循环体内的代码都会执行一次

获取活动的名称

```
for event in events:
    event_name = event[0]
    days_until = days_between_dates(event[1], today)
    display = 'It is %s days until %s' % (days_until, event_name)
    c.create_text(100, 100, anchor='w', fill='lightblue', \
                font='Arial 28 bold', text=display)
```

使用 **days_between_dates()** 函数计算今天与活动日期间隔的天数

创建一个字符串，它的内容就是程序需要显示在屏幕上的文字

这个反斜杠符号可以把一行代码分两行来写

在屏幕上坐标为（100，100）的位置显示文字

19 测试程序

现在，运行一下程序，你会发现所有的文字都在最上面那行显示出来了。你知道这是哪里出错了吗？该如何解决呢？

My Countdown Calendar

20 分散显示结果数据

目前的问题是所有的文字都显示在同一个位置上：(100，100)。创建一个变量 **vertical_space**（垂直间距），然后在每次 **for** 循环中增大它的值，那么文字在屏幕上的显示位置就会不断下移。问题就解决了！

My Countdown Calendar

It is 26 days until Halloween
It is 57 days until Spanish Test
It is 138 days until School Trip
It is 98 days until My Birthday

```
vertical_space = 100


for event in events:
    event_name = event[0]
    days_until = days_between_dates(event[1], today)
    display = 'It is %s days until %s' % (days_until, event_name)
    c.create_text(100, vertical_space, anchor='w', fill='lightblue', \
                  font='Arial 28 bold', text=display)

    vertical_space = vertical_space + 30
```

21 开始倒计时

顺利搞定！你已经完成了倒计时日历的所有代码。现在运行程序，试试它的效果吧！

修正与微调

试一下本节的方法，它们会让倒计时日历更有用。其中有些部分有点难度，为此我们特意准备了下面的提示说明，用来帮助你完善程序。

▷重新设计画布

你可以修改画布的背景颜色，让程序看起来更生动活泼。修改程序中的这一行：**c=Canvas**。

```
c = Canvas(root, width=800, height=800, bg='green')
```

你可以把背景设定为自己喜欢的任何颜色

▷排好顺序！

不妨调整一下代码，把所有活动按照日期先后排好顺序。在 **for** 循环的前面添加这一行代码。它使用 **sort()** 函数，把活动日期按升序排列。所谓升序就是间隔天数从最少排到最多。

```
vertical_space = 100
events.sort(key=lambda x: x[1])
for event in events:
```

根据活动日期排序，而非活动名称

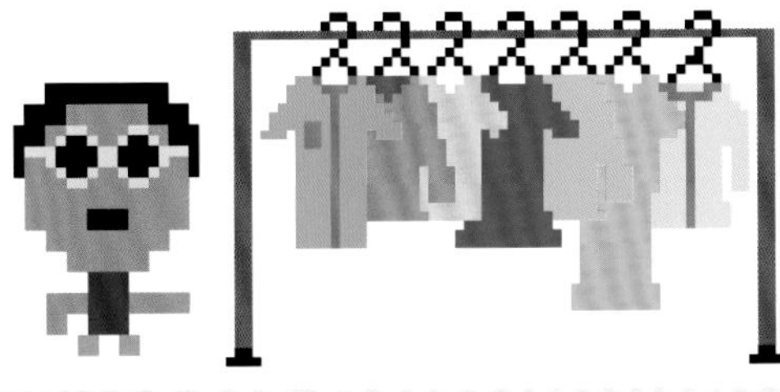

▽重新设计文字的风格

修改一下标题文字的大小、颜色和字体，令你的用户界面耳目一新。

挑一种你最喜欢的颜色

```
c.create_text(100, 50, anchor='w', fill='pink', font='Courier 36 bold underline', \
        text='Sanjay\'s Diary Dates')
```

如果你喜欢，也可以把标题换一下

试试不同的字体，比如 Courier 字体

▽设置一个警示器

如果能把即将到期的活动用醒目的方式显示出来就更实用了！修改一下代码，用红色来显示下周就要到来的活动。

```
for event in events:
    event_name = event[0]
    days_until = days_between_dates(event[1], today)
    display = 'It is %s days until %s' % (days_until, event_name)
    if (int(days_until) <= 7):
        text_col = 'red'
    else:
        text_col = 'lightblue'
    c.create_text(100, vertical_space, anchor='w', fill=text_col, \
            font='Arial 28 bold', text=display)
```

符号“<=”表示“小于或者等于”

用正确的颜色显示文字

int() 函数把字符串转换成数字，例如，它可以把字符串‘5’转换成数字 5

请教专家

你能说出世界上所有国家的首都吗？你能说出最喜欢的球队中所有队员的名字吗？每个人都可以成为某个领域的专家。在这个作品中，你会编写一个程序，它不仅能回答问题，还会学习新东西，也变成一个专家。

游戏是如何进行的？

屏幕上有一个输入框，请你输入一个国家的名字。当你输入了国家名字后，程序会告诉你这个国家的首都。如果程序不知道答案，它会请你教它正确的答案。使用程序的人越多，程序就会变得越聪明。

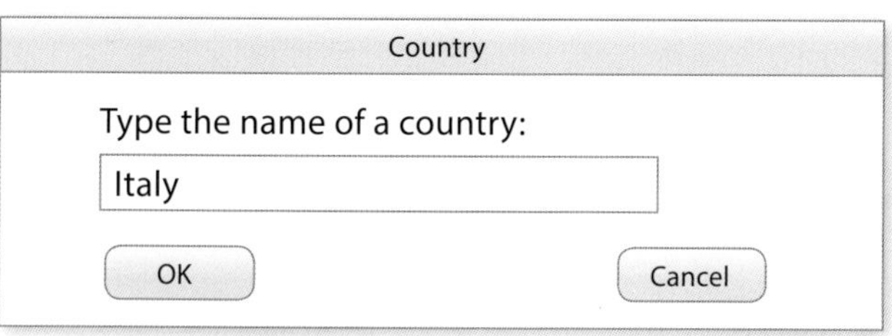

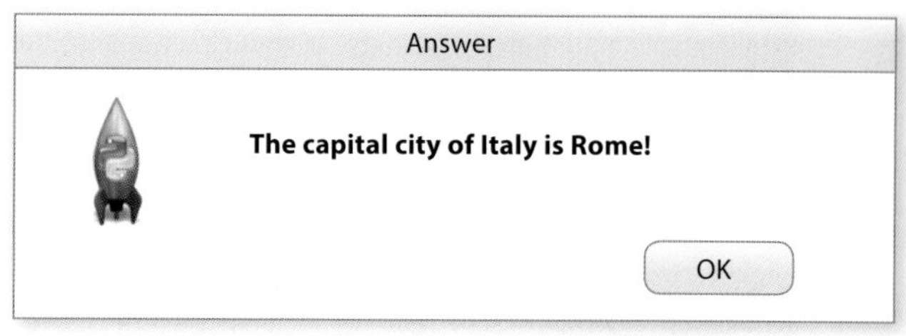

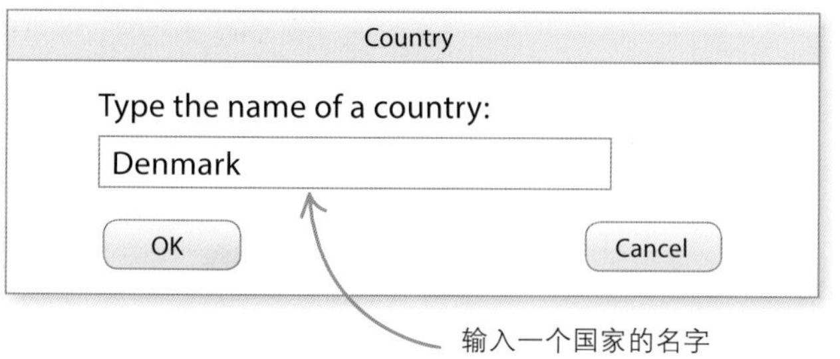

输入一个国家的名字

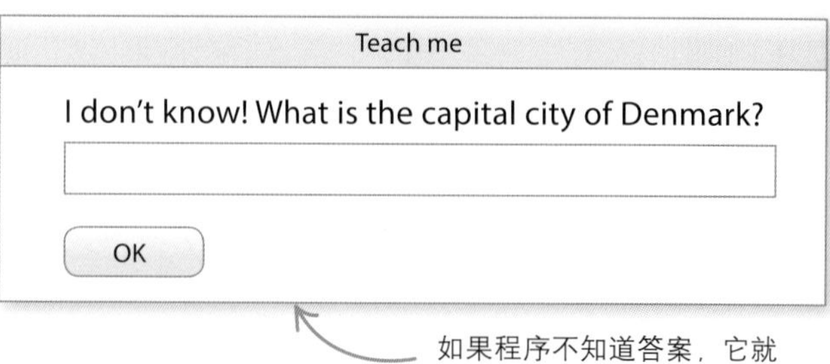

如果程序不知道答案，它就会问你

工作原理

程序从一个文本文件中读取各国首都的信息。你要使用 Tkinter 模块来生成一个弹出窗口，通过这个窗口，用户就可以和程序交流了。当用户输入了一个新的首都，这个信息会添加到文本文件中。

△字典

你将把每个国家及其首都保存到一个字典里。字典有点像列表，但是字典中的数据项分成两个部分，分别是“键”（key）和“值”（value）。一般来说，在字典中查找一个东西要比在一个长长的列表中快得多。

▷交流

这个程序用了 Tkinter 中的两个新窗口部件。第一个是 simpledialog()，它创建一个弹出窗口，让用户输入一个国家的名字。第二个是 messagebox()，它会显示一个国家的首都名称。

术语

专家系统

专家系统是一个程序，它是某个领域的行家里手。就像人类的专家一样，它知道很多问题的答案，还能做出决策、提供建议。它为什么能完成这些工作？因为程序员已经把它需要的知识编码、输入到计算机里，并且设计了使用这些知识的规则。

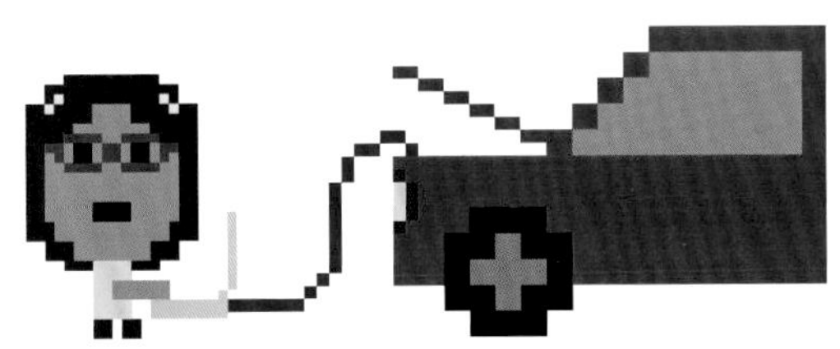

△汽车向导程序

汽车制造公司创建了汽车专家系统，其中包含了汽车各种功能的信息。如果你的汽车坏了，机械师就可以用这些系统来解决问题。有了它，就像有上百万个专业机械师在检查问题，而不是只有一个。

▽“请教专家”工作流程图

程序开始运行以后，首先会从文本文件中读入数据。然后，启动一个无限循环持续不断地提问，只有当用户退出程序才会停止。

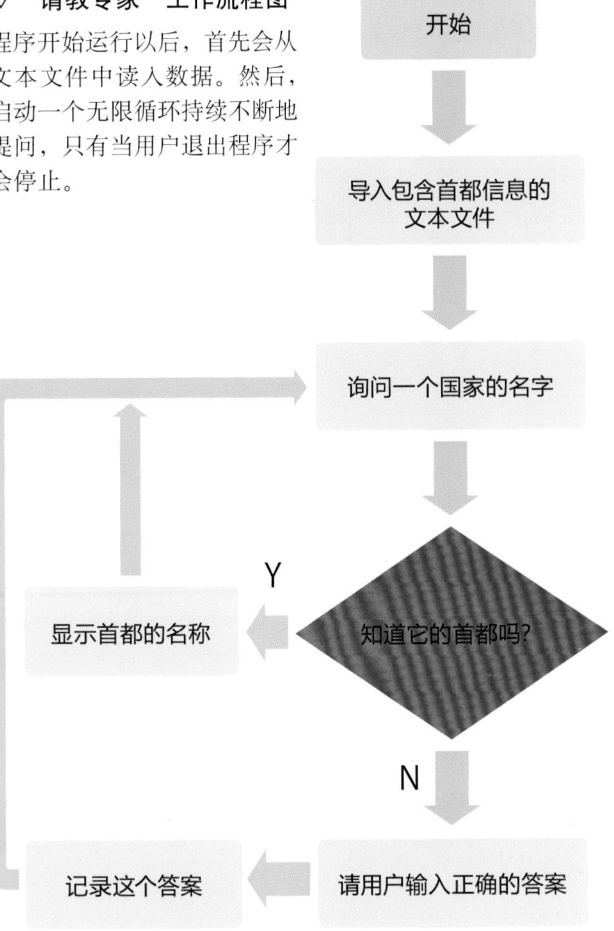

第一步

按照下面的步骤，用 Python 来创建你的专家系统。你需要创建一个记录了国家首都的文本文件，打开 **Tkinter** 窗口，创建一个字典来储存所有的知识。

1 准备文本文件

首先准备一个文本文件，其中记录了世界上许多国家首都的名字。在 IDLE 中创建一个新文件，输入右侧这些内容。

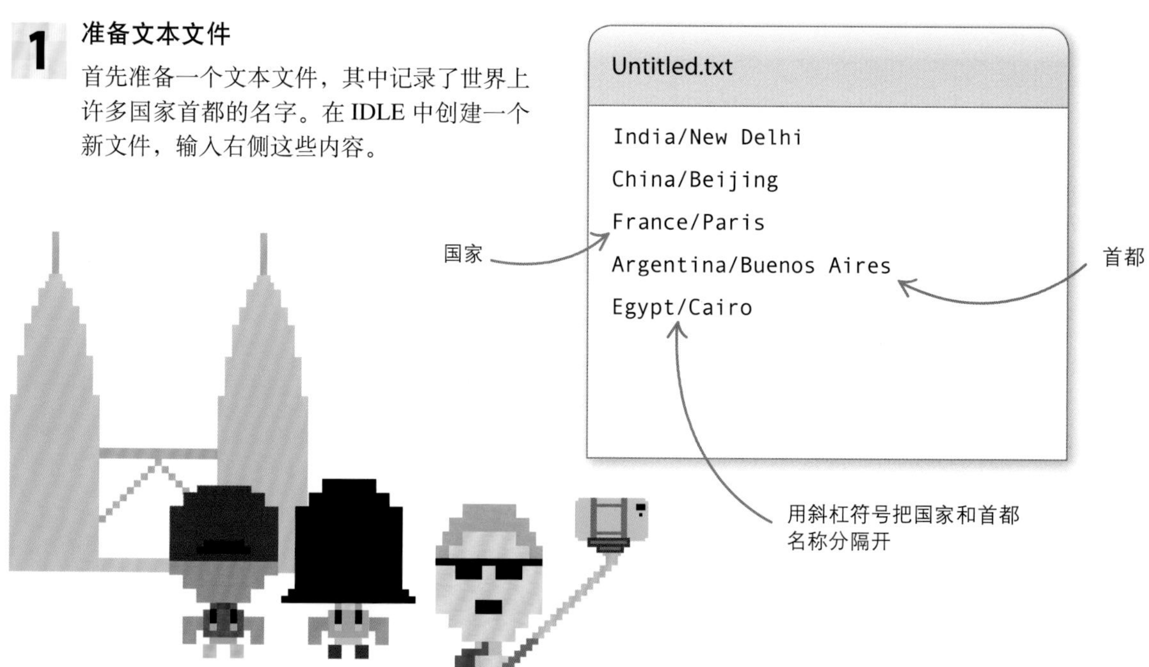

Untitled.txt
India/New Delhi
China/Beijing
France/Paris
Argentina/Buenos Aires
Egypt/Cairo
国家
首都
用斜杠符号把国家和首都名称分隔开

2 保存文本文件

将文件保存为“capital_data.txt”。程序会从这个文件中获取专业知识。

在文件名的末尾输入“txt”，而不是“py”

Save
Save As: capital_data.txt
Tags:
Where:
Cancel Save

3 创建一个 Python 文件

开始编写程序，首先新建一个文件，将它保存为“ask_expert.py”。确保这个文件和文本文件在同一个文件夹中。

4 导入 Tkinter 工具

要完成这个作品，你需要使用 **Tkinter** 模块中的一些窗口部件。在程序的最前面输入这一行代码。

从 Tkinter 模块加载这两个窗口部件

```
from tkinter import Tk, simpledialog, messagebox
```

5 启动 Tkinter

接着添加如下代码，它们会在壳窗口中显示作品的标题。**Tkinter** 会自动生成一个空白窗口。你不需要这个窗口，所以添加一行聪明的代码把它隐藏起来。

```
print('Ask the Expert - Capital Cities of the World')
root = Tk()
root.withdraw()
```

隐藏 Tkinter 窗口

创建一个空白的 Tkinter 窗口

测试！测试！

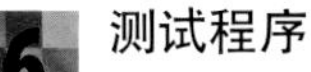

6 测试程序

试着运行程序。你应该可以看见作品的标题出现在壳窗口中。

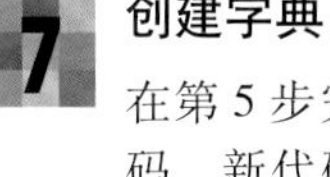

7 创建字典

在第 5 步完成的代码之后，添加这一行代码。新代码用于创建一个字典，它将会用来保存国家及其首都的名字。

这个代码创建了一个空白字典，名为“the_world”

```
the_world = {}
```

使用花括号

我会把所有的信息都保存在这里。

专家提示

字典的运用

字典是 Python 中的又一种保存信息的方法。它和列表很像，但是每个数据项都有两个部分：键和值。你可以把这几行代码输入壳窗口，做一下试验。

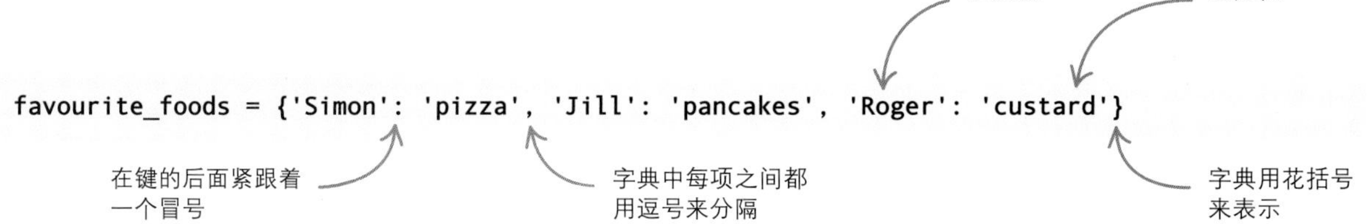
这是键
这是值
favourite_foods = {'Simon': 'pizza', 'Jill': 'pancakes', 'Roger': 'custard'}
在键的后面紧跟着一个冒号
字典中每项之间都用逗号来分隔
字典用花括号来表示

▽ 1. 要显示字典的内容，你必须把内容打印出来。试着打印 **favorite_foods**。

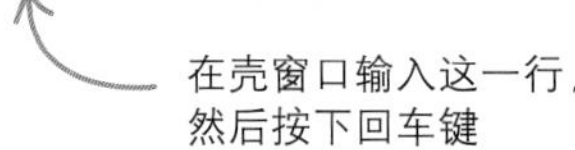
print(favourite_foods)
在壳窗口输入这一行，然后按下回车键

▽ 2. 现在往字典中添加一个新的数据项：Julie 和她最喜欢的食物。她最喜欢小饼干。

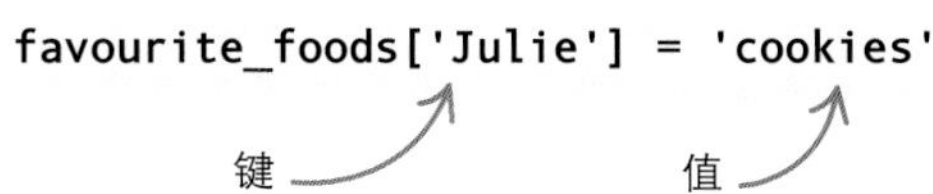
favourite_foods['Julie'] = 'cookies'
键
值

▽ 3. Jill 改主意了，她最喜欢的食物变成了墨西哥玉米卷。你可以更新字典里的信息。

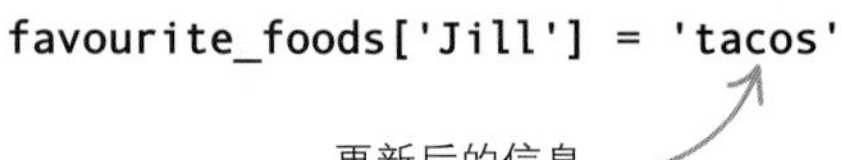
favourite_foods['Jill'] = 'tacos'
更新后的信息

▽ 4. 最后，你可以检索一下字典中 Roger 最喜欢的食物，用他的名字作为键来获取信息就行了。

```
print(favourite_foods['Roger'])
```

使用“键”来检索“值”

现在是函数时间！

下一步就是创建函数，这些函数以后你都会在程序中用到。

这不是那种函数。

8 文件输入

你需要一个函数来读入保存在文本文件中的所有信息。这和你在“倒计时日历”中用到的函数很相似，那个函数可以从文本文件中读入关于活动的名称和日期。在导入 **Tkinter** 模块的代码之后，输入这些代码。

```
from tkinter import Tk, simpledialog, messagebox

def read_from_file():
    with open('capital_data.txt') as file:
```

这一行代码会打开文本文件

9 一行一行地处理

现在，我们使用一个 **for** 循环来逐行处理文件中的信息。和“倒计时日历”的程序一样，此处也需要剔除掉新行字符。然后再把国家和首都的信息保存到两个变量中。使用 split 命令，这个代码会返回两个值。你可以用一行代码，把这些值存放到两个变量中。

```
def read_from_file():
    with open('capital_data.txt') as file:
        for line in file:
            line = line.rstrip('\n')
            country, city = line.split('/')
```

这一行剔除了新行字符

用斜杠符号把一行文字分隔开

这个代码把斜杠前面的文字保存到变量 **country** 中

这个代码把斜杠后面的文字保存到变量 **city** 中

10 把数据添加到字典里

到目前为止，变量 **country** 和 **city** 已经包含了你需要记录到字典里的信息。对于文本文件的第一行来说，**country** 应该保存了“India”，**city** 应该保存了“New Delhi”。现在添加一行代码，把信息写入字典中。

```
def read_from_file():
    with open('capital_data.txt') as file:
        for line in file:
            line = line.rstrip('\n')
            country, city = line.split('/')
            the_world[country] = city
```

这是值

这是键

11 文件输出

当用户输入了一个程序不知道的首都名字，你需要让程序把这个新的信息记录到文本文件中，这叫作“文件输出”。这个任务和文件输入类似，只是我们不是从文件中把信息读出来，而是要把信息写入文件中。请在第 10 步完成的代码之下，添加右侧代码。

```
def write_to_file(country_name, city_name):
    with open('capital_data.txt', 'a') as file:
```

这个函数会把新的国家和它的首都名记录到文本文件中

字母 **a** 表示附加（append）或者添加（add）信息到文件的末尾

12 写入文件

现在添加一行代码，把新的信息写入文件中。首先，代码会添加一个新行字符，它的作用是告知程序在写入时要新起一行。然后，它写入国家的名字，紧跟着是斜杠，再接着是首都的名字，格式就像 Egypt/Cairo（埃及 / 开罗）。当信息都写入文件之后，Python 会自动关闭文件。

```
def write_to_file(country_name, city_name):
    with open('capital_data.txt', 'a') as file:
        file.write('\n' + country_name + '/' + city_name)
```

编写主程序

你已经完成了所需的函数，现在开始编写主程序吧。

13 读入文本文件

主程序首先要做的就是从文本文件读入信息。在第 7 步完成的代码下面添加这一行。

运行 **read_from_file** 函数

```
read_from_file()
```

14 启动一个无限循环

接下来，添加下面这部分代码，创建一个无限循环。在循环体内有一个函数 **simpledialog.askstring()**，它来自 **Tkinter** 模块。这个函数在屏幕上创建一个对话框，它会显示一些提示信息，并提供一个输入框让用户输入答案。再次测试一下这个程序。你应该会看到出现了一个对话框，里面有一个国家的名字。但注意，它可能会被别的窗口挡住。

这是用 **simpledialog** 创建出来的对话框

Country

Type the name of a country:

OK　Cancel

这句话出现在对话框里，会告诉用户该怎么做

```
read_from_file()

while True:
    query_country = simpledialog.askstring('Country', 'Type the name of a country:')
```

用户输入的答案会保存在这个变量里

这是对话框的标题

15 知道答案吗？

现在我们添加一个 **if** 语句，用它来判断一下程序是否知道答案。它会核查一下这个国家和它的首都是否保存于字典中。

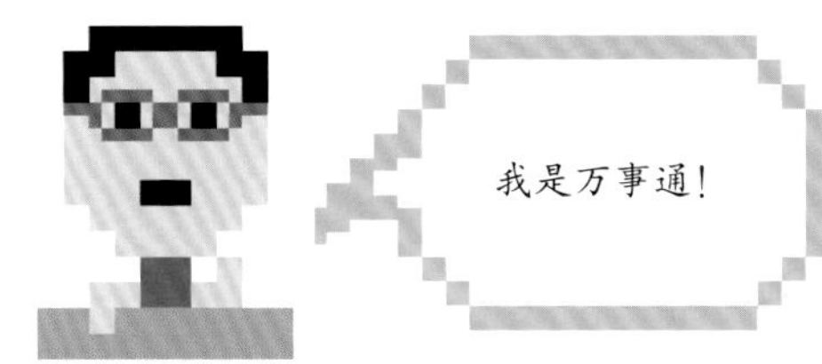


```
while True:
    query_country = simpledialog.askstring('Country', 'Type the name of a country:')

    if query_country in the_world:
```

如果用户输入的国家的确保存于 **the_world** 中，那么这个条件就会返回 **True**

16 显示正确的答案

如果用户输入的国家已经存在于 **the_world** 中，你就要让程序检索正确的首都信息，并把它显示在屏幕上。要完成这个任务，请使用 **Tkinter** 模块中的 **messagebox.showinfo()** 函数。这个函数会在一个小窗口中显示文字消息和一个 OK 按钮。把这部分代码输入 **if** 语句中。

别忘了保存你的工作成果！

```
if query_country in the_world:
    result = the_world[query_country]
    messagebox.showinfo('Answer',
                        'The capital city of ' + query_country + ' is ' + result + '!')
```

这一行代码用 **query_country** 作为键，并且检索字典以寻找答案

这是小窗口的标题文字

这条消息会显示在小窗口中间

这个变量保存了答案（从字典中获得的答案）

17 调试程序

如果你的程序有“臭虫”（bug），现在就是捕捉它们的最好时机。当程序要求你输入一个国家名字的时候，输入“France”。程序给出正确答案了吗？如果没有，那么回到程序，仔细检查，看看到底哪里有问题。如果你输入了一个文本文件中不存在的国家，程序会做出怎样的反应？试验一下，看看程序如何回应。

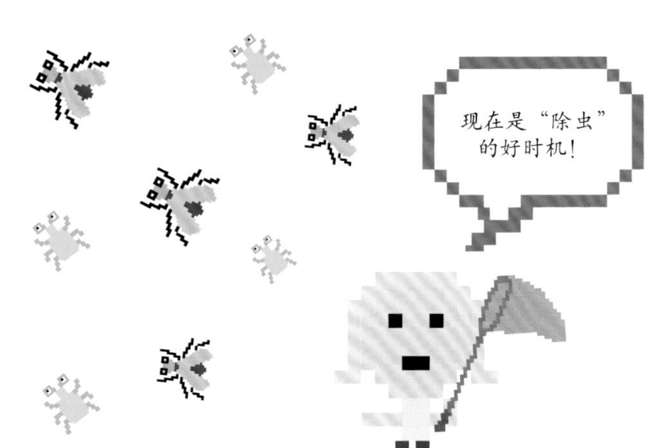

18 教程序新知识

最后，在 **if** 语句的后面添加几行代码。当用户输入的国家并没有收录于字典中，程序会要求用户输入其首都的名字。这个首都会被添加到字典中，程序会记住它，当你下次提问时，它就会做出正确的回答。**write_to_file()** 函数会把首都添加到文本文件中。

请告诉我意大利的首都。


```
    if query_country in the_world:
        result = the_world[query_country]
        messagebox.showinfo('Answer',
                            'The capital city of ' + query_country + ' is ' + result + '!')
    else:
        new_city = simpledialog.askstring('Teach me',
                                          'I don\'t know! ' +
                                          'What is the capital city of ' + query_country + '?')
        the_world[query_country] = new_city
        write_to_file(query_country, new_city)

root.mainloop()
```

让用户输入首都的名字，然后把它保存于变量 new_city

这个代码把 **new_city** 添加到字典中，它把 **query_country** 作为对应条目的键

把新的首都写入文本文件，以便增加程序的知识容量

19 运行程序

搞定！你创建了一个数字程序专家。现在运行程序，测试一下它的能力吧。

修正与微调

把你的程序再提升一个等级，按照下面的建议修改程序，让它变得更加聪明。

我已经准备好开启环球之旅啦！

▷遍布全世界

把全世界所有国家及其首都都录入文本文件中，这会让你的程序变成一个地理学天才。记住，要按照如下格式录入信息：国家名 / 首都名。

▷大写字母

如果用户在输入国家名字时，第一个字母忘记大写了，程序就会找不到对应的首都。如何用程序来解决这个问题呢？这里有一个好方法！

```
query_country = simpledialog.askstring('Country', 'Type the name of a country:')
query_country = query_country.capitalize()
```

这个函数把字符串中的第一个字母变成大写

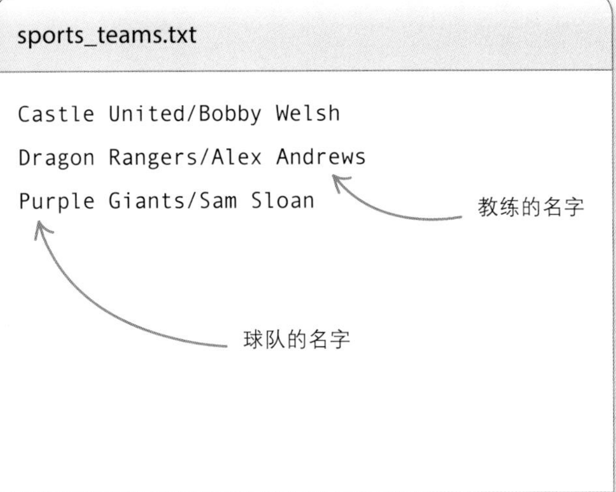

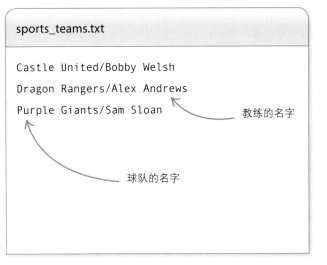

sports_teams.txt

```
Castle United/Bobby Welsh
Dragon Rangers/Alex Andrews
Purple Giants/Sam Sloan
```


◁不同种类的数据

目前，你的程序只了解世界各国的首都。你可以修改文本文件，让它记录某个你特别熟悉的领域，比如一些著名的球队和教练的信息。

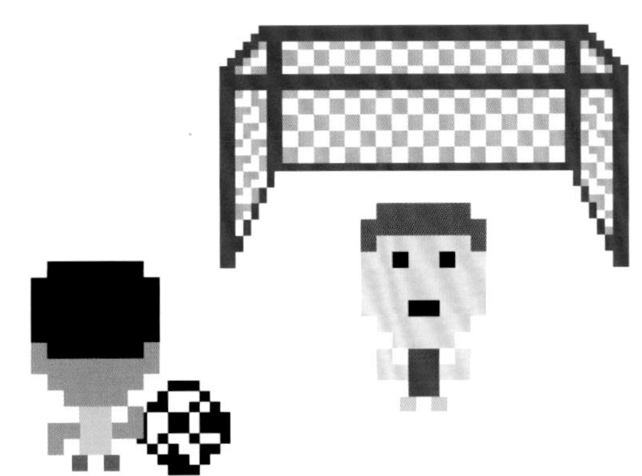

▷核对事实

目前程序会直接把新答案写入文本文件中，但是并没有检查这些答案是否正确。调整一下代码，让它把新答案记录到一个新的独立文件中。然后你就可以在写入主文本文件之前检查一下它们是否正确。按右侧提示修改代码。

```
def write_to_file(country_name, city_name):
    with open('new_data.txt', 'a') as file:
        file.write('\n' + country_name + '/' + city_name)
```

这行代码把新答案写入新的文本文件，文件名是 **new_data**

你知道的，它们都是正确的！

机密消息

利用加密的技术，对普通的文字进行转换，这样当你和好朋友互相传递消息时，不知道加密方法的人就无法读懂这些消息。

游戏是如何进行的？

这个程序会问你是否要创建一条加密消息，或者是否译出一条加密消息。接下来，它让你输入消息的内容。如果你选择创建一条加密消息，程序会把你输入的消息转换成一些莫名其妙的内容。当你选择破译一条加密消息，那么乱七八糟的内容就会变成能读懂的文字了。

术语

加密术

单词加密（Cryptography）源自古希腊语，意思是“隐秘”和“书写”。人们使用这种技术来传递机密消息已经有 4000 多年历史了。下面是一些加密术中常用的术语。

密码：一组特殊的指令，用于改变消息，隐藏其真实含义。
加密：把机密的消息隐藏起来。
解密：把机密的消息显露出来。
密文：经过加密后的消息。
明文：加密前可以直接阅读的消息。

△共享代码

把你的 Python 程序提供给朋友，你们就可以彼此传递机密消息了。

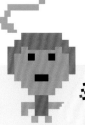

我要把这条消息放进去，扰乱视听！

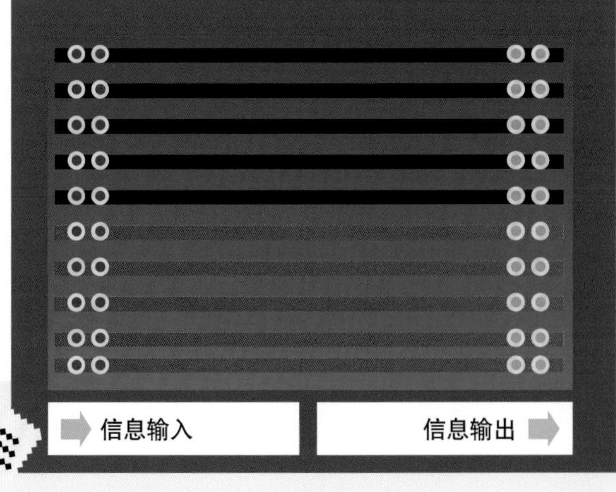

我一个字也看不懂！

工作原理

程序将消息中的字母重新排列，所以消息变得完全不可理解了。它首先检查每个字母是在偶数还是奇数位置，然后把消息中的每对字母对调，先是头两个，再处理后面两个，以此类推操作下去。程序也能把字母换回到原来的位置，这样消息就又显露出来了。

Python 使用一种很奇怪的方式来计数：从 0 开始数，所以文字中的第一个字母是偶数位

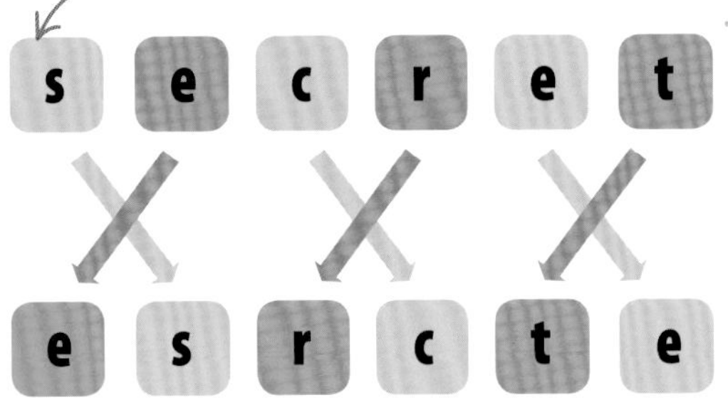

△加密

当你用程序来加密消息时，它会一对一对地调换字母位置，搅乱文字的含义。

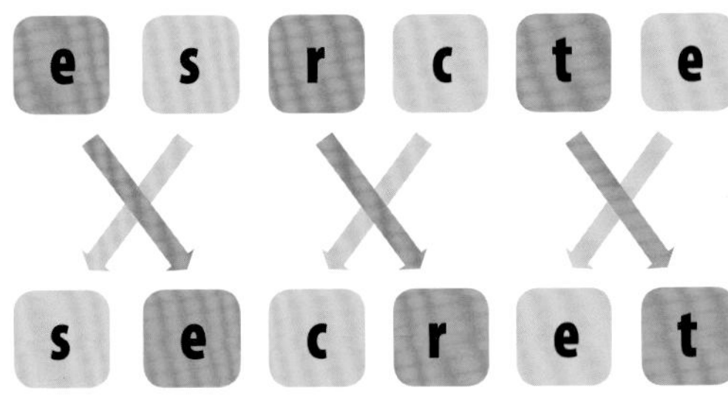

△解密

当你或者你的朋友解密一条消息时，程序会把字母调换回原来的位置。

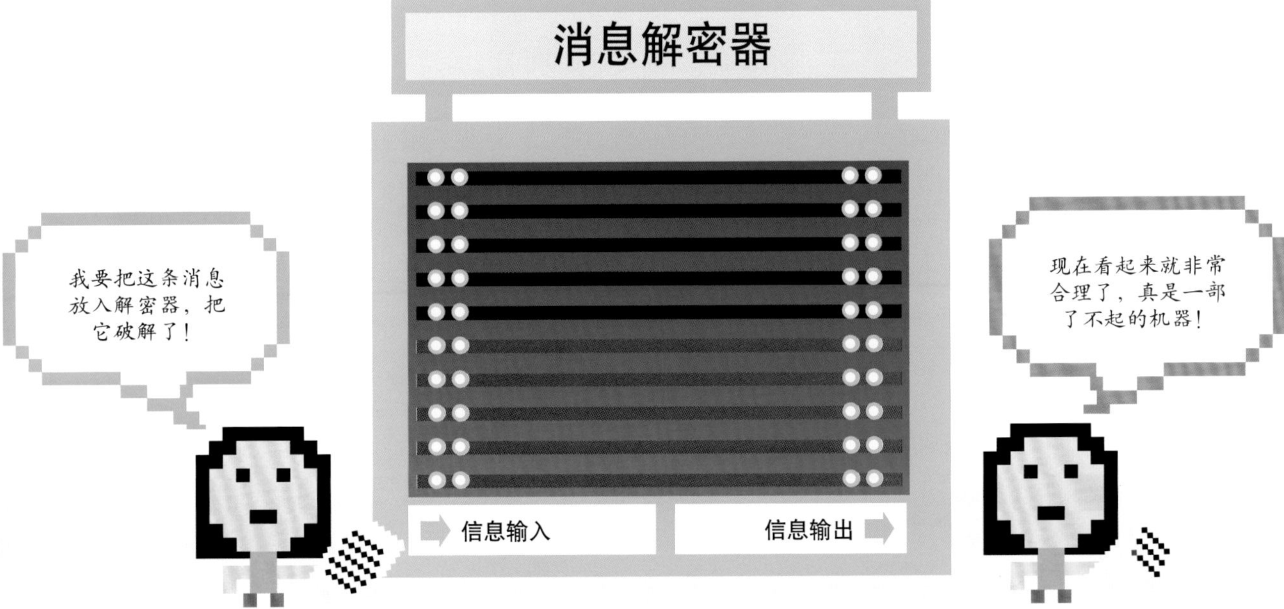

消息解密器
我要把这条消息放入解密器，把它破解了！
信息输入
信息输出
现在看起来就非常合理了，真是一部了不起的机器！

开始

用户选择要做什么

加密、解密或者其他?

加密

解密

用户没有输入“encrypt”或“decrypt”，而是别的内容

获取要加密的信息

加密信息

显示加密后的信息

获取要解密的信息

解密信息

显示解密后的信息

结束

ocemt oymb rihtad yaptrxy

收到！

◁“机密消息”工作流程图

程序中有一个无限循环，它不断地询问用户要加密还是解密。用户的选择决定了程序会执行哪部分代码。对话框用于获取用户的输入信息，信息框用来显示加密和解密的文字。如果用户输入“Encrypt”和“Decrypt”以外的内容，程序就会结束运行。

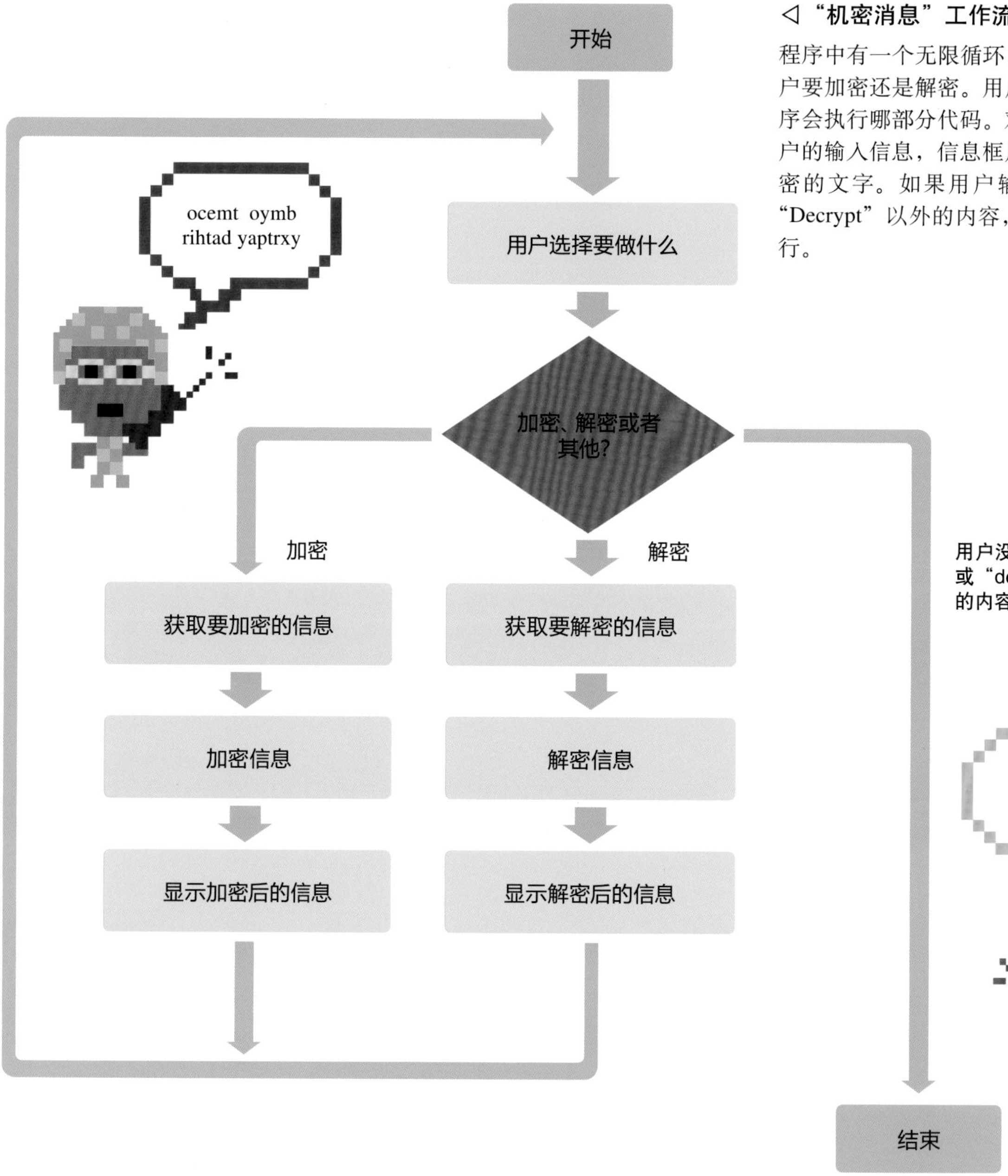

▷神秘的 x

本程序要求消息的字符数必须是偶数。它会检查消息，并计算其中的字符数。如果发现字符数为奇数，它就会在末尾添加一个 x，把字符数变成偶数。你和好朋友的加密软件会知道如何忽略这个 x，所以放心吧，你不会被搞糊涂的。

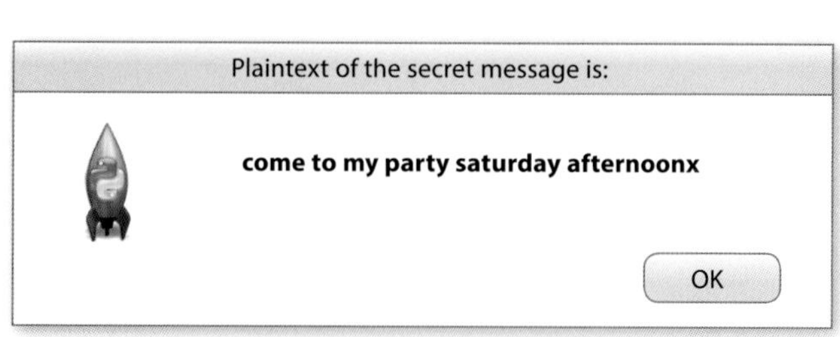
Plaintext of the secret message is:
come to my party saturday afternoonx
OK

制作图形用户界面（GUI）

我们分两个部分来完成这个程序。第一步，建立一些函数，它们用于用户输入信息；第二步，写一些代码，它们负责完成加密和解密的工作。现在就开始行动吧，你永远不会知道何时需要发送一条机密消息。

1 创建一个新文件

打开 IDLE，创建一个新文件，把它保存为“secret_message.py”。

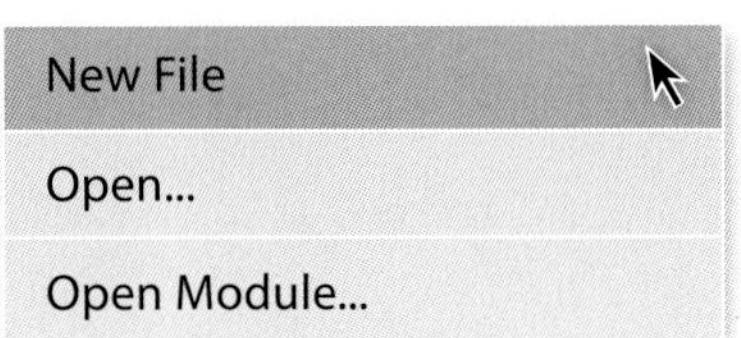

2 添加模块

你需要从 **Tkinter** 模块中读入一些窗口部件，以使用它提供的一些 GUI 功能。比如用 **messagebox** 向用户显示消息，用 **simpledialog** 向用户提问。在文件最前面输入这一行。

```
from tkinter import messagebox, simpledialog, Tk
```

3 加密还是解密？

现在创建一个函数：**get_task()**，它会打开一个对话框，询问用户想要加密还是解密。在第 2 步完成的代码之下，输入如下代码。

```
def get_task():
    task = simpledialog.askstring('Task', 'Do you want to encrypt or decrypt?')
    return task
```

这行代码要求用户输入“encrypt”或者“decrypt”，然后把用户的回答保存到变量 **task** 中

把 **task** 中的值回传到调用这个函数的代码中

这个单词会出现在对话框的标题上

4 获取消息

创建一个新函数：**get_message()**，它会打开一个对话框，要求用户输入一条需要被加密或者解密的消息。在第 3 步完成的代码之下输入如下代码。

```
def get_message():
    message = simpledialog.askstring('Message', 'Enter the secret message: ')
    return message
```

这一行代码要求用户输入一条消息，它会把消息保存到变量 **message** 中

把 **message** 中的值回传给调用这个函数的代码

5 启动 Tinkter

这个命令启动 Tinkter，创建一个 Tkinter 窗口。在第 4 步完成的函数之下输入这一行代码。

```
root = Tk()
```

如果你觉得 Tkinter 窗口令人分心，那么添加一行代码：root.withdraw。我们在“请教专家”作品中用过这个指令。

6 启动循环

现在我们已经完成了生成用户界面的函数。接下来添加一个无限的 while 循环，然后在循环体中按照正确的顺序调用它们。在第 5 步完成的代码之下，插入这部分代码。

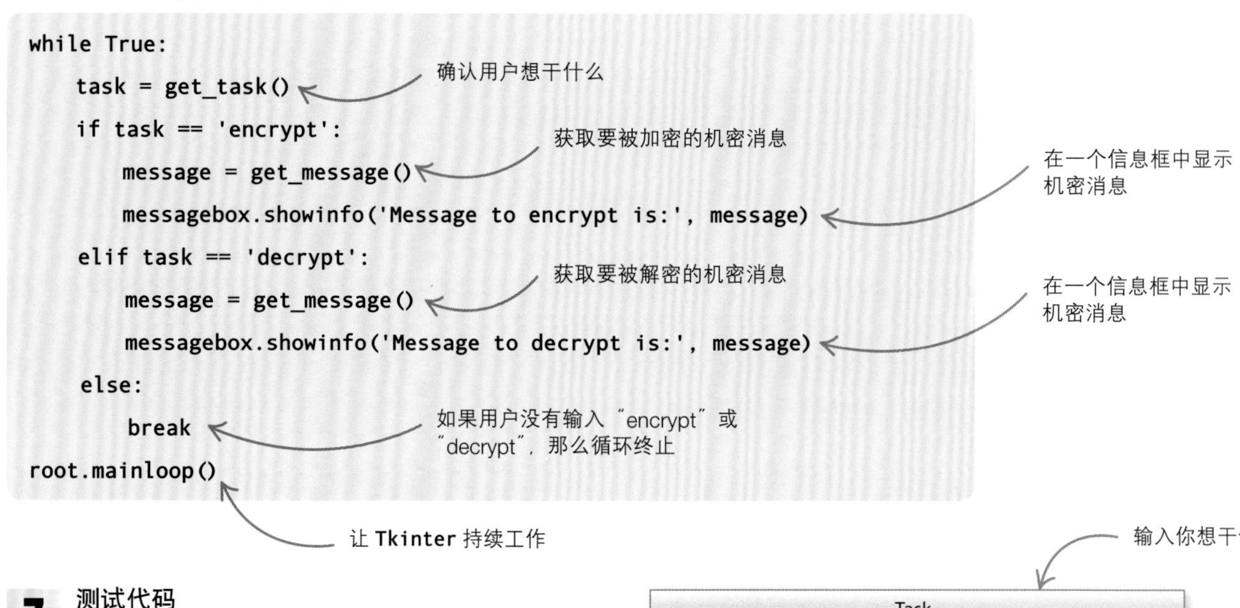

```
while True:
    task = get_task()
    if task == 'encrypt':
        message = get_message()
        messagebox.showinfo('Message to encrypt is:', message)
    elif task == 'decrypt':
        message = get_message()
        messagebox.showinfo('Message to decrypt is:', message)
    else:
        break
root.mainloop()
```


7 测试代码

试着运行一下代码。程序首先会显示一个输入框，询问你是要加密还是解密。输入你的选择后，第 2 个输入框出现了，请你输入要处理的机密消息。最后，程序会在信息框中显示被加密或者被解密的机密消息。如果程序出现了什么问题，请仔细检查你的代码。

搅乱消息!

现在，用户界面已经可以工作了，我们要开始写加密和解密的代码了。

把消息搅乱？我觉得你是不是在说搅拌炒蛋!

8 是偶数吗?

你需要编写一个函数，它会报告你的机密消息是否是偶数个字符。这个函数会使用模运算符（%），用它来检查一个数字能否被 2 整除。如果可以，说明这个数字是偶数。在第 2 步完成的代码之下，添加这个函数。

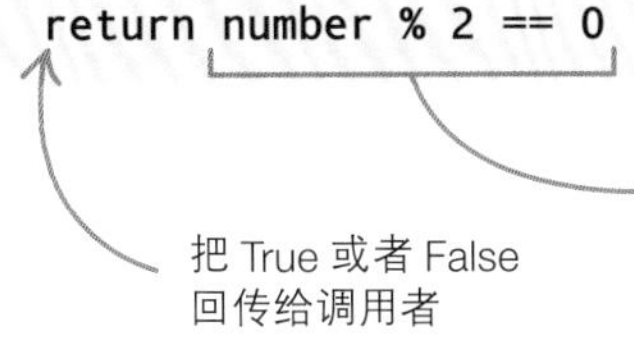

```
def is_even(number):
    return number % 2 == 0
```

当数字是偶数，这个部分会报告 True

把 True 或者 False 回传给调用者

专家提示

模运算符（%）

如果你在两个数字之间使用模运算符（%），Python 会向你报告第 1 个数字除以第 2 个数字的余数。所以，4%2 等于 0，5%2 等于 1，因为 5 除以 2，就会剩余 1。如果你想做个实验，就把这些样例输入壳窗口吧。

9 获取偶数位置的字母

在这一步，你将创建一个函数，它会处理消息，并把其中偶数位置的字符取出，生成一个列表。该函数使用一个 for 循环，经过从 0 到 len（message）范围的所有位置，这样它就可以检查字符串中的所有字母。在第 8 步完成的代码之下，输入这个函数。

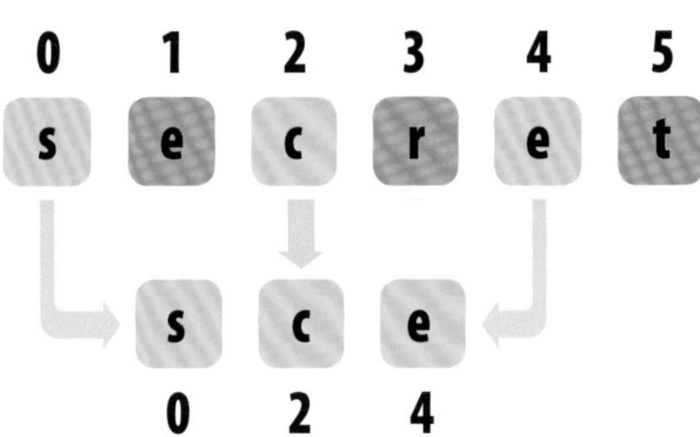


```
def get_even_letters(message):
    even_letters = []
    for counter in range(0, len(message)):
        if is_even(counter):
            even_letters.append(message[counter])
    return even_letters
```

创建一个列表变量，用它来保存偶数位的字母

循环经过机密消息中的每一个字母

如果这个字母处于偶数位置，Python 会把它添加到列表中

把存有字母的列表回传给调用这个函数的代码

别忘了保存你的工作成果!

10 获取奇数位置的字母

接下来，做一个类似的函数，它会根据你的消息生成一个保存奇数字母的列表。请在第 9 步完成的代码之下，添加这个函数。

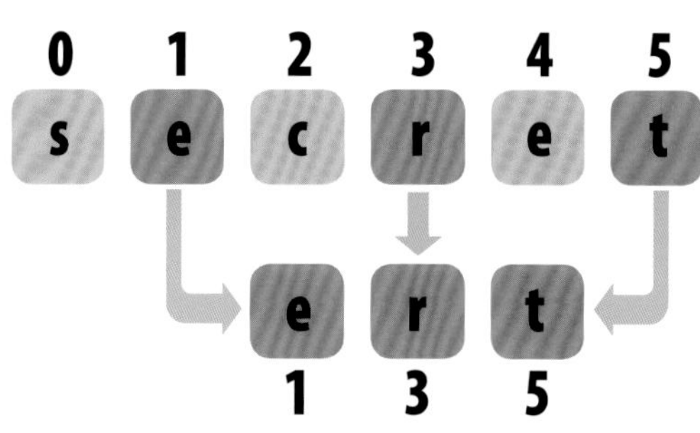


```
def get_odd_letters(message):
    odd_letters = []
    for counter in range(0, len(message)):
        if not is_even(counter):
            odd_letters.append(message[counter])
    return odd_letters
```

牢记

列表和列表长度

Python 在列表和字符串中都是从 0 开始计数的，你可以使用 **len()** 函数获取字符串的长度。例如，当你输入 **len('secret')**，Python 将会报告你的字符串“**secret**”的长度是 6 个字符。但是，因为第一个字符的编号是 0，所以最后一个字符的位置是 5 而不是 6。

11 交换字母

现在，你已经得到两个列表，一个存有偶数字母，另一个存有奇数字母。下面我们要利用这两个列表来加密你的消息。下一个函数会轮番从这两个列表取出字母，把它们保存到一个新的列表中。但它并不是按照原来的顺序组成，原顺序是偶数字母开头，这次则从奇数字母开始。请在第 10 步代码之下，添加这个函数。

```
def swap_letters(message):
    letter_list = []
    if not is_even(len(message)):
        message = message + 'x'
    even_letters = get_even_letters(message)
    odd_letters = get_odd_letters(message)
    for counter in range(0, int(len(message)/2)):
        letter_list.append(odd_letters[counter])
        letter_list.append(even_letters[counter])
    new_message = ''.join(letter_list)
    return new_message
```

如果用户输入的机密消息是奇数个字符，那么在末尾添加一个 x

循环经过偶数字符列表和奇数字符列表

把下一个奇数字母添加到最终的消息中

把下一个偶数字母添加到最终的消息中

join() 函数把保存在列表中的字母合并成一个字符串

▷工作原理

swap_letter() 函数把所有的偶数字母和奇数字母交替放入一个新列表。这个新列表以原来单词中的第 2 个字母开头，这个字母在 Python 中处于奇数位置。

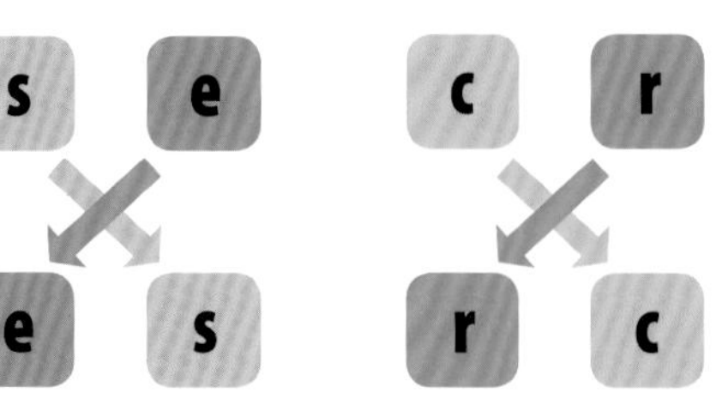

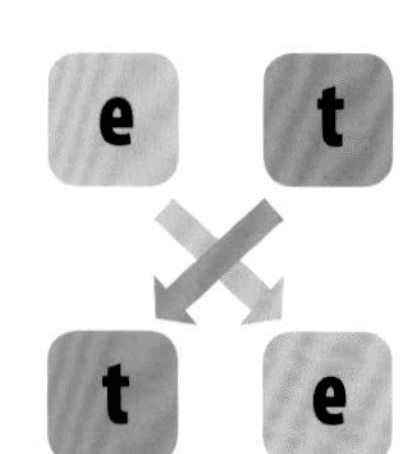

专家提示

整数位置

在设置循环范围的时候，我们使用了 **len(message)/2** 的值，因为不管是偶数字母还是奇数字母，刚好都是原来消息长度的一半。通过添加必要的 x 可以保证消息的长度总是偶数，所以它总可以被 2 整除。但是，计算结果将是一个浮点数（也就是带有一个小数点的数，比如 3.0 或 4.0），而不是一个整数（不带小数点的数，比如 3 或 4）。如果你用一个浮点数作为列表中数据项的位置，Python 就会报告一个错误，所以请使用 **int()** 函数把它转换成整数。

```
>>> mystring = 'secret'
>>> mystring[3.0]
Traceback (most recent call last):
  File "<pyshell#1>", line 1, in <module>
    mystring[3.0]
TypeError: string indices must be integers
```

如果你使用的是一个浮点数，比如 3.0 而不是 3，Python 就会显示这些错误信息

12 更新循环

swap_letters() 函数具备特别有用的功能：如果对一个已经加密的消息使用，它就会执行解密功能。所以你既可以用这个函数来加密，也可以用它来解密，一切取决于用户的选择。请在第 6 步完成的部分代码中修改 **while** 循环。

```
while True:
    task = get_task()
    if task == 'encrypt':
        message = get_message()
        encrypted = swap_letters(message)
        messagebox.showinfo('Ciphertext of the secret message is:', encrypted)
    elif task == 'decrypt':
        message = get_message()
        decrypted = swap_letters(message)
        messagebox.showinfo('Plaintext of the secret message is:', decrypted)
    else:
        break
root.mainloop()
```

用 swap_letters() 加密消息

显示加密后的消息

用 swap_letters() 解密消息

显示解密后的消息

13 **执行加密**

现在,测试你的程序。在任务窗口中输入“encrypt”(加密)。当消息框出现以后，输入一行间谍们联络时常用的话语:“meet me at the swings in the park at noon”(中午在公园的秋千处碰头)。(请注意:这个程序只能加密英文消息!)

14 **执行解密**

记下加密后的文字，当循环下一次提问时选择“decrypt”(解密)。当消息框出现时，输入刚才加密后的文字，然后点击“OK”。你就能看见原来的信息了!

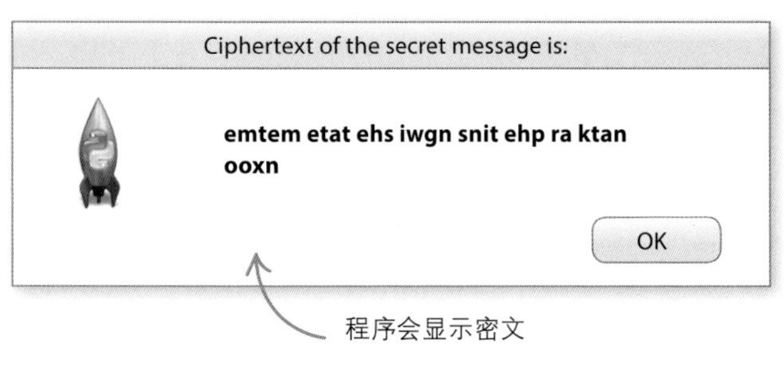
Ciphertext of the secret message is:
emtem etat ehs iwgn snit ehp ra ktan ooxn
OK
程序会显示密文

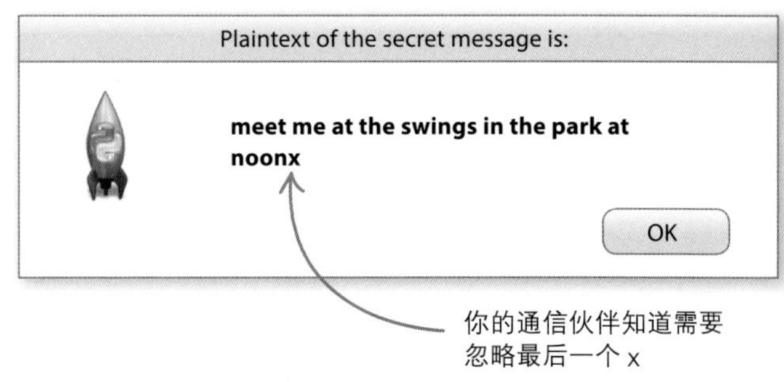
Plaintext of the secret message is:
meet me at the swings in the park at noonx
OK
你的通信伙伴知道需要忽略最后一个 x

15 **把它解密吧!**

你的密码程序目前已经可以工作了。试着加密右侧显示的文字，如果一切顺利，你就可以把这个程序分享给伙伴们了，然后你们就可以相互发送机密消息啦。

ewlld no eoy uahevd ceyrtpdet ih sesrctem seaseg

oy uac nsu eelom nujci erom li ksai vnsibieli kn

修正与微调

这里我们会提供一些建议，它们能让你的机密消息更难被破解。因为难保会有一个讨厌的弟弟或妹妹截获你的消息!

▷清除空格

有一种方法能让密码更安全：就是把空格和其他标点符号全部清除，比如句号和逗号。要实现这个功能，只须在输入消息时，不输入任何空格和标点符号，当然要让和你交换消息的朋友事先了解这个规则。

让我们清除所有空格和标点符号吧!
!
,
h e l l o w o r l d

交换位置后再倒置

为了让别人更难破解你的机密消息，在使用 **swap_letters()** 函数加密后，还可以再把消息倒置。要实现这个功能，你需要创建两个函数，一个用于加密，另一个用于解密。

1 加密函数

用 **encrypt()** 函数交换字母，然后再倒置整个字符串。在 **swap_letters()** 函数的下面，输入这几行。

```
def encrypt(message):
    swapped_message = swap_letters(message)
    encrypted_message = ''.join(reversed(swapped_message))
    return encrypted_message
```

当字母已经成对交换以后，把整个字符串倒置

2 解密函数

在 **encrypt()** 函数之下，添加 **decrypt()** 函数。它首先倒置整个加密字符串，然后调用 **swap_letters()** 函数把字母换回原来的顺序。

通过再次执行倒置消息的操作，抵消掉加密时候的倒置

```
def decrypt(message):
    unreversed_message = ''.join(reversed(message))
    decrypted_message = swap_letters(unreversed_message)
    return decrypted_message
```

这一行把字母换回原来的正确顺序

3 使用新函数

现在，你需要更新主程序中的无限循环，不再使用 **swap_letters()** 函数，而是使用新定义的这两个函数。

别忘了保存你的工作成果！

```
while True:
    task = get_task()
    if task == 'encrypt':
        message = get_message()
        encrypted = encrypt(message)
        messagebox.showinfo('Ciphertext of the secret message is:', encrypted)
    elif task == 'decrypt':
        message = get_message()
        decrypted = decrypt(message)
    messagebox.showinfo('Plaintext of the secret message is:', decrypted)
    else:
      break
```

新的 **encrypt()** 函数替换掉了以前的 **swap_letters()** 函数

新的 **decrypt()** 函数替换掉了以前的 **swap_letters()** 函数

添加“假”字母

另一个加密方法是在消息的每一对字母之间插入随机字母。这样做之后,单词“secret”可能就变成了“stegciraelta”或“shevcarieste”。正如在“交换之后再倒置”的部分一样，我们也需要添加两个不同的函数，一个用于加密，另一个用于解密。

1 添加另一个模块

从随机模块中导入 choice() 函数。它能让你从一个字母列表中随机选择“假”字母。在程序文件靠近最上面的位置，在导入 Tkinter 函数的指令之下输入这一行。

```
from tkinter import messagebox, simpledialog, Tk
from random import choice
```

2 加密

为了加密消息，你需要建立一个假字母的列表，它们将会被插到真字母的中间。下面的代码会经过整个消息，把一个真字母和一个假字母交替着添加到 encrypted_list 中。

```
def encrypt(message):
    encrypted_list = []
    fake_letters = ['a', 'b', 'c', 'd', 'e', 'f', 'g', 'i', 'r', 's', 't', 'u', 'v']
    for counter in range(0, len(message)):
        encrypted_list.append(message[counter])
        encrypted_list.append(choice(fake_letters))
    new_message = ''.join(encrypted_list)
    return new_message
```

将假字母添加到真字母之间

从消息中添加一个字母到 encrypted_list

添加一个假字母到 encrypted_list

将 encrypted_list 中的字母合并成一个字符串

3 解密

解密一个消息是非常容易的。在已经加密的消息中，所有偶数位置上的字母都是原来消息中的字母。所以，你可以用 **get_even_letters()** 函数去提取这些字母。

解密很容易嘛！


```
def decrypt(message):
    even_letters = get_even_letters(message)
    new_message = ''.join(even_letters)
    return new_message
```

提取原始信息中的字母

把 **even_letters** 中的字母合并成一个字符串

4 使用新的函数

现在，用新的 **encrypt()** 函数和 **decrypt()** 函数来更新主程序中的无限循环，替换掉原来的 **swap_letters()** 函数。要完成这一步，请对程序做如下修改。

我必须要更新我的无限循环！


```
while True:
    task = get_task()
    if task == 'encrypt':
        message = get_message()
        encrypted = encrypt(message)
        messagebox.showinfo('Ciphertext of the secret message is:', encrypted)
    elif task == 'decrypt':
        message = get_message()
        decrypted = decrypt(message)
        messagebox.showinfo('Plaintext of the secret message is:', decrypted)
    else:
        break
root.mainloop()
```

新的 **encrypt()** 函数替换了原来的 **swap_letters()** 函数

新的 **decrypt()** 函数替换了原来的 **swap_letters()** 函数

▷多重加密

为了让密文更加复杂，你可以综合运用本节中介绍的各种方法。例如，先添加假字母，然后交换字母，再倒置整个消息。

我的密码更加安全了！

屏幕宠物

当你在电脑前做作业时，是否希望有一个可爱的宠物能伴你左右呢？在这个作品中，你将要创造一个宠物，它生活在屏幕的一个角落。它会让你很忙碌，只有精心照料它，它才会快乐！

△快乐的表情

当你用鼠标轻轻触摸它，它就会微笑并且脸红。

游戏是如何进行的？

当你启动程序后，一个屏幕宠物会蹲坐在那里，微笑着对你眨眼睛。这个可爱的、天蓝色的小伙伴会不断改变表情，无论快乐、淘气或者悲伤，都取决于你间隔多长时间和它在屏幕上互动。但是不用担心，它很友好，即使有些烦躁也不会咬你！

△淘气的表情

当你用鼠标双击它来给它挠痒痒，淘气的小宠物会伸出舌头。

△悲伤的表情

如果你不理它，屏幕宠物会变得很悲伤。轻轻地抚摸会让它重新变得开心。

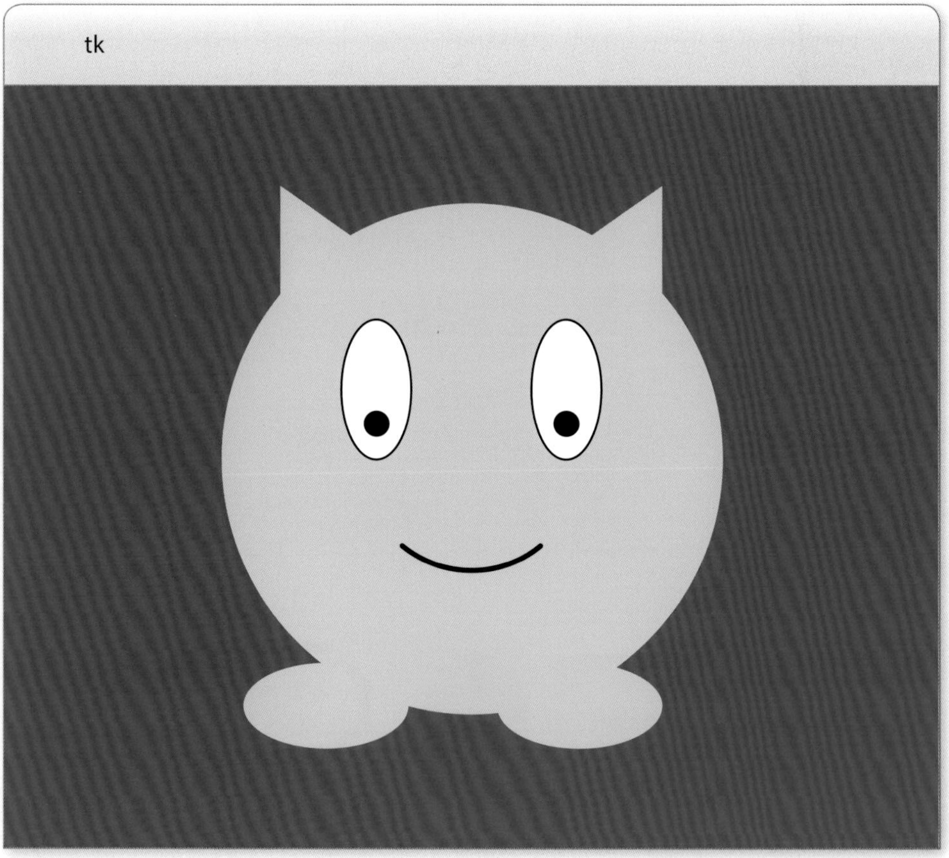

屏幕宠物出现在一个 Tkinter 窗口中

工作原理

运行 **Tkinter** 模块中的 **root.mainloop()** 函数，它会建立一个 **while** 循环，不间断地检查用户的输入。只有当你关闭 **Tkinter** 主窗口，这个循环才会停止。这个方法能让图形用户界面对用户点击按钮做出反应，还能像“请教专家”那个作品一样让用户输入文字。

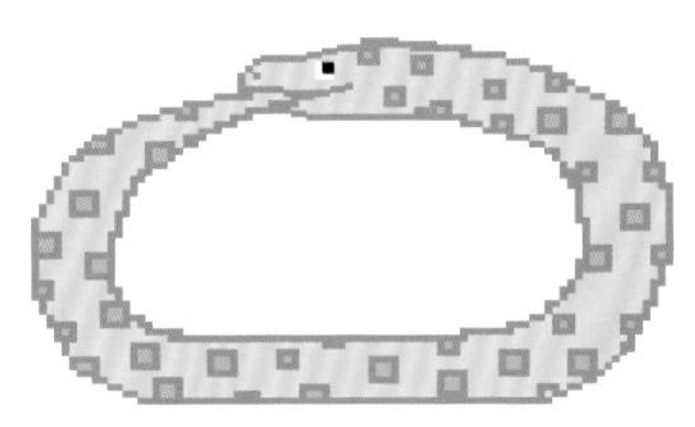

▷**主循环动画**

你可以利用 **root.mainloop()** 函数，让 **Tkinter** 窗口中的图像形成动画。只须通知它在规定的时间里执行改变图像的函数，就会形成屏幕宠物自己在动的效果。

术语

事件驱动的程序

屏幕宠物是一个事件驱动的程序，这是指程序做什么、按照什么顺序做是由用户的输入决定的。程序会检查各种输入，比如按下键盘、点击鼠标，然后它会执行不同的程序来处理这个事件。字处理程序、视频游戏、绘图软件都是事件驱动程序的典型实例。

▽“屏幕宠物”工作流程图

这个流程图显示了屏幕宠物会按什么顺序做哪些动作，以及用户的输入是如何影响它们的。程序运行了一个无限循环，用一个不断变化的幸福值来追踪记录宠物的心情。

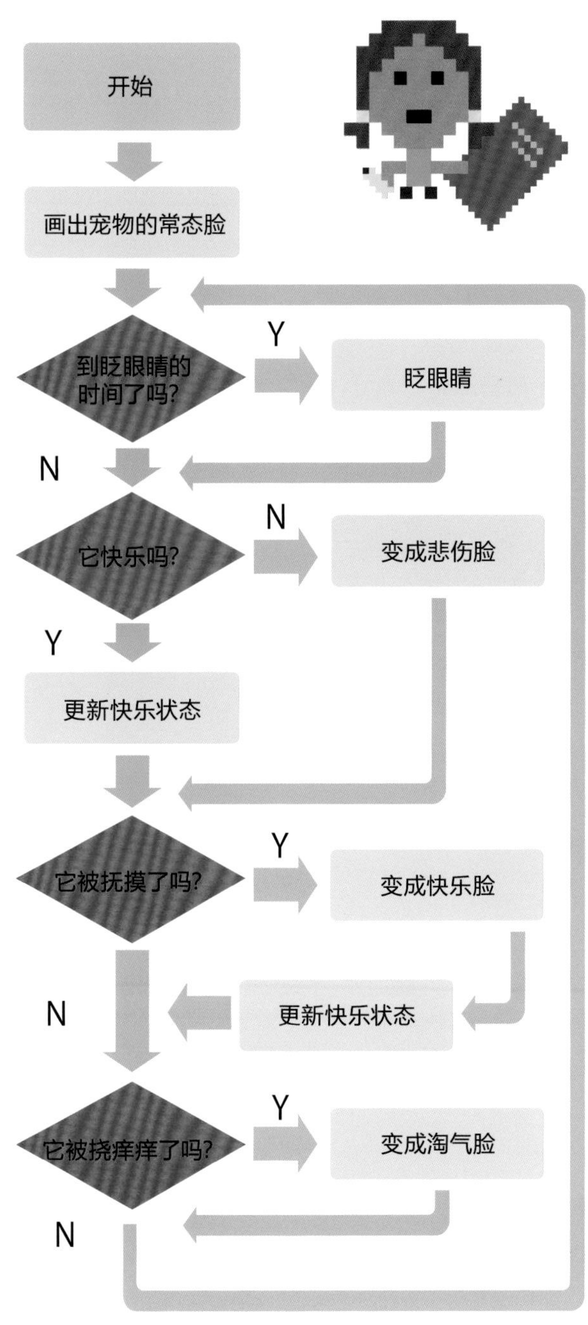

画一个自己的屏幕宠物

让我们开始吧！首先创建一个窗口，你的宠物会生活在里面。然后，写一些代码，它们负责把宠物画出来。

1 创建一个新文件

打开 IDLE。点击“File”菜单项，选择“New File”，然后把文件保存为“screen_pet.py”。

2 添加 Tkinter 模块

在程序的一开始导入 Tkinter 模块的部分内容。输入这部分代码以便导入 **Tkinter**，同时打开一个屏幕窗口让屏幕宠物可以住在里面。

这一行导入模块 **Tkinter** 中的部分内容，这些内容是本作品需要的

```
from tkinter import HIDDEN, NORMAL, Tk, Canvas
root = Tk()
```

这一行代码启动 **Tkinter**，同时打开一个窗口

3 建立一个新画布

在窗口里，创建一块深蓝色的画布，把它命名为“c”，接下来，你要在这块画布上画你的宠物。在打开 **Tkinter** 窗口的代码之下，添加这部分指令。这 4 行新代码是主程序的开始部分。

画布的宽度和高度均为 400 像素

背景被设定为深蓝色

```
from tkinter import HIDDEN, NORMAL, Tk, Canvas
root = Tk()
c = Canvas(root, width=400, height=400)
c.configure(bg='dark blue', highlightthickness=0)
c.pack()
root.mainloop()
```

这个命令把所有的东西放置在 **Tkinter** 窗口中

所有以 **c.** 开头的命令都和画布有关

这一行代码启动一个检测输入事件的函数，输入事件包括点击鼠标，等等

4 运行它

现在，试着运行一下程序。你看见了什吗？这段程序仅仅展示了一个普通的深蓝色窗口，它看起来有点呆板和空洞，我们需要一个宠物！

tk

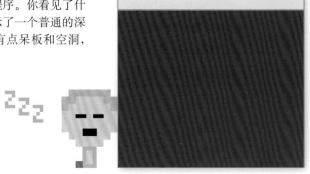

别忘了保存你的工作成果！

5 开始画吧

在第 4 步的最后两行代码之上添加下面这些指令，就能画出宠物了。身体的每个部分都需要一个单独的指令。那些数字就是“坐标”，它们告诉 Tkinter 要画什么、画在哪里。

把身体的颜色保存到变量 c.body_color 中，这样就不需要总是录入 "SkyBlue1" 了

```
c.configure(bg='dark blue', highlightthickness=0)
c.body_color = 'SkyBlue1'
body = c.create_oval(35, 20, 365, 350, outline=c.body_color, fill=c.body_color)
ear_left = c.create_polygon(75, 80, 75, 10, 165, 70, outline=c.body_color, fill=c.body_color)
ear_right = c.create_polygon(255, 45, 325, 10, 320, 70, outline=c.body_color, \
                             fill=c.body_color)
foot_left = c.create_oval(65, 320, 145, 360, outline=c.body_color, fill= c.body_color)
foot_right = c.create_oval(250, 320, 330, 360, outline=c.body_color, fill= c.body_color)

eye_left = c.create_oval(130, 110, 160, 170, outline='black', fill='white')
pupil_left = c.create_oval(140, 145, 150, 155, outline='black', fill='black')
eye_right = c.create_oval(230, 110, 260, 170, outline='black', fill='white')
pupil_right = c.create_oval(240, 145, 250, 155, outline='black', fill='black')

mouth_normal = c.create_line(170, 250, 200, 272, 230, 250, smooth=1, width=2, state=NORMAL)

c.pack()
```

在这部分代码中，"left"（左）和 "right"（右）表示你看着窗口时的左和右

这几对坐标定义了嘴巴的起始位置、中间位置和结束位置

嘴巴是一根光滑的线条，有两个像素那么粗

专家提示

Tkinter 坐标

绘图指令用到了 x 和 y 坐标。在 Tkinter 中，x 坐标从最左边的 0 开始，向右移动不断变大，到最右边的时候，x 坐标为 400。y 坐标在左上角也是 0，当向下移动的时候，y 坐标变大，到窗口的最下面，y 坐标为 400。

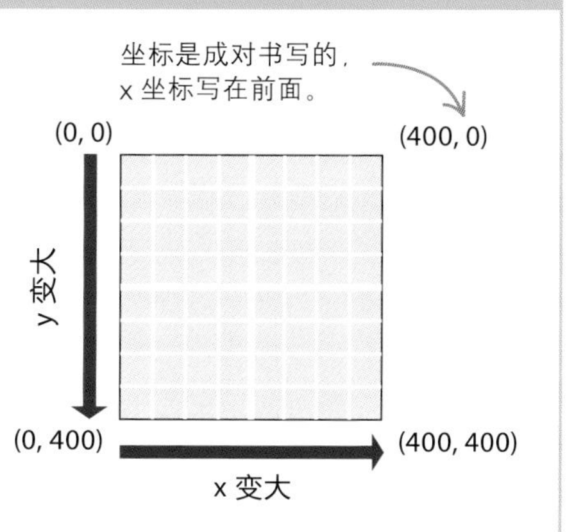

6 再次运行它

再次运行程序，你应该会看见屏幕宠物正坐在窗口中间呢！

会眨眼睛的宠物

你的宠物看起来非常可爱，但是它现在待在那儿什么也不会做。我们来写一些代码让它眨眼睛。你需要创建两个新的函数：一个让宠物睁开和闭上眼睛，另一个设置好睁开多长时间、闭上多长时间。

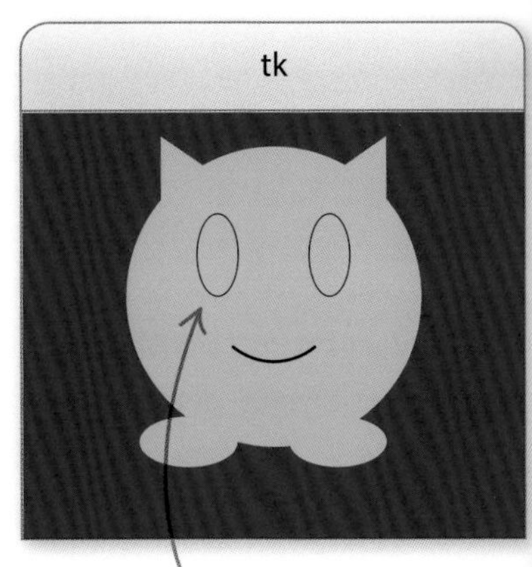

为了眨眼，我们把眼睛涂上了天蓝色，同时让眼珠消失不见

7 睁开、闭上眼睛

在文件最上方，第一行代码之下，创建一个新的函数：**toggle_eyes()**。它把眼珠隐藏起来，同时用身体的颜色填充眼睛，这样眼睛看起来就像闭上了一样。它也会在睁开和闭上的两种状态之间切换。

首先，程序先检查眼睛的颜色：白色表示睁眼状态，蓝色表示闭眼状态

这一行把眼睛的颜色 **new_color** 设置为与当前相反的颜色

```
from tkinter import HIDDEN, NORMAL, Tk, Canvas

def toggle_eyes():
    current_color = c.itemcget(eye_left, 'fill')
    new_color = c.body_color if current_color == 'white' else 'white'
    current_state = c.itemcget(pupil_left, 'state')
    new_state = NORMAL if current_state == HIDDEN else HIDDEN
    c.itemconfigure(pupil_left, state=new_state)
    c.itemconfigure(pupil_right, state=new_state)
    c.itemconfigure(eye_left, fill=new_color)
    c.itemconfigure(eye_right, fill=new_color)
```

现在程序会检查眼珠当前的状态：**NORMAL**（可见）还是 **HIDDEN**（不可见）

这一行把眼珠设定为和当前状态相反的状态

这两行改变眼珠的可见性

这两行改变眼睛的填充色

术语

切换

在两种状态之间转换叫作“切换”（toggling）。当你在家开灯关灯，就可以说电灯在打开和关上之间切换。控制眨眼的程序代码会切换眼睛的睁开、闭合状态。在执行代码时眼睛是闭上的，那么它就会切换成睁开。执行代码时眼睛是睁开的，那么它就会切换成闭上。

8 **栩栩如生地眨眼**

眼睛应该闭上一小会儿，睁开也要延续一小段时间。为了达到这个效果，我们在第 7 步完成的代码之下，添加这个函数：**blink()**。它每次眨眼持续 1/4 秒（250 毫秒），然后结束，最后一个命令告诉 **mainloop()** 函数 3 秒钟（3000 毫秒）之后再次调用它。

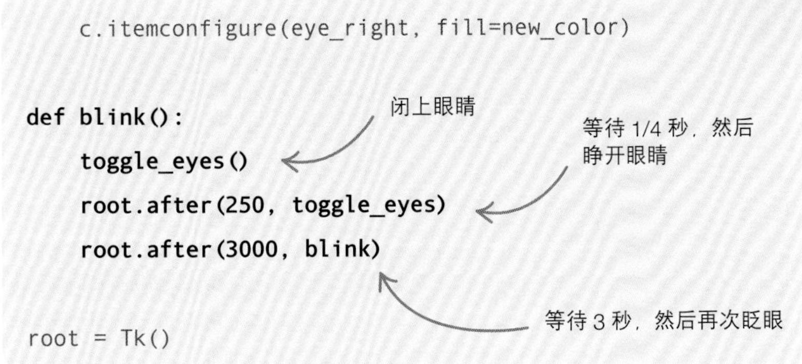

```
    c.itemconfigure(eye_right, fill=new_color)

def blink():
    toggle_eyes()
    root.after(250, toggle_eyes)
    root.after(3000, blink)

root = Tk()
```


9 **动起来！**

在主程序最后一行之前，添加这一行代码。现在运行这个程序。你的宠物会在 1 秒（1000 毫秒）之后变成活的，它会坐在那里眨眼睛，直到你关闭窗口。

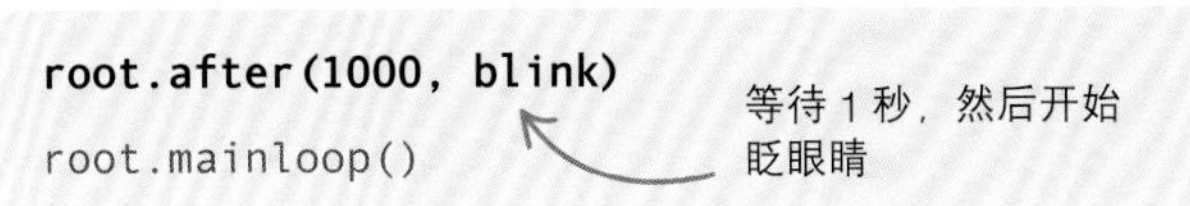

```
root.after(1000, blink)
root.mainloop()
```


改变心情

屏幕宠物现在脸上带着微笑，看起来挺开心。现在，我们让它开怀大笑起来，再露出粉嘟嘟的羞涩表情吧。

10 **创建一张快乐的脸**

在绘制屏幕宠物的那部分程序中，原来画出正常嘴巴的那一行代码后面，添加下面这些代码。除了快乐的嘴巴、粉嘟嘟的脸蛋，这些代码也会画出悲伤的表情。目前这些都是隐藏起来看不见的。

创建一个快乐的嘴巴

创建一个悲伤的嘴巴

```
mouth_normal = c.create_line(170, 250,200, 272, 230, 250, smooth=1, width=2, state=NORMAL)
mouth_happy = c.create_line(170, 250, 200, 282, 230, 250, smooth=1, width=2, state=HIDDEN)
mouth_sad = c.create_line(170, 250, 200, 232, 230, 250, smooth=1, width=2, state=HIDDEN)

cheek_left = c.create_oval(70, 180, 120, 230, outline='pink', fill='pink', state=HIDDEN)
cheek_right = c.create_oval(280, 180, 330, 230, outline='pink', fill='pink', state=HIDDEN)

c.pack()
```

这两行创建了粉嘟嘟的脸

11 显示快乐的脸

接下来，新建一个函数 **show_happy()**，功能是当你的鼠标滑过宠物，它就会露出快乐的表情，就像你在安抚它一样。在第 8 步完成的 **blink()** 函数之下，添加这部分代码。

术语

事件处理器

函数 **show_happy()** 是一个事件处理器。只有在某个特定事件发生时，事件处理器函数才会被调用，以便处理这个事件。在这个程序中，抚摸宠物时会调用 **show_happy()**。在现实生活中，你会调用“擦地板”函数来处理“水杯打翻”事件。

这个 **if** 语句会检查鼠标指针是否在宠物上面

```
root.after(3000, blink)

def show_happy(event):
    if (20 <= event.x <= 350) and (20 <= event.y <= 350):
        c.itemconfigure(cheek_left, state=NORMAL)
        c.itemconfigure(cheek_right, state=NORMAL)
        c.itemconfigure(mouth_happy, state=NORMAL)
        c.itemconfigure(mouth_normal, state=HIDDEN)
        c.itemconfigure(mouth_sad, state=HIDDEN)
    return
```

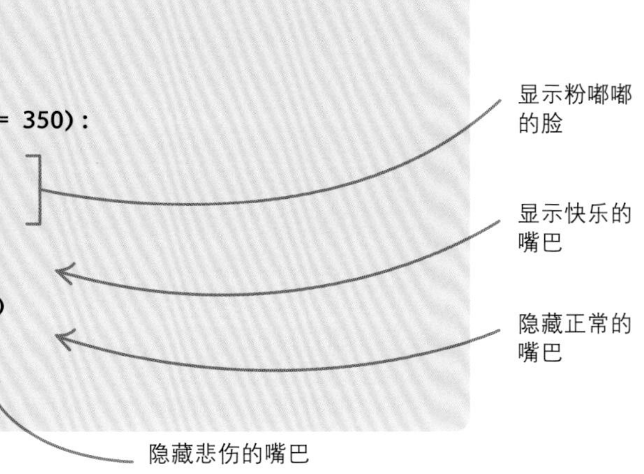

专家提示

焦点

Tkinter 看不到你在窗口中移动鼠标指针抚摸屏幕宠物，除非窗口处于“焦点”中。你可以点击窗口中的任意位置让它处于焦点中。

12 快乐的滑动

当程序启动后，你不需要做任何事，屏幕宝贝就会不停地眨眼睛。想让它被抚摸时变成开怀大笑的模样，你还需要告诉程序检测何种事件。**Tkinter** 把鼠标在其窗口中移动的行为叫作 **<Motion>** 事件。你需要用 **Tkinter's bind()** 命令把这个事件和事件处理器连接起来。把下面这一行代码添加到你的主程序中。然后运行程序，轻抚小宠物，看看它有何反应。

```
c.pack()

c.bind('<Motion>', show_happy)

root.after(1000, blink)
root.mainloop()
```

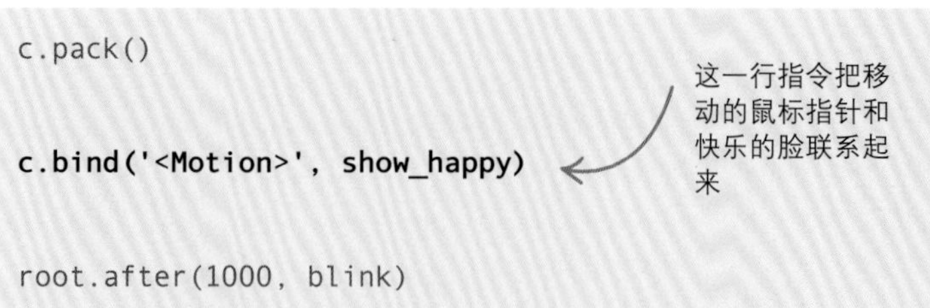

这一行指令把移动的鼠标指针和快乐的脸联系起来

13 隐藏快乐的脸

宠物只有在你抚摸它的时候才会变得真正快乐。现在添加一个新的函数：hide_happy()，把它放在 show_happy() 函数的下面。这段代码会把屏幕宠物的表情变回平常状态。

别忘了保存你的工作成果！

```
def hide_happy(event):
    c.itemconfigure(cheek_left, state=HIDDEN)
    c.itemconfigure(cheek_right, state=HIDDEN)
    c.itemconfigure(mouth_happy, state=HIDDEN)
    c.itemconfigure(mouth_normal, state=NORMAL)
    c.itemconfigure(mouth_sad, state=HIDDEN)
    return
```

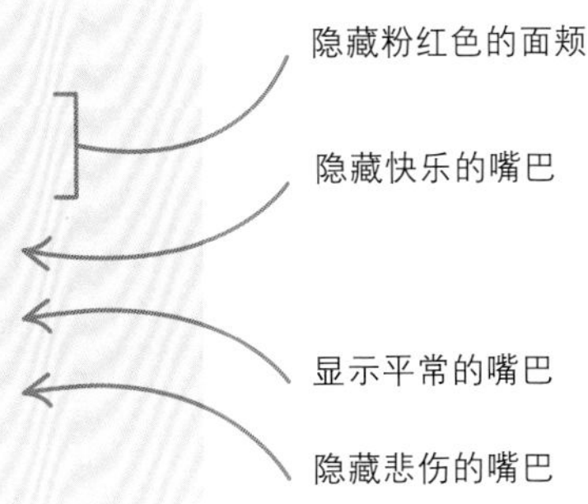
隐藏粉红色的面颊
隐藏快乐的嘴巴
显示平常的嘴巴
隐藏悲伤的嘴巴

14 调用函数

输入右侧这行代码，它会在鼠标离开窗口的时候调用 hide_happy()。它把 Tkinter 的 <Leave> 事件和 hide_happy() 连接起来了。现在测试一下程序吧。

```
c.bind('<Motion>', show_happy)
c.bind('<Leave>', hide_happy)

root.after(1000, blink)
```

真淘气！

到目前为止，屏幕宠物表现得都很乖巧。现在，我们给它加一些淘气的性格吧。添加一些代码，当你用鼠标双击去“胳肢”宠物时，它就会吐出舌头，并且把眼睛变成对眼。

tk

15 画一个舌头

在绘制悲伤嘴巴指令的下面，添加如下代码来画出宠物的舌头。程序会用两个部分来画舌头，一个长方形和一个椭圆形。

```
mouth_sad = c.create_line(170, 250, 200, 232, 230, 250, smooth=1, width=2, state=HIDDEN)
tongue_main = c.create_rectangle(170, 250, 230, 290, outline='red', fill='red', state=HIDDEN)
tongue_tip = c.create_oval(170, 285, 230, 300, outline='red', fill='red', state=HIDDEN)

cheek_left = c.create_oval(70, 180, 120, 230, outline='pink', fill='pink', state=HIDDEN)
```

16 设置标志

添加两个标志变量，用来跟踪记录屏幕宠物的舌头是否伸出、眼珠是否“对眼”。在第 9 步完成的程序，也就是通知宠物眨眼睛的程序上面，输入如下代码。

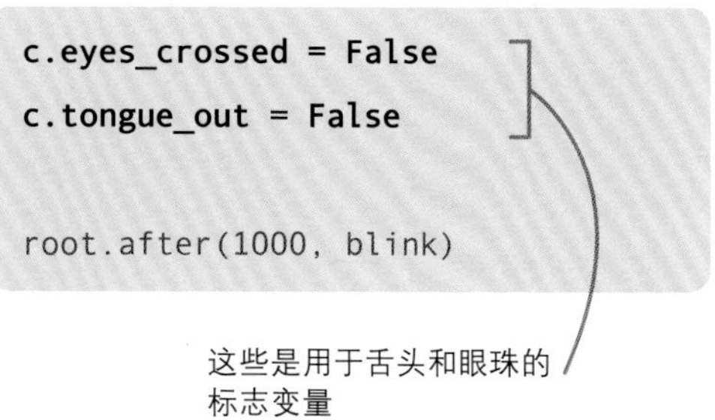

```
c.eyes_crossed = False
c.tongue_out = False

root.after(1000, blink)
```

这些是用于舌头和眼珠的标志变量

专家提示

使用标志变量

标志变量用于记录程序中某些事物的状态，它们处于两种可能状态中的一种。当你改变其状态的时候，标志就会更新。洗手间门上的“使用中 / 空闲中”指示牌就是一个标志。当你锁上门，它就变成了“使用中”；当你打开门，它就变回到“空闲中”。

17 切换舌头

这个函数会切换屏幕宠物的舌头状态，要么伸出来，要么缩回去。在第 11 步完成的代码，也就是 **show_happy()** 函数之上，添加如下代码。

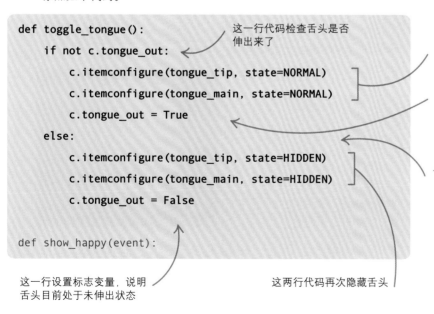

```
def toggle_tongue():
    if not c.tongue_out:
        c.itemconfigure(tongue_tip, state=NORMAL)
        c.itemconfigure(tongue_main, state=NORMAL)
        c.tongue_out = True
    else:
        c.itemconfigure(tongue_tip, state=HIDDEN)
        c.itemconfigure(tongue_main, state=HIDDEN)
        c.tongue_out = False

def show_happy(event):
```

这一行代码检查舌头是否伸出来了

如果舌头没有伸出来，这两行代码会让它露出来

这一行设置标志变量，说明舌头目前处于伸出状态

舌头已经伸出（否则）

这一行设置标志变量，说明舌头目前处于未伸出状态

这两行代码再次隐藏舌头

我在吐舌头！

你在干吗?

```
    root.after(3000, blink)

def toggle_pupils():
    if not c.eyes_crossed:
        c.move(pupil_left, 10, -5)
        c.move(pupil_right, -10, -5)
        c.eyes_crossed = True
    else:
        c.move(pupil_left, -10, 5)
        c.move(pupil_right, 10, 5)
        c.eyes_crossed = False
```

这个代码检查目前是否处于对眼状态

如果不是对眼，那么这行代码让眼珠向内靠拢

这一行设置标志变量，说明眼珠处于对眼状态

眼珠已经是对眼（否则）

这两行代码把对眼变回正常状态

这一行设置标志变量，说明眼珠未处于对眼状态

18 切换眼珠

想变成对眼的模样，要让两颗眼珠向内靠拢。这个 **toggle_pupil()** 函数会让眼珠在对眼和正常状态之间切换。在第 8 步完成的 **blink()** 函数之下，输入这部分代码。

19 协调淘气的表情

现在创建一个 **cheeky()** 函数，它会让屏幕宠物吐出舌头，同时让眼睛变成对眼状态。在第 17 步完成的 **toggle_tongue()** 函数之下，输入这部分新代码。用 **root.after()** 函数来控制屏幕宠物，让它在 1 秒钟（1000 毫秒）之后变回正常状态，这个方法我们在 **blink()** 函数中已经用过了。

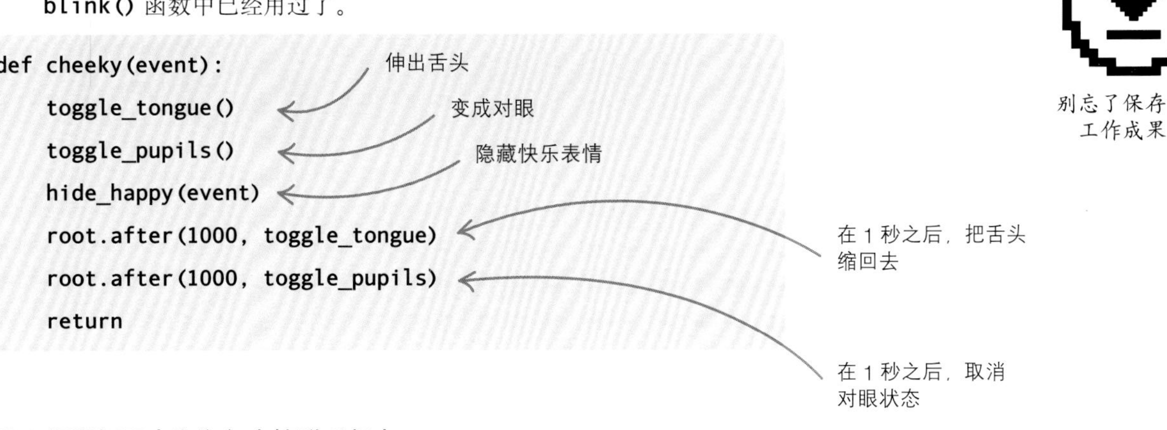

```
def cheeky(event):
    toggle_tongue()
    toggle_pupils()
    hide_happy(event)
    root.after(1000, toggle_tongue)
    root.after(1000, toggle_pupils)
    return
```

伸出舌头

变成对眼

隐藏快乐表情

在 1 秒之后，把舌头缩回去

在 1 秒之后，取消对眼状态

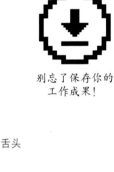

别忘了保存你的工作成果！

20 把鼠标双击和淘气表情联系起来

想要触发屏幕宠物的淘气表情，我们需要把鼠标双击事件和 **cheeky()** 函数连接起来。在第 14 步完成的隐藏快乐表情的程序代码之下，输入这一行新代码。运行程序，双击鼠标，看看宠物的淘气表情吧。

```
c.bind('<Motion>', show_happy)
c.bind('<Leave>', hide_happy)
c.bind('<Double-1>', cheeky)
```

<Double-1> 是 **Tkinter** 的事件名称，表示在窗口中双击了鼠标

悲伤的宠物

tk

最后，让屏幕宠物注意到你已经很久没有关注它了。如果宠物一分钟之内都没有被抚摸，这个可怜的、被忽视的小家伙就会露出悲伤的模样。

21 设置幸福值

在第 16 步完成的主程序中，你添加了一个标志变量。现在，把下面这行新代码添加到这个标志变量之上。它为屏幕宠物创建了一个幸福值，并且在程序启动后开始画宠物的时候，把幸福值设定为 10。

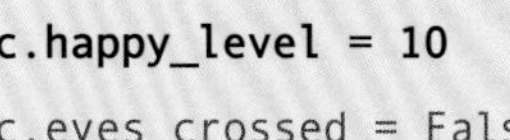

```
c.happy_level = 10
c.eyes_crossed = False
```

屏幕宠物在开始的时候幸福值为 10

22 创建一个新的命令

在第 9 步完成的让宠物眨眼的代码之下，输入下面这行。它会告诉 **mainloop()** 在 5 秒（5000 毫秒）之后调用函数 **sad()**。下一步我们就会创建这个 **sad()** 函数。

```
root.after(1000, blink)
root.after(5000, sad)
root.mainloop()
```

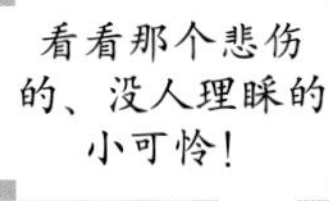
看看那个悲伤的、没人理睬的小可怜！

23 写一个悲伤的函数

在 **hide_happy()** 函数之下，添加这个函数 **sad()**。它会检查 **c.happy_level** 是否等于 0。如果的确如此，它就会把宠物变成悲伤的表情。否则，它就会把 **c.happy_level** 的值减去 1。就像 **blink()** 函数，它会提醒 **mainloop()** 在 5 秒钟之后再次调用它。

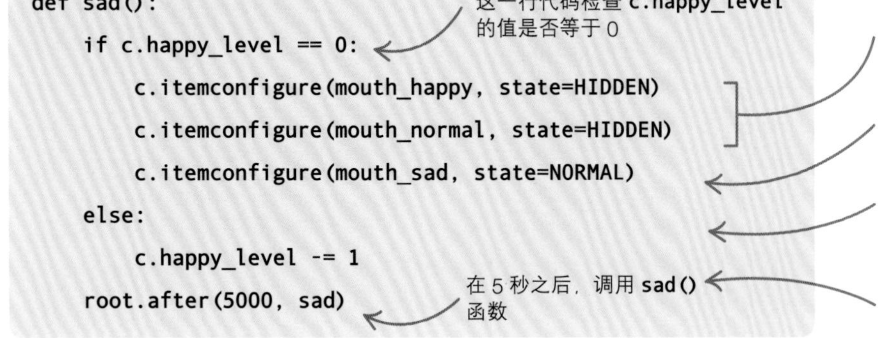

```
def sad():
    if c.happy_level == 0:
        c.itemconfigure(mouth_happy, state=HIDDEN)
        c.itemconfigure(mouth_normal, state=HIDDEN)
        c.itemconfigure(mouth_sad, state=NORMAL)
    else:
        c.happy_level -= 1
    root.after(5000, sad)
```

这一行代码检查 c.happy_level 的值是否等于 0
在 5 秒之后，调用 sad() 函数

如果 c.happy_level 的值等于 0，那么这个代码会隐藏快乐和正常的表情

这一行将屏幕宠物设置为悲伤的表情

c.happy_level 的值大于 0（否则）

把 c.happy_level 的值减去 1

24 开心点，屏幕宠物!

有没有什么方法能让小宠物不再悲伤呢？怎样让它重新快乐起来呢？很幸运，你只须在窗口中点击鼠标，轻抚它就可以了。在第 11 步完成的 **show_happy()** 函数中添加这一行代码。现在，这个函数会把 **c.happy_level** 的值重置为 10，并且把宠物变成快乐的表情。运行程序，当宠物变得悲伤时，轻抚它，让它再次开心起来吧。

别忘了保存你的工作成果!

```
        c.itemconfigure(mouth_normal, state = HIDDEN)
        c.itemconfigure(mouth_sad, state = HIDDEN)
        c.happy_level = 10
    return
```

这一行把 **c.happy_level** 的值重置为 10

修正与微调

这个屏幕宠物是你理想中的样子吗？如果还不是，你可以修改它的表情动作，或者添加一些其他特点。下面有一些好主意，能帮助你创建独具个性的宠物。

友善，而不是淘气

也许你不喜欢淘气的宠物？当用鼠标双击宠物时，我们可以不让它做鬼脸，而是友好地挤眼睛。

专家提示

额外的幸福

当你做作业时，不时地去抚摸和胳肢宠物会分散你的注意力。我们可以在开始的时候把 **c.happy_level** 的值设置为一个更大的数，以降低它悲伤的频率。

增大这个数值

```
c.happy_level = 10
c.eyes_crossed = False
```

1 在 **blink()** 函数之下添加这个函数，它和 **blink()** 的功能很像，但是只会切换一只眼睛的状态。

```
def toggle_left_eye():
    current_color = c.itemcget(eye_left, 'fill')
    new_color = c.body_color if current_color == 'white' else 'white'
    current_state = c.itemcget(pupil_left, 'state')
    new_state = NORMAL if current_state == HIDDEN else HIDDEN
    c.itemconfigure(pupil_left, state=new_state)
    c.itemconfigure(eye_left, fill=new_color)
```

2 下面这个函数能让宠物闭上和睁开左眼，就像在挤眼睛一样。把这部分代码放在 **toggle_left_eye()** 函数之下。

```
def wink(event):
    toggle_left_eye()
    root.after(250, toggle_left_eye)
```

3 记住，要修改一下主程序，把鼠标双击事件（**<Double-1>**）和 **wink()** 关联，而不再是原来的 **cheeky()**。

```
c.bind('<Double-1>', wink)
```

在这里，把 **cheeky()** 改成 **wink()**

彩虹色的宠物

通过修改 **c.body_color** 的值，我们可以轻松改变宠物的颜色。如果拿不定主意，你还可以添加一个函数，它能让宠物的颜色不断地变化。

1 首先添加一行代码，用于导入 Python 的 **random** 模块。把它放在导入 **Tkinter** 的代码之下。

```
from tkinter import HIDDEN, NORMAL, Tk, Canvas
import random
```

2 接下来，在主程序的上面添加一个新的函数：**change_color()**。它会从列表 **pet_colors** 中随机选择一个新的颜色，并赋值给 **c.body_color**，然后再用新的颜色重新画出屏幕宠物的身体。因为它使用了 **random.choice**，所以你无法预测宠物下次会变成什么颜色。

```
def change_color():
    pet_colors = ['SkyBlue1', 'tomato', 'yellow', 'purple', 'green', 'orange']
    c.body_color = random.choice(pet_colors)
    c.itemconfigure(body, outline=c.body_color, fill=c.body_color)
    c.itemconfigure(ear_left, outline=c.body_color, fill=c.body_color)
    c.itemconfigure(ear_right, outline=c.body_color, fill=c.body_color)
    c.itemconfigure(foot_left, outline=c.body_color, fill=c.body_color)
    c.itemconfigure(foot_right, outline=c.body_color, fill=c.body_color)
    root.after(5000, change_color)
```

这个列表存放着屏幕宠物所有可能的颜色

这一行代码从列表中随机选择另一个颜色

这几行代码把屏幕宠物的身体、耳朵和脚设置为新的颜色

程序会在 5 秒 (5000 毫秒) 后再次调用 **change_color()**

3 最后一步，在主程序最后一行之前添加这个代码，它会让 **mainloop()** 在程序启动 5 秒后调用 **change_color()**。

```
root.after(5000, change_color)
```

你的宠物会在程序启动 5 秒后改变颜色

4 改变代码中的值，可以让宠物的颜色变化得慢一点。你还可以修改列表中的颜色，换成你喜欢的那些，或者添加更多的颜色进去。

喂喂我

宠物不仅需要抚摸和挠痒痒，还需要食物。你能想到用什么方法来喂养你的宠物，让它保持健康吗？

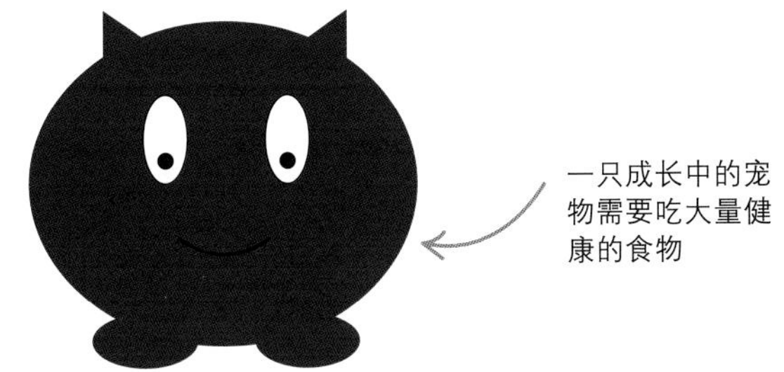

一只成长中的宠物需要吃大量健康的食物

1 试试在窗口中新建一个“喂我！”的按钮，同时再新建一个 **feed()** 函数。当你点击按钮的时候，这个程序被调用。

2 你还可以让宠物长大呢！只要多次点击“喂我！”按钮，它的个头儿就会变大。这一行代码会让它的身体变得比原来更大一些。

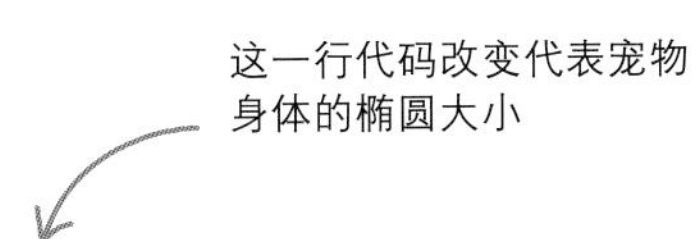

这一行代码改变代表宠物身体的椭圆大小


```
body = c.create_oval(15, 20, 395, 350, outline=c.body_color, fill=c.body_color)
```

3 接下来，你还要写一些代码，当宠物没有得到足够的食物，让它“瘦”到原始大小。

▷清理便便

给宠物喂食会带来一个新的问题，它需要便便！写一些代码，让它在进食后就便便一阵儿。然后，新建一个“清理便便”的按钮。点击按钮会调用一个事件处理器函数，把便便打扫干净。

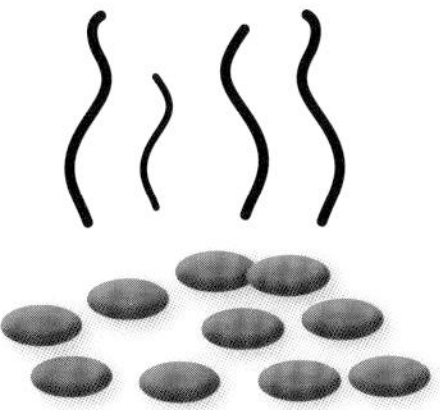

专家提示

一个更大的窗口

如果在宠物的窗口中添加了更多的按钮或者其他元素，窗口就会变得有些拥挤，这会让宠物觉得不舒服。这时，你可以扩大一点 **Tkinter** 窗口，这只须修改一下主程序中新建画布时的宽度和高度数值。

用Python 编写游戏

饥饿的毛毛虫

前面的那些编程项目有没有让你“胃口大开”，感觉没有玩够？本节的明星——饥饿的毛毛虫也深有同感！通过使用乌龟模块，你会学习如何让游戏中的角色动起来，以及如何用键盘控制它们。

也许你该去找另一片树叶了！

游戏是如何进行的？

你将使用 4 个方向键来控制一条毛毛虫在屏幕上游走，让它去“吃”树叶。每吃一片叶子你就会得一分，但同时毛毛虫会变大，移动速度变快，游戏变得更难了。一定要让毛毛虫在游戏窗口中运动，否则游戏就结束了。

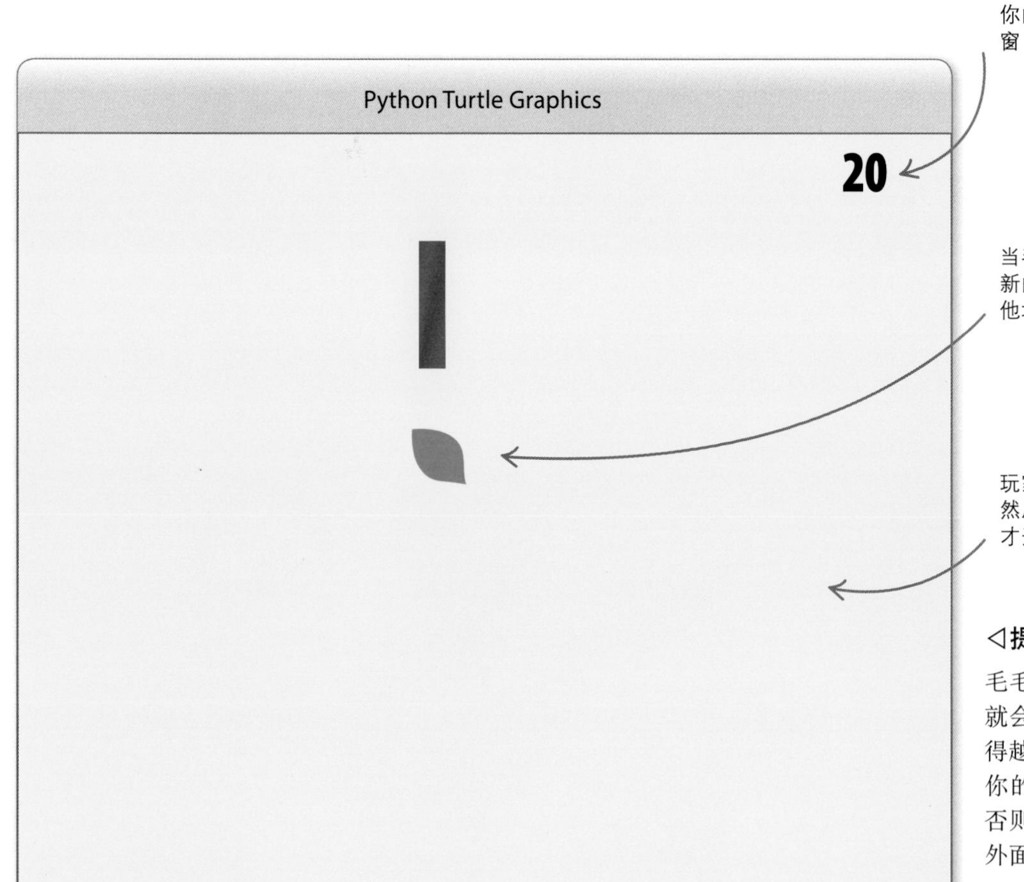

你的分数会显示在游戏窗口的上方

当毛毛虫吃掉一片树叶，新的树叶就会出现在其他地方

玩家先点击一下屏幕，然后按下空格键，游戏才开始

◁提升游戏难度

毛毛虫吃的树叶越多，游戏就会变得越难。当毛毛虫变得越来越长、速度越来越快，你的反应速度也必须加快。否则，毛毛虫就会跑到屏幕外面去啦。

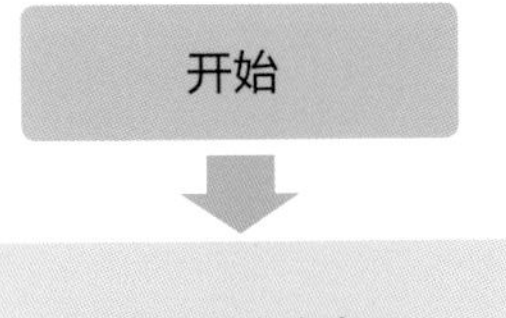
开始

创建毛毛虫乌龟和树叶乌龟，并设置它们的属性

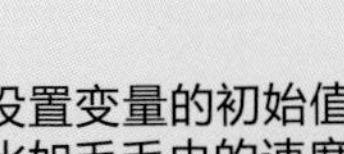

设置变量的初始值，比如毛毛虫的速度和大小，还有分数

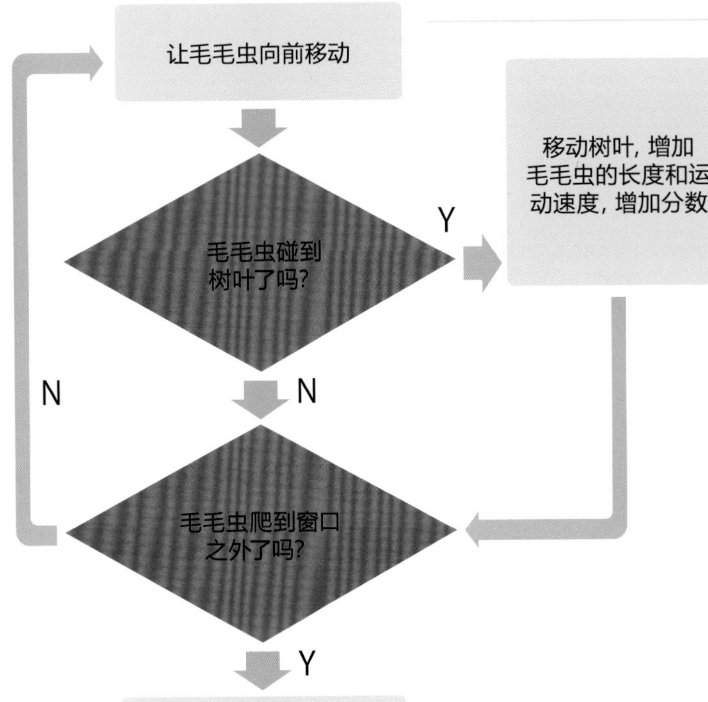
让毛毛虫向前移动
毛毛虫碰到树叶了吗？
Y
移动树叶，增加毛毛虫的长度和运动速度，增加分数
N
N
毛毛虫爬到窗口之外了吗？
Y

显示："游戏结束！"

结束游戏

工作原理

本作品中使用了两个乌龟模块：一个负责画毛毛虫，另一个负责画树叶。程序会把每片新树叶放置在一个随机的位置上。当程序发现一片树叶被吃掉，就会把分数记录到一个变量中，毛毛虫的长度会增加，速度会加快。当一个函数通过计算，发现毛毛虫跑到了窗口之外，游戏就会结束。

◁“饥饿的毛毛虫”工作流程图

程序使用一个无限循环让毛毛虫在屏幕上移动，每循环一次，毛毛虫向前移动一点。当循环快速重复，这些细微的运动就营造出了毛毛虫爬行的错觉。

最开始的步骤

如此有趣的游戏程序，代码却是简洁明了、直奔主题。首先，我们创建绘图的乌龟，然后开始设置游戏的主循环，最后实现键盘控制。

1 开始创作

打开 IDLE，创建一个新文件，把它保存为“caterpillar.py”。

2 导入模块

添加这两个 `import` 语句，告诉 Python 你需要两个模块：`turtle` 和 `random`。第 3 行设置游戏窗口的背景色。

```
import random
import turtle as t

t.bgcolor('yellow')
```

这一行代码会添加一个黄色的背景

3 创建画毛毛虫的乌龟

接下来创建一个乌龟模块，它会变成游戏中的毛毛虫。添加右侧代码，它会生成乌龟，设置它的颜色、形状和移动速度。函数 **caterpillar.penup()** 让乌龟的画笔失效，这样当你在屏幕上移动乌龟时，它的身后就不会画出线条。

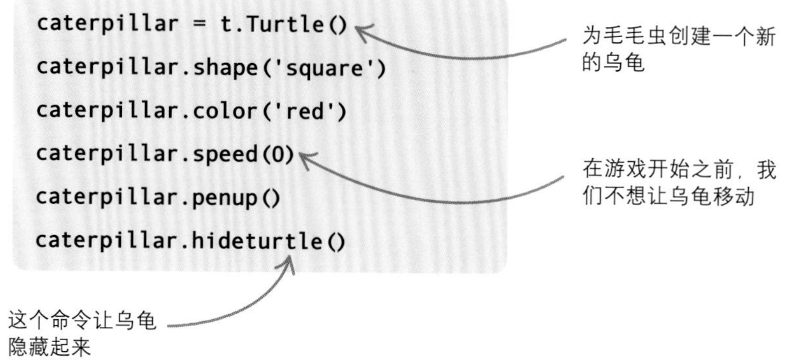

```
caterpillar = t.Turtle()
caterpillar.shape('square')
caterpillar.color('red')
caterpillar.speed(0)
caterpillar.penup()
caterpillar.hideturtle()
```

为毛毛虫创建一个新的乌龟
在游戏开始之前，我们不想让乌龟移动
这个命令让乌龟隐藏起来

4 创建画树叶的乌龟

在第 3 步完成的代码之下，输入右侧代码创建第二个乌龟模块，它会画出树叶。这部分代码用一个保存了 6 对坐标的列表来画出树叶的形状。当你告诉乌龟关于形状的信息，它会重复使用这些数据画出很多树叶。调用函数 **hideturtle()** 会让这只乌龟从屏幕上隐身。

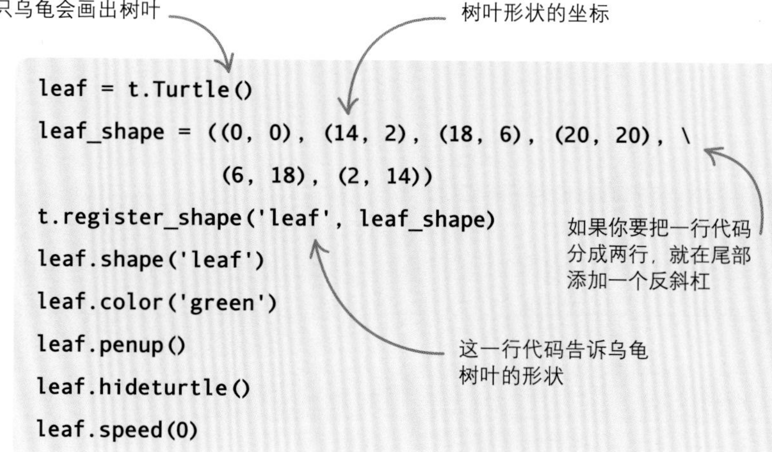

```
leaf = t.Turtle()
leaf_shape = ((0, 0), (14, 2), (18, 6), (20, 20), \
              (6, 18), (2, 14))
t.register_shape('leaf', leaf_shape)
leaf.shape('leaf')
leaf.color('green')
leaf.penup()
leaf.hideturtle()
leaf.speed(0)
```

这只乌龟会画出树叶
树叶形状的坐标
如果你要把一行代码分成两行，就在尾部添加一个反斜杠
这一行代码告诉乌龟树叶的形状

5 添加一些文字

现在，我们再创建两只新的乌龟，它们会为游戏添加一些文字。当游戏开始，一只乌龟负责显示提示信息，告知玩家按下空格键就能开始玩了。另一只乌龟则负责在窗口的角落显示分数。把右侧这几行代码添加到树叶乌龟的下面。

```
game_started = False
text_turtle = t.Turtle()
text_turtle.write('Press SPACE to start', align='center',\
                  font=('Arial', 16, 'bold'))
text_turtle.hideturtle()

score_turtle = t.Turtle()
score_turtle.hideturtle()
score_turtle.speed(0)
```

你需要知道游戏是否已经开始了

这一行会在屏幕上书写文字

这一行会让乌龟隐藏起来，但是文字不会隐藏

添加一只乌龟，用它来写分数

这只乌龟需要待在固定的位置，以便将来在这里更新分数

主循环

现在乌龟都已经创建好了，准备开始行动吧。接下来，我们就要写一些代码，赋予游戏生命。

6 占位的函数

你可以使用 pass 关键词以推迟函数的实现。在创建乌龟的代码之下，输入下面几行函数的占位符。你会在后面的步骤补全这些代码。

```
def outside_window():
    pass

def game_over():
    pass

def display_score(current_score):
    pass

def place_leaf():
    pass
```

为了尽快得到一个可以运行的基础版程序，我们可以在函数中使用占位符，以后再把代码补全

专家提示

Pass

在 Python 语言中，如果你暂时无法确定函数中应该放一些什么样的代码，可以先只输入一个关键词：**pass**，将来再补全代码。Pass 关键词的作用就像在考试的时候先跳过一个问题。

7 游戏启动者

在 4 个占位函数之后，我们添加一个 start_game() 函数，它的任务是在主循环启动之前，创建几个变量，准备好屏幕。你会在下一步添加主循环的代码。

```
def start_game():
    global game_started
    if game_started:
        return
    game_started = True

    score = 0
    text_turtle.clear()

    caterpillar_speed = 2
    caterpillar_length = 3
    caterpillar.shapesize(1, caterpillar_length, 1)
    caterpillar.showturtle()
    display_score(score)
    place_leaf()
```

如果游戏已经启动，那么返回指令会让函数立刻退出，这样就避免了第二次运行游戏

擦除屏幕上的文字

乌龟伸长身体变成了毛毛虫的样子

这一行代码在屏幕上放置第一片树叶

8 开始运动

主循环让毛毛虫缓慢地向前移动，然后会做两项检查。首先检查毛毛虫是否碰到了树叶。如果树叶被吃了，那么分数就增加，一片新的树叶会被画出来，同时毛毛虫还会变长，运动速度变快。接下来，主循环检查毛毛虫是否爬出了窗口，如果是这样，游戏就结束了。把主循环的代码添加到第 7 步完成的代码之下。

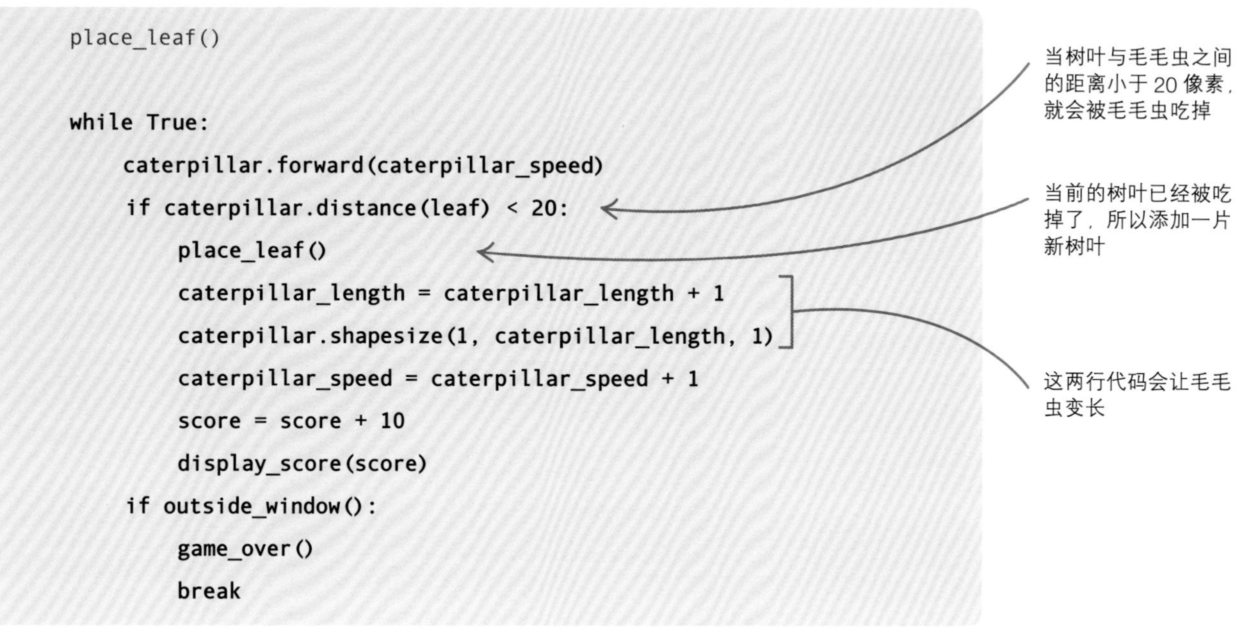

饥饿的谁来着？
不，我从来没听

当树叶与毛毛虫之间的距离小于 20 像素，就会被毛毛虫吃掉
当前的树叶已经被吃掉了，所以添加一片新树叶
这两行代码会让毛毛虫变长


```
place_leaf()


while True:
    caterpillar.forward(caterpillar_speed)
    if caterpillar.distance(leaf) < 20:
        place_leaf()
        caterpillar_length = caterpillar_length + 1
        caterpillar.shapesize(1, caterpillar_length, 1)
        caterpillar_speed = caterpillar_speed + 1
        score = score + 10
        display_score(score)
    if outside_window():
        game_over()
        break
```

9 连接和检测

现在，在刚建立的函数下面输入右侧代码。**onkey()** 函数把空格键和 **start_game()** 函数连接起来，这就把游戏开始的时间推迟到玩家按下空格键的时候。**listen()** 函数允许程序接收来自键盘的信号。

```
t.onkey(start_game, 'space')
t.listen()
t.mainloop()
```

当玩家按下空格键，游戏就启动了

10 测试代码

运行程序。如果你的程序是正确的，按下空格键后，应该能看到毛毛虫在移动。它会爬到屏幕外面。如果程序没有正常工作，请仔细检查代码，找出其中隐藏的错误。

我的毛毛虫爬出屏幕，爬到花园里去了！

填补空白

现在，我们要把那些占位函数中的 **pass** 替换成真正的代码。为每一个函数都添加好代码后，运行程序看看有什么变化。

11 待在范围之内

用右侧这部分代码填充 **outside_window()** 函数。首先函数会计算每一堵墙的位置，然后询问毛毛虫现在的位置。通过比较毛毛虫的坐标和每一堵墙的坐标，函数能判断出它是否爬出了窗口。运行一下程序，看看函数能否工作——当毛毛虫触及边界，它就会停止。

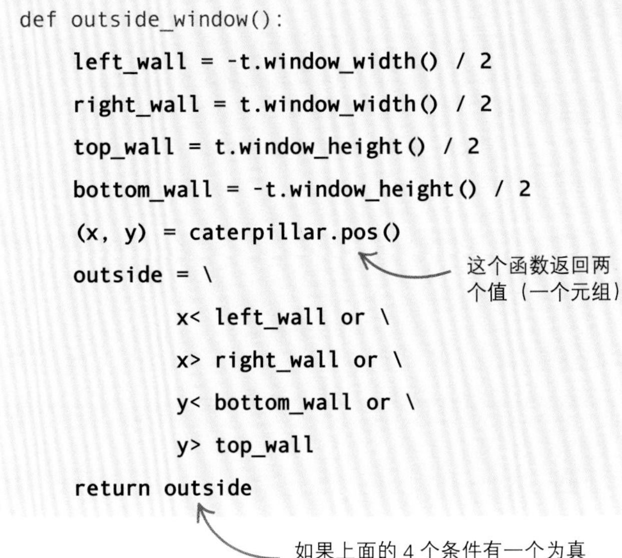

```
def outside_window():
    left_wall = -t.window_width() / 2
    right_wall = t.window_width() / 2
    top_wall = t.window_height() / 2
    bottom_wall = -t.window_height() / 2
    (x, y) = caterpillar.pos()
    outside = \
            x< left_wall or \
            x> right_wall or \
            y< bottom_wall or \
            y> top_wall
    return outside
```

这个函数返回两个值（一个元组）

如果上面的 4 个条件有一个为真（True），那么 outside = True

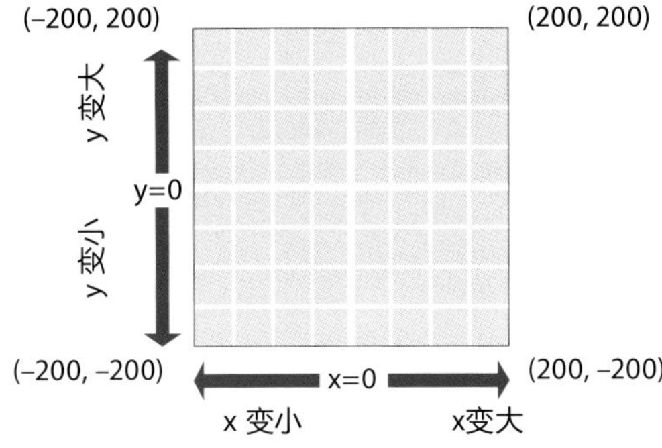

◁工作原理

窗口中心的坐标为（0，0）。窗口的宽度为 400，所以右边的墙距离中心为宽度的一半，也就是 200。程序通过把中心点的坐标减去 200，就可以获得左边墙的坐标，也就是 0-200=-200。用类似的方法，程序也可以获得上下边界的坐标。

12 游戏结束

当毛毛虫爬出了窗口，程序会显示一个消息，提示玩家：游戏结束了！将下面的代码填充到函数 **game_over()** 中。当这个函数被调用时，它会隐藏毛毛虫和树叶，并在屏幕上显示："GAME OVER！"（游戏结束）

```
def game_over():
    caterpillar.color('yellow')
    leaf.color('yellow')
    t.penup()
    t.hideturtle()
    t.write('GAME OVER!', align='center', font=('Arial', 30, 'normal'))
```

文字会显示在屏幕的中央

13 显示分数

函数 **display_score()** 命令写分数的乌龟去更新分数，把最新的分数显示在屏幕上。每次毛毛虫碰到一片树叶，这个函数就会被调用。

```
def display_score(current_score):
    score_turtle.clear()
    score_turtle.penup()
    x = (t.window_width() / 2) - 50
    y = (t.window_height() / 2) - 50
    score_turtle.setpos(x, y)
    score_turtle.write(str(current_score), align='right', \
                       font=('Arial', 40, 'bold'))
```

距离右边界50个像素

距离上边界50个像素

14 一片新树叶

当一片树叶被吃掉，函数 **place_leaf()** 就会被调用，在随机的位置上放置一片树叶。它会在 -200 到 200 之间随机选择两个数，作为新树叶的 x 坐标和 y 坐标。

ht 是 hideturtle 的缩写

```
def place_leaf():
    leaf.ht()
    leaf.setx(random.randint(-200, 200))
    leaf.sety(random.randint(-200, 200))
    leaf.st()
```

把树叶移动到随机选择的坐标位置

st 是 showturtle 的缩写

15 让毛毛虫转向

接下来，让我们把键盘和毛毛虫联系起来，在 **start_game()** 函数后面添加4个方向函数。为了让游戏更有意思，毛毛虫每次都只能按90度直角转弯。所以，在改变移动方向之前，每个函数都要先检查毛毛虫现在的方向。如果毛毛虫的前进方向不对，那么就调用 **setheading()** 让它朝向正确的方向。

```
            game_over()
            break

def move_up():
    if caterpillar.heading() == 0 or caterpillar.heading() == 180:
        caterpillar.setheading(90)

def move_down():
    if caterpillar.heading() == 0 or caterpillar.heading() == 180:
        caterpillar.setheading(270)

def move_left():
    if caterpillar.heading() == 90 or caterpillar.heading() == 270:
        caterpillar.setheading(180)

def move_right():
    if caterpillar.heading() == 90 or caterpillar.heading() == 270:
        caterpillar.setheading(0)
```

检查毛毛虫的前进方向是朝左还是朝右

270度的前进方向表示朝向屏幕下方

16 监听键盘按下的事件

最后一步，我们用 onkey() 把方向函数和键盘连接起来。在第 9 步编写的 onkey() 函数调用之后，再添加这几行。当写完这些控制方向的代码后，游戏就大功告成了！开心地玩起来吧，争取获得最好的成绩！

```
t.onkey(start_game, 'space')
t.onkey(move_up, 'Up')
t.onkey(move_right, 'Right')
t.onkey(move_down, 'Down')
t.onkey(move_left, 'Left')
t.listen()
```

当上移键被按下时，程序会调用 move_up 函数

修正与微调

现在，“饥饿的毛毛虫”游戏可以玩啦。想要改进它也很容易，你甚至可以添加一个毛毛虫助手或者毛毛虫对手。

我要用超大乌龟
创造出一个巨型
毛毛虫！

设计一个双人游戏

如果能用另外的键盘按键来控制另一条毛毛虫，你就可以和朋友一起玩了，两条毛毛虫能吃掉更多的树叶！

1 创建一条新的毛毛虫

首先你要创建一条新毛毛虫。在程序的开始，创建第一条毛毛虫的代码之下，输入右侧代码。

```
caterpillar2 = t.Turtle()
caterpillar2.color('blue')
caterpillar2.shape('square')
caterpillar2.penup()
caterpillar2.speed(0)
caterpillar2.hideturtle()
```

2 添加一个新的参数

为了重复利用 outside_window() 函数来检查两条毛毛虫，要给这个函数添加一个参数。之后，你就可以通知它检查哪一条毛毛虫了。

```
def outside_window(caterpillar):
```

3 隐藏第二条毛毛虫

当 game_over() 函数被调用时，只会隐藏第一条毛毛虫，现在给它增加一行代码，把第二条毛毛虫也隐藏起来。

```
def game_over():
    caterpillar.color('yellow')
    caterpillar2.color('yellow')
    leaf.color('yellow')
```

4 修改主程序

现在，我们在主程序中为第二条毛毛虫添加代码。首先，设置它开始时的形状，前进方向和第一条正相反。然后，在 **while** 循环中添加代码，让它开始移动，接着检查它能否吃到树叶。当然，还要添加让它变长的代码。最后，调用函数 **outside_window()**，检查第二条毛毛虫有没有跑到窗口外面，如果是，就结束游戏。

你从哪儿冒出来的?
我从窗户外面爬进来的!


```
score = 0
text_turtle.clear()

caterpillar_speed = 2
caterpillar_length = 3
caterpillar.shapesize(1, caterpillar_length, 1)
caterpillar.showturtle()
caterpillar2.shapesize(1, caterpillar_length, 1)
caterpillar2.setheading(180)
caterpillar2.showturtle()
display_score(score)
place_leaf()

while True:
    caterpillar.forward(caterpillar_speed)
    caterpillar2.forward(caterpillar_speed)
    if caterpillar.distance(leaf) < 20 or leaf.distance(caterpillar2) < 20:
        place_leaf()
        caterpillar_length = caterpillar_length + 1
        caterpillar.shapesize(1, caterpillar_length, 1)
        caterpillar2.shapesize(1, caterpillar_length, 1)
        caterpillar_speed = caterpillar_speed + 1
        score = score + 10
        display_score(score)
    if outside_window(caterpillar) or outside_window(caterpillar2):
        game_over()
```

这行代码设定第二条毛毛虫（caterpillar2）的初始形状

第二条毛毛虫一开始朝向左侧前进

每次程序循环，第二条毛毛虫都会向前爬

这段代码检查第二条毛毛虫是否吃到树叶

这行代码让第二条毛毛虫变长

这段代码检查第二条毛毛虫有没有跑到窗口外面

5 额外的控制

现在，为另一个玩家设置键盘控制，来操控第二条毛毛虫。这部分代码用“w”键表示向上，“a”表示向左，“s”表示向下，“d”表示向右。当然，你也可以使用其他按键。你需要新建 4 个移动函数，之后还需要用 4 个 onkey 把移动函数和键盘事件关联起来。

```
def caterpillar2_move_up():
    if caterpillar2.heading() == 0 or caterpillar2.heading() == 180:
        caterpillar2.setheading(90)

def caterpillar2_move_down():
    if caterpillar2.heading() == 0 or caterpillar2.heading() == 180:
        caterpillar2.setheading(270)

def caterpillar2_move_left():
    if caterpillar2.heading() == 90 or caterpillar2.heading() == 270:
        caterpillar2.setheading(180)

def caterpillar2_move_right():
    if caterpillar2.heading() == 90 or caterpillar2.heading() == 270:
        caterpillar2.setheading(0)

t.onkey(caterpillar2_move_up, 'w')
t.onkey(caterpillar2_move_right, 'd')
t.onkey(caterpillar2_move_down, 's')
t.onkey(caterpillar2_move_left, 'a')
```

△让游戏更具竞争性

如何记录两个玩家各自的分数，然后在游戏结束的时候宣告胜利者？你能想出修改方法吗？稍稍提示下：你需要创建一个新的变量，用它来记录第二个玩家的分数。当一条毛毛虫吃到了一片树叶，只给这条毛毛虫加一分。最后，当游戏结束时，你就可以比较两者的分数，判断出谁是胜利者。

▽让游戏变得更难或者更容易

修改循环体中让毛毛虫变长、变快的数值，就可以控制游戏的难度。增大数值会让游戏变难，减小数值会让游戏容易一些。

快照抓拍

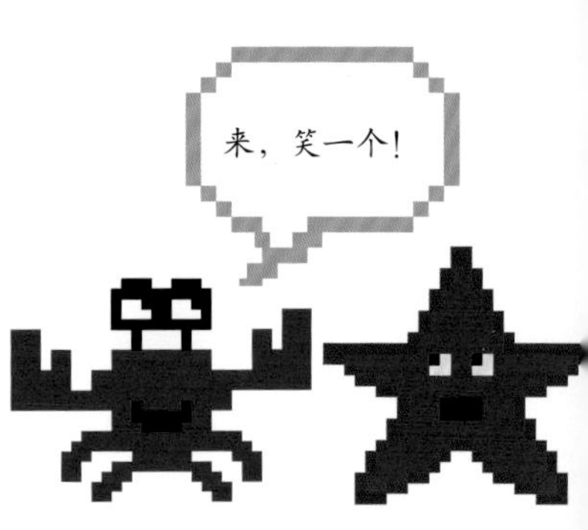

和朋友一起来挑战这个数字快照的游戏吧！这个快节奏的双人游戏需要你具备敏锐的观察力和闪电般的反应能力。它很像一个卡牌游戏，但屏幕上出现的是颜色，而不是卡牌上的内容。

游戏是如何进行的？

在这个游戏中，屏幕上会随机出现不同形状的图案，颜色是黑、红、绿、蓝 4 种颜色之一。当同一个颜色连续出现两次，玩家就要按下快照抓拍按键。玩家 1 按下“q”键抓拍，玩家 2 按下“p”键抓拍。每一次正确抓拍都会得一分。在错误时刻按下抓拍键就会减一分。最后，分数高的玩家获胜。

▽开始游戏

这个游戏运行在一个 **Tkinter** 窗口中。当游戏启动后，**Tkinter** 窗口很有可能会被 IDLE 窗口挡住。把它从后面挪出来，以便你能看见游戏画面。但是，动作一定要快：因为游戏启动 3 秒后，快照图案就出现在屏幕上了。

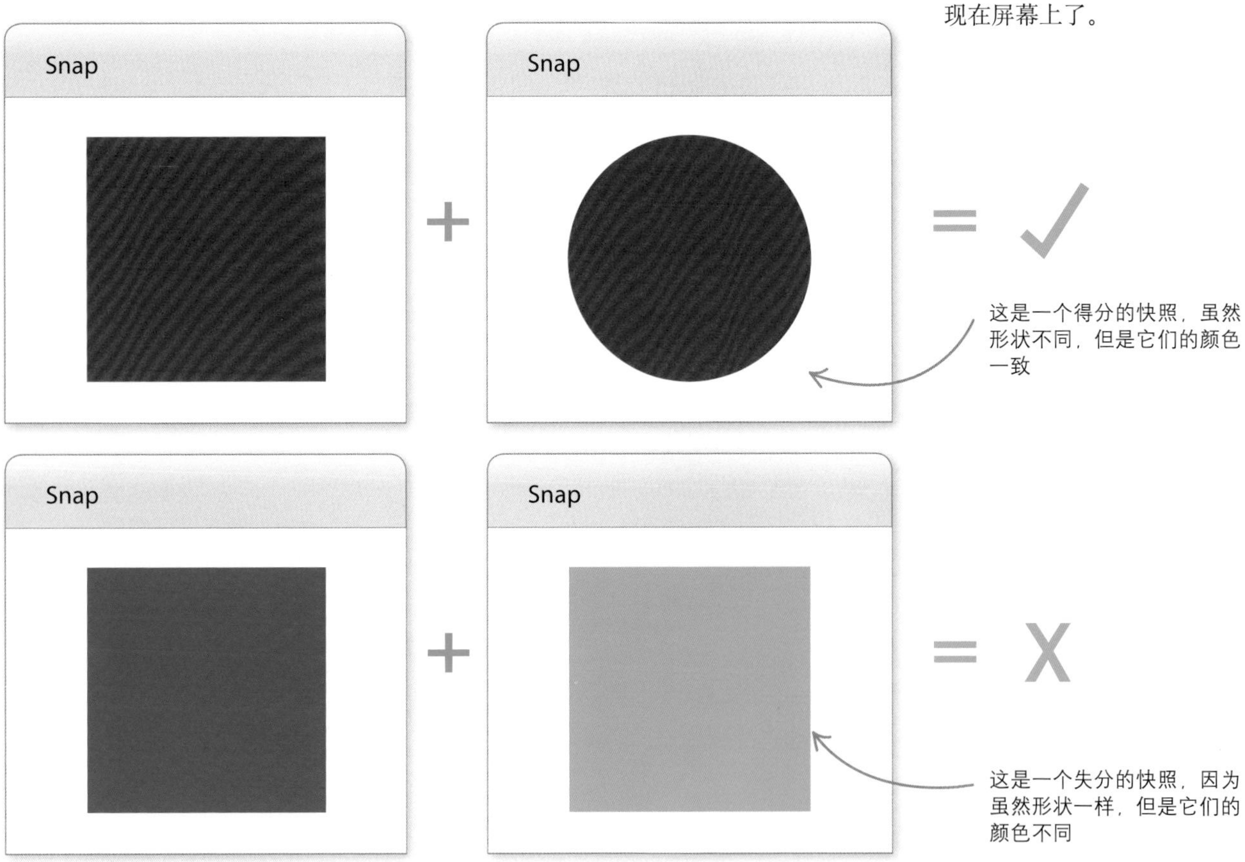

Snap + Snap = ✓

这是一个得分的快照，虽然形状不同，但是它们的颜色一致

Snap + Snap = X

这是一个失分的快照，因为虽然形状一样，但是它们的颜色不同

工作原理

这个作品使用 Tkinter 来创建图案。**Tkinter** 的 **mainloop()** 函数会按时调用一个函数，来创建和显示下一个图案。**random** 模块的 **shuffle()** 函数会保证图案总是以不同的顺序显示出来。“q”键和“p”键被绑定到 **snap()** 函数，每次其中一个按键被按下，对应玩家的分数都会被更新。

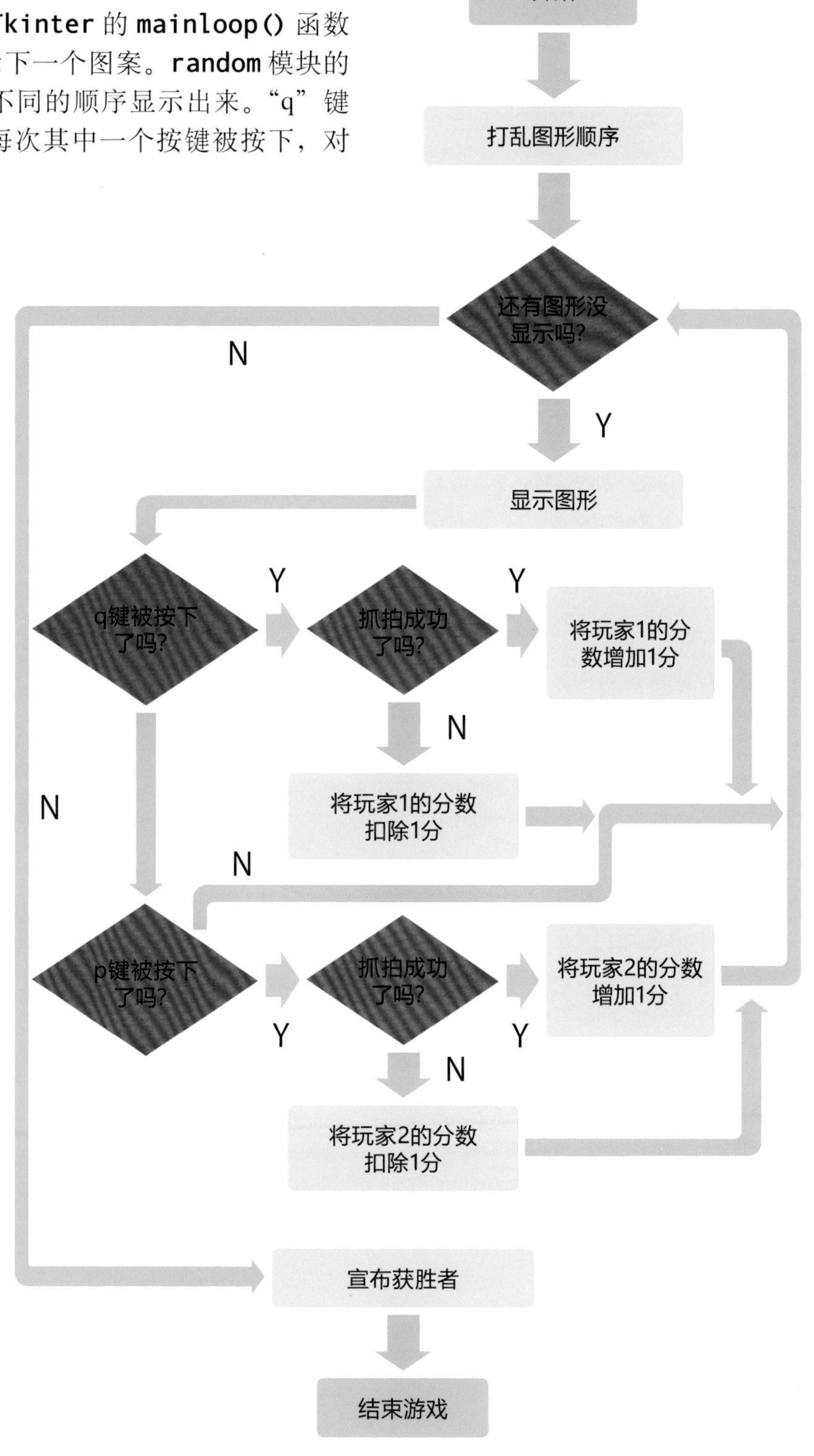

▷“快照抓拍”工作流程图

只要还有图形需要显示，程序就会一直工作。当玩家认为他们发现了连续两张同色的图形，就会按下键盘，程序会对此做出反应。当再也没有图形需要显示了，程序会自动宣布胜利者，结束游戏。

专家提示

休眠

计算机的工作速度比你快得多，但有时这反而会带来问题。例如你命令计算机向玩家显示一个图形，然后隐藏它，如果中间没有停顿，照片会一闪而过，玩家根本就看不清楚图形。为了修正这个缺陷，“快照抓拍”游戏使用 time 模块的 **sleep** () 函数，让程序暂停若干秒：**time.sleep(1)**。如果参数是 1，程序就会休眠 1 秒钟，休眠结束再去执行下一行代码。

开始动手

首先，我们要导入 relevant 模块，并且创建一个图形用户界面。然后，创建一块画布，把图形画在上面。

1 创建一个新的文件

打开 IDLE，新建一个文件，把它保存为“snap.py”。

2 添加模块

首先，导入 **random** 模块和 **time** 模块，以及 **Tkinter** 的一部分。**Time** 模块让你能控制程序的延迟，以便用户看清楚“SNAP！”或者“WRONG！”的消息，之后再显示下一个图形。**HIDDEN** 让你可以隐藏每一个图形，当你下一次用 **NORMAL** 时，才会再次显示出来。没有 **HIDDEN** 的话，所有的图形都会在游戏一开始就全部出现在屏幕上。

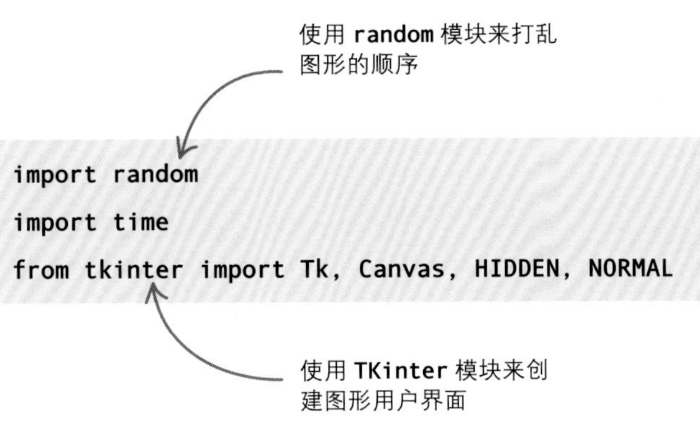

使用 random 模块来打乱图形的顺序
使用 TKinter 模块来创建图形用户界面


```
import random
import time
from tkinter import Tk, Canvas, HIDDEN, NORMAL
```

3 创建图形用户界面

现在，请输入右侧代码，它们会创建一个带“Snap”标题的 **Tkinter** 窗口（也叫作“根部件”）。运行代码，看看效果。新建的窗口可能会被桌面上的其他窗口遮挡住。

```
from tkinter import Tk, Canvas, HIDDEN, NORMAL

root = Tk()
root.title('Snap')
```

4 新建画布

输入这一行，它会创建一块画布——一个用来画图形的空白区域。

```
root.title('Snap')
c = Canvas(root, width=400, height=400)
```

创建图形

接下来，我们要借助 **Tkinter** 模块中的画布（Canvas）部件来创建彩色的图形。你将使用 4 种颜色来画出圆形、正方形、长方形。

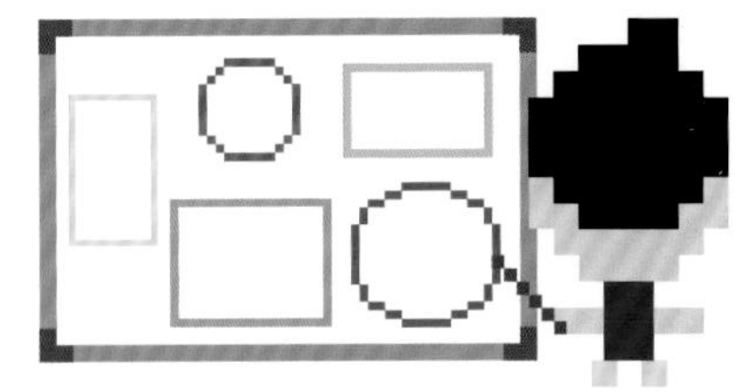

5 建立一个图形库

建立一个列表用来保存图形。在程序文件的底部输入这一行代码。

```
c = Canvas(root, width=400, height=400)

shapes = []
```

6 画圆

想要画出一个圆，就要使用 Canvas 部件的 **creat_oval()** 函数。在图形列表的下方输入如下代码。这些代码会创建 4 个同样大小的圆，分别是黑色、红色、绿色、蓝色，然后把它们添加到图形列表中。

把状态设置为 **HIDDEN**，这样在游戏开始时图形就不会出现在屏幕上，它必须等到轮到它的时候才显示

别忘了保存你的工作成果！

这两个是（x0，y0）坐标（参见“专家提示”）

这两个是（x1，y1）坐标（参见“专家提示”）

```
shapes = []

circle = c.create_oval(35, 20, 365, 350, outline='black', fill='black', state=HIDDEN)
shapes.append(circle)
circle = c.create_oval(35, 20, 365, 350, outline='red', fill='red', state=HIDDEN)
shapes.append(circle)
circle = c.create_oval(35, 20, 365, 350, outline='green', fill='green', state=HIDDEN)
shapes.append(circle)
circle = c.create_oval(35, 20, 365, 350, outline='blue', fill='blue', state=HIDDEN)
shapes.append(circle)
c.pack()
```

这一行代码把图形放置到画布上，没有它任何图形都不会显示出来

圆的颜色由 **outline**（轮廓色）和 **fill**（填充色）决定

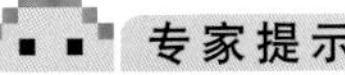
专家提示

创建椭圆

create.oval() 函数会画出一个椭圆，看起来就像被套在一个看不见的方框中。括号中的 4 个数字是方框的两个相对顶点的坐标，它们决定了椭圆在屏幕上的位置。两对坐标的数字相差越大，椭圆就越大。

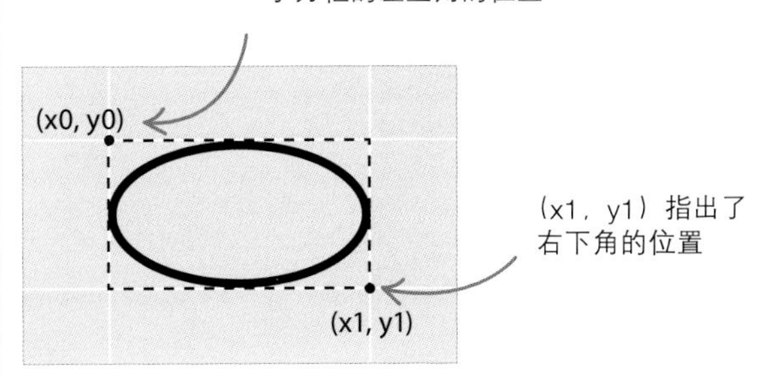
第一对数字（x0，y0）指出了方框的左上角的位置
(x0, y0)
(x1，y1）指出了右下角的位置
(x1, y1)

7 显示圆

试着运行一下程序。你看见任何图形了吗？请记住，你已经把它们的状态设置为 **HIDDEN**（隐藏）了。现在，把其中一个图形的状态修改为 **NORMAL**（正常），然后再次运行程序。这一次你应该能在屏幕上看到这个图形。注意，设置为 **NORMAL** 状态的图形不要超过一个。一旦这么做了，这两个图形都会显示出来，一个重叠在另一个上面。

我想吹出泡泡，
结果吹出了圆！

8 添加一些长方形

现在，我们来添加4个不同颜色的长方形。在画圆的代码和**c.pack()**中间，插入如下代码。为了提高效率，你可以输入前两行，然后复制粘贴3次，再修改一下其中的颜色就行了。

别忘了保存你的工作成果！

```
shapes.append(circle)

rectangle = c.create_rectangle(35, 100, 365, 270, outline='black', fill='black', state=HIDDEN)
shapes.append(rectangle)
rectangle = c.create_rectangle(35, 100, 365, 270, outline='red', fill='red', state=HIDDEN)
shapes.append(rectangle)
rectangle = c.create_rectangle(35, 100, 365, 270, outline='green', fill='green', state=HIDDEN)
shapes.append(rectangle)
rectangle = c.create_rectangle(35, 100, 365, 270, outline='blue', fill='blue', state=HIDDEN)
shapes.append(rectangle)
c.pack()
```

9 添加一些正方形

接下来，我们使用画长方形的同一个函数来画一些正方形，但要把参数中每条边的长度设置为一样长，这样长方形就变成了正方形。在画长方形和**c.pack()**代码之间，添加这些新代码。

```
shapes.append(rectangle)

square = c.create_rectangle(35, 20, 365, 350, outline='black', fill='black', state=HIDDEN)
shapes.append(square)
square = c.create_rectangle(35, 20, 365, 350, outline='red', fill='red', state=HIDDEN)
shapes.append(square)
square = c.create_rectangle(35, 20, 365, 350, outline='green', fill='green', state=HIDDEN)
shapes.append(square)
square = c.create_rectangle(35, 20, 365, 350, outline='blue', fill='blue', state=HIDDEN)
shapes.append(square)
c.pack()
```

10 打乱图形的顺序

为了确保图形不会总是按照固定顺序显示，你需要把它们“洗牌”，就像玩扑克牌的时候那样。用 **random** 模块中的 **shuffle()** 函数来完成这项任务。在 **c.pack()** 之后，插入右侧这一行代码。

```
random.shuffle(shapes)
```

准备开始

下面的主要工作是创建几个新的变量，编写一些代码让游戏做好准备。但只有在我们添加了最后阶段的函数之后，它们才会真正生效。

专家提示

空无一物也很有用

程序员常常会给变量设定一个开始的数值：0，比如在这个游戏中记录分数的变量。但如果变量记录的是字符串，怎么办呢？答案是用一对引号，引号之间什么也不放。有些变量并不需要有一个默认的 0 或者空字符串，这时可以使用单词“None”为它们设定开始值。

11 建立变量

我们需要几个变量来跟踪记录游戏中的很多事情，例如：当前的图形、之前的图形、当前的颜色，以及两个玩家的分数。

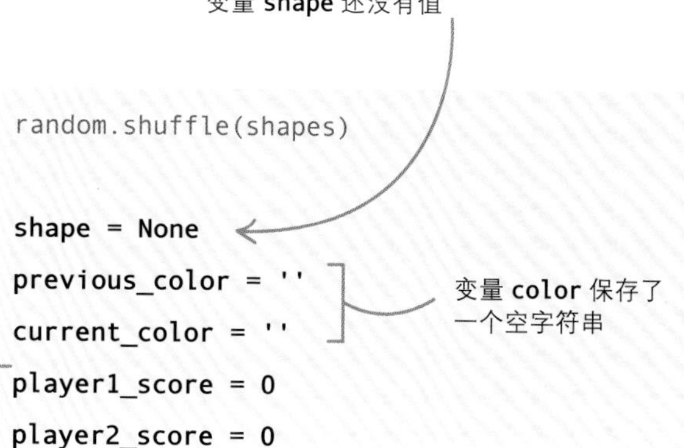

```
random.shuffle(shapes)

shape = None
previous_color = ''
current_color = ''
player1_score = 0
player2_score = 0
```

变量 shape 还没有值

变量 color 保存了一个空字符串

两个玩家在游戏开始时都没有分数，所以它们的值都是 0

12 让程序延迟一小会儿

现在添加一行代码，在第一个图形出现之前先延迟 3 秒。这是为了给玩家一些时间找到 **Tkinter** 窗口，因为它很有可能被桌面上的其他窗口遮挡住。我们将在第 16、17 步创建 **next_shape()** 函数。

```
player2_score = 0

root.after(3000, next_shape)
```

程序等待 3 秒（3000 毫秒），然后显示下一个图形

13 回应抓拍动作

接下来添加这两行代码。**bind()** 函数告诉图形用户界面监听“q”键和“p”键是否被按下，每当按键被按下它就会调用 **snap()** 函数。

```
root.after(3000, next_shape)
c.bind('q', snap)
c.bind('p', snap)
```

14 把键盘被按下的事件传递给图形用户界面

focus_set() 函数把键盘被按下的事件传递给画布。如果不调用这个函数，图形用户界面就不会对“p”键和“q”键被按下的事件做出反应。在 **bind()** 函数之下，输入这一行。

```
c.bind('q', snap)
c.bind('p', snap)
c.focus_set()
```

15 启动主循环

在程序文件的末尾输入这一行。当我们完成了 **next_shape()** 函数和 **snap()** 函数之后，主循环就会根据下一个图形更新图形用户界面，同时继续监听按键。

```
c.focus_set()

root.mainloop()
```

专家提示

局部变量和全局变量

变量可以是局部的，也可以是全局的。一个局部变量存在于一个函数之内，这意味着在程序的其他部分不能使用这个变量。在主程序中（也就是说在函数之外）创建的变量叫作“全局变量”，在程序的任何位置都可以使用。但如果你要在函数中对一个全局变量赋值，那么必须在变量名的前面添加关键词“global”，就像我们在第16步中做的那样。

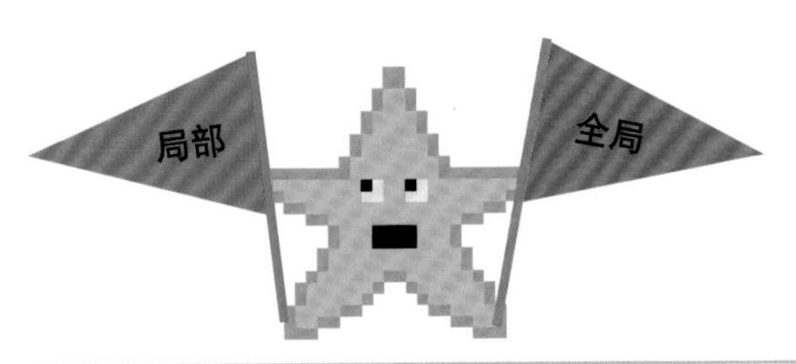

编写函数的代码

本作品的最后一个阶段是编写两个函数：第一个函数显示下一个图形；第二个函数处理抓拍动作。在程序文件最上方，导入模块的代码下面，输入函数。

16 新建函数

next_shape() 函数会像发牌一样一张接一张地显示彩色图形。首先输入下列代码，它们是函数最前面的部分代码。这部分程序把某些变量标注为全局变量（参见“专家提示”），然后更新变量 **previous_color**。

这里使用了关键词 **global**，以确保对变量的修改能在整个程序中生效

```
def next_shape():
    global shape
    global previous_color
    global current_color

    previous_color = current_color
```

这一行先把 **previous_color**（之前的颜色）设定为 **current_color**（当前的颜色），然后再去执行获取下一个图形的任务

17 完成整个函数

现在输入函数的剩余部分代码。为了显示一个新图形，我们要把它的状态从 HIDDEN 改为 NORMAL。如下图代码，我们使用 canvas 的 itemconfigure() 函数来完成这个任务。用另一个 itemget() 函数来更新 current_color 变量，该变量将用于检查抓拍。

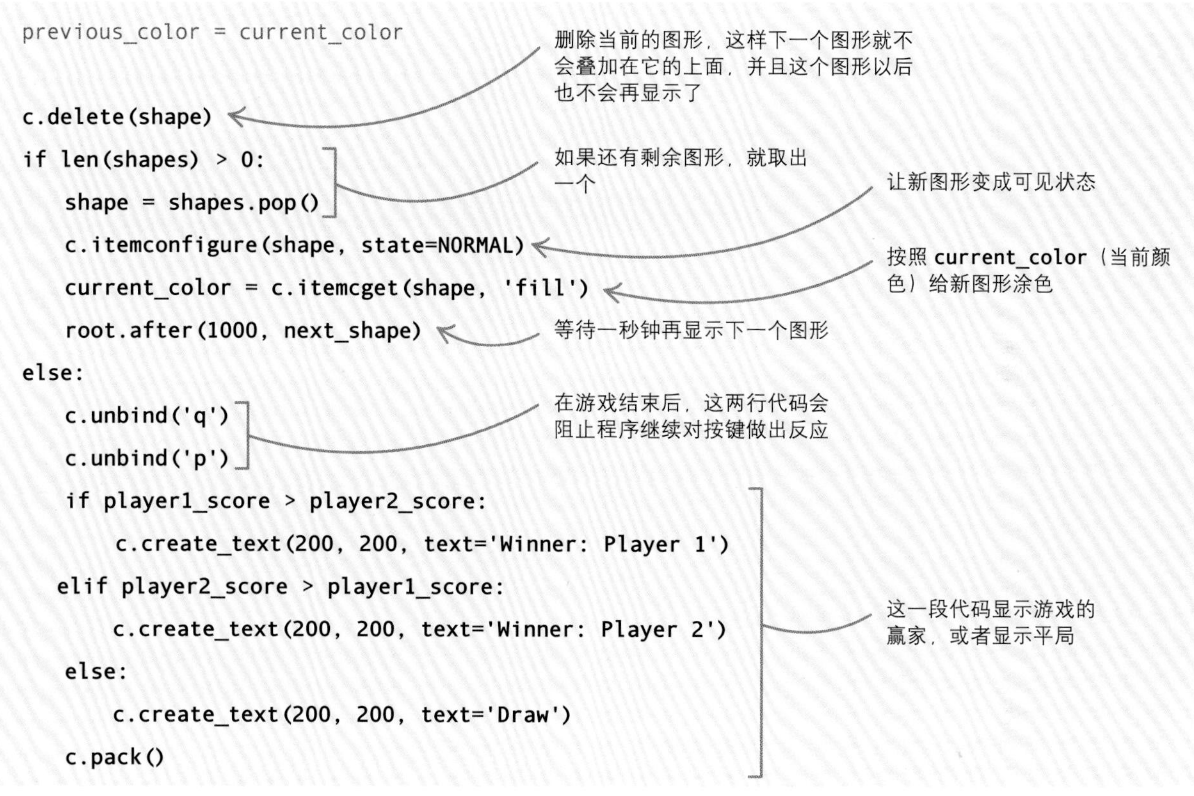

```
    previous_color = current_color

    c.delete(shape)
    if len(shapes) > 0:
        shape = shapes.pop()
        c.itemconfigure(shape, state=NORMAL)
        current_color = c.itemcget(shape, 'fill')
        root.after(1000, next_shape)
    else:
        c.unbind('q')
        c.unbind('p')
        if player1_score > player2_score:
            c.create_text(200, 200, text='Winner: Player 1')
        elif player2_score > player1_score:
            c.create_text(200, 200, text='Winner: Player 2')
        else:
            c.create_text(200, 200, text='Draw')
        c.pack()
```

删除当前的图形，这样下一个图形就不会叠加在它的上面，并且这个图形以后也不会再显示了
如果还有剩余图形，就取出一个
让新图形变成可见状态
按照 current_color（当前颜色）给新图形涂色
等待一秒钟再显示下一个图形
在游戏结束后，这两行代码会阻止程序继续对按键做出反应
这一段代码显示游戏的赢家，或者显示平局

专家提示

配置画布上的元素

你可以使用 Canvas 的 itemconfigure() 函数修改出现在画布上的东西。例如，在这个游戏中，你使用 itemconfigure() 函数把隐藏的图形显示出来，但也可以用它改变图形的颜色或其他特征。使用 itemconfigure() 函数时，要把元素的名字作为参数放入圆括号，后面跟一个逗号，接下来是特征和特征的值。

元素需要被修改的某个特征

```
c.itemconfigure(shape, state=NORMAL)
```

画布上某个你想要修改的元素的名字

新的特征值

18 这是一个有效的抓拍吗？

完成整个游戏的最后一步，新建一个 **snap()** 函数。这个函数会检查哪个玩家按下了键盘，同时查验抓拍的这个快照是否有效（也就是"正确"）。然后，它会更新分数，显示一个提示信息。在 **next_shape()** 函数之下添加如下代码。

```
def snap(event):
    global shape
    global player1_score
    global player2_score
    valid = False

    c.delete(shape)

    if previous_color == current_color:
        valid = True

    if valid:
        if event.char == 'q':
            player1_score = player1_score + 1
        else:
            player2_score = player2_score + 1
        shape = c.create_text(200, 200, text='SNAP! You score 1 point!')
    else:
        if event.char == 'q':
            player1_score = player1_score - 1
        else:
            player2_score = player2_score - 1
        shape = c.create_text(200, 200, text='WRONG! You lose 1 point!')
    c.pack()
    root.update_idletasks()
    time.sleep(1)
```

把这些变量标注为全局变量，这样函数就可以修改它们了

检查是否是有效的抓拍（如果前一个图形的颜色与当前的图形颜色一致，那么就是有效的）

如果抓拍有效，检查是哪个玩家抓拍的，给这个玩家加一分

如果玩家抓拍到有效的快照，这一行代码就会显示出这条消息

否则（else），将抓拍的玩家分数减一分

如果玩家在错误的时刻抓拍，这一行代码就会显示出这条消息

这一行代码会随着抓拍结果立刻更新 GUI 界面

当玩家阅读提示信息时，程序会等待一秒

19 测试你的代码

现在运行程序，看看它能否正常工作。记住，要先点击一下 **Tkinter** 窗口，然后它才会对按键"p"和"q"有反应。

修正与微调

Tkinter 可以显示出很多种颜色和图形，不仅仅局限于圆形、方形、长方形，所以你拥有巨大的创作空间，让这个作品具有你的个人风格。下面提供了一些不错的想法，尝试一下吧，其中还包括预防欺骗的功能哦！

▽让游戏加速

缩短游戏运行时每张图片之间的延迟时间，就能增加游戏的难度。提示：试着把延迟时间保存在一个变量中，开始时是1000，然后每当显示了一个图形，就把延迟时间减小 25。这些数字只是建议，尽管去试验吧，按照你的感觉选择最佳的数字。

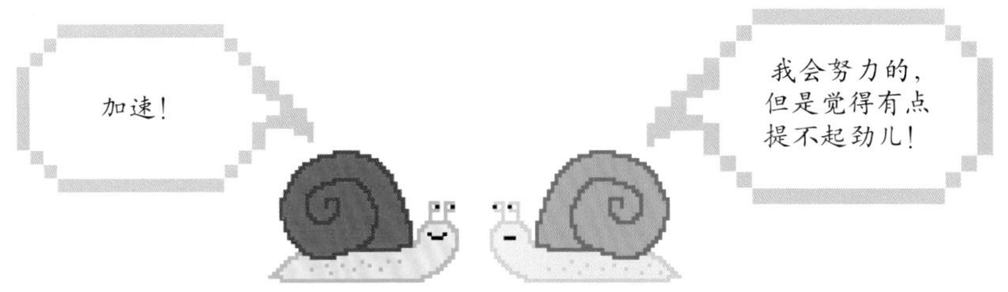

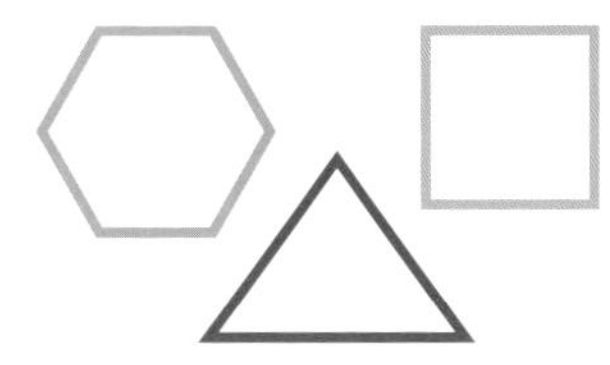

△彩色的轮廓

程序在判断一个抓拍是否有效时，会检查 **fill**（填充色）参数而不是 **outline**（轮廓线）。不妨给图形画上不同颜色的轮廓线增加难度，而程序依然只是通过图形的填充色来判断抓拍是否成功。

△添加更多的颜色

也许你已经注意到，快照游戏是一个很短的游戏。想让它变得更长，可以添加更多不同颜色的正方形、长方形和圆形。

添加新的图形

改变 **create_oval()** 的参数可以生成椭圆，而不仅仅是正圆形。**Tkinter** 还可以画出圆弧、直线、多边形。试一试下面的示例，用各种方法自由组合不同的参数。要记得把 **state** 保持为 **HIDDEN** 状态，直到该把它显示出来。

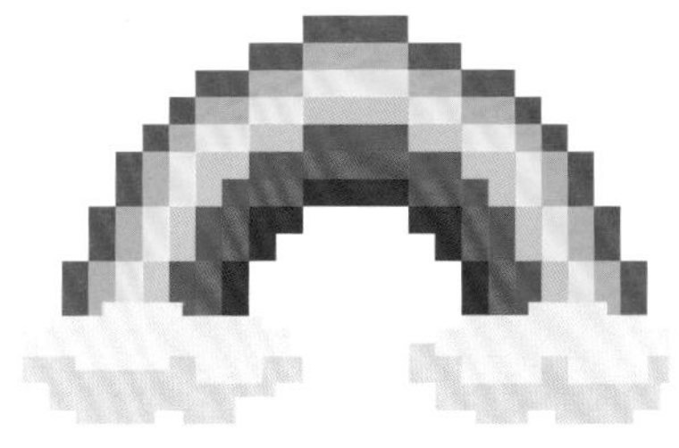

1 **画圆弧**

使用 **create_arc()** 函数来绘制圆弧。该函数默认绘制一条实线的圆弧，但是我们可以为它设定不同的样式。想要使用 **Tkinter** 的各种样式，必须先修改程序的第 3 行，导入 **CHORD**、**ARC**。然后就可以按照第 180 页中的样子，在图形列表中添加一些“弦”和“圆弧”。

输入这些内容以便导入 ARC 圆弧样式

```
from tkinter import Tk, Canvas, HIDDEN, NORMAL, CHORD, ARC
```

```
arc = c.create_arc(-235, 120, 365, 370, outline='black', \
                   fill='black', state=HIDDEN)
```

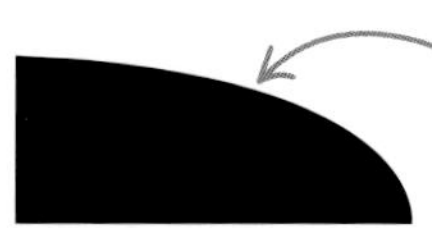

这个圆弧被画成了椭圆的一块，因为你没有设定任何样式

```
arc = c.create_arc(-235, 120, 365, 370, outline='red', \
                   fill='red', state=HIDDEN, style=CHORD)
```

CHORD 样式会把圆弧显示成从弦的方向切下来的薄片

```
arc = c.create_arc(-235, 120, 365, 370, outline='green', \
                   fill='green', state=HIDDEN, style=ARC)
```

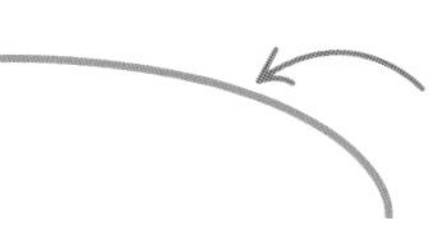

ARC 样式仅仅显示圆弧的外边缘

2 画直线线段

现在用 **create_line()** 给你的图形列表添加一些直线线段。

```
line = c.create_line(35, 200, 365, 200, fill='blue', state=HIDDEN)
```

```
line = c.create_line(35, 20, 365, 350, fill='black', state=HIDDEN)
```

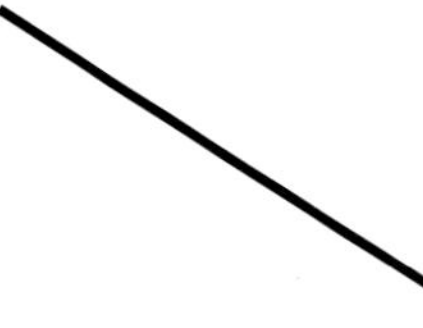

3 画多边形

现在用 **create_polygon()** 来绘制一些多边形。你必须给多边形的每个顶点设定坐标。

代码中的 3 对数字设定了三角形的 3 个顶点

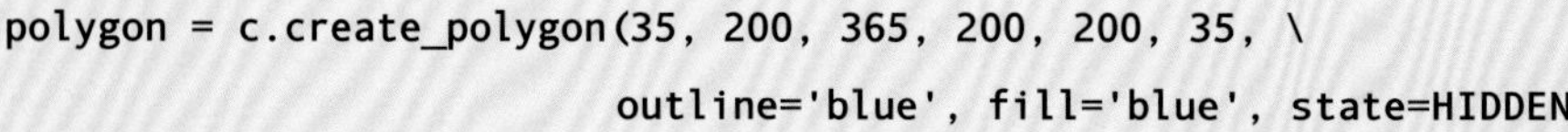

```
polygon = c.create_polygon(35, 200, 365, 200, 200, 35, \
                           outline='blue', fill='blue', state=HIDDEN)
```

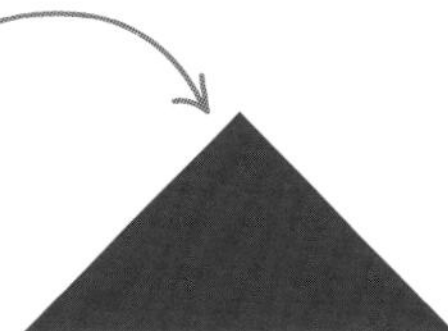

防止玩家作弊

目前，如果两个玩家同时按下抓拍键且快照有效，双方都会得一分。但这里有个小漏洞，如果在上一个图形没消失，下一个图形还未出现前持续按抓拍键，他们就能不断得分。请按下述方法修正程序，防止玩家作弊。

1 设置为全局变量

首先要把 **snap()** 函数中的 **previous_color** 变量设置为全局变量，因为你需要修改它的值。在其他全局变量的下面，添加如下一行：

```
    global previous_color
```

2 阻止重复抓拍

接下来，在 **snap()** 函数中添加如下的代码，在成功抓拍之后，把 **previous_color** 设定为空的字符串（''）。修改之后，在下一个图形出现之前，如果玩家二次抓拍，就会丢掉一分。因为不会有任何图形和空字符串相等。

```
        shape = c.create_text(200, 200, text='SNAP! You scored 1 point!'
    previous_color = ''
```

3 阻止游戏开始时的抢拍

游戏开始时，**previous_color** 和 **current_color** 是相等的，这就让玩家有机会作弊：在第一个图形出现之前就按下抓拍键。要修正这个漏洞，我们可以把两个变量的值设定为不同的，比如一个是“a”，另一个是“b”。

```
previous_color = 'a'
current_color = 'b'
```

把它们设定为不同的值，玩家就无法在图形出现之前抓拍了

4 改变提示信息

如果两个玩家几乎同时按下了抓拍键，他们可能搞不清楚谁得分，谁失分了。为了修正这个问题，你可以改变玩家抓拍时的提示信息。

别忘了保存你的工作成果!

```
if valid:
    if event.char == 'q':
        player1_score = player1_score + 1
        shape = c.create_text(200, 200, text='SNAP! Player 1 scores 1 point!')
    else:
        player2_score = player2_score + 1
        shape = c.create_text(200, 200, text='SNAP! Player 2 scores 1 point!')
    previous_color = ''
else:
    if event.char == 'q':
        player1_score = player1_score - 1
        shape = c.create_text(200, 200, text='WRONG! Player 1 loses 1 point!')
    else:
        player2_score = player2_score - 1
        shape = c.create_text(200, 200, text='WRONG! Player 2 loses 1 point!')
```

配对连连看

在这个游戏中，你需要找到一对对相同的图形符号。来挑战一下记忆力吧，看看能用多快的速度找到所有 12 对符号。

你记性好吗？

我的记性可真不怎么样！

游戏是如何进行的？

当程序运行时，会打开一个窗口，上面布满了网格状的按钮。点击其中的两个，它们就会显示出原来被覆盖的图标。如果这是一对相同的图标，那么你就配对成功了，图标将一直显示在屏幕上。否则，两个按钮就会被重置。努力记住每个隐身图标的位置，以便加快配对速度。

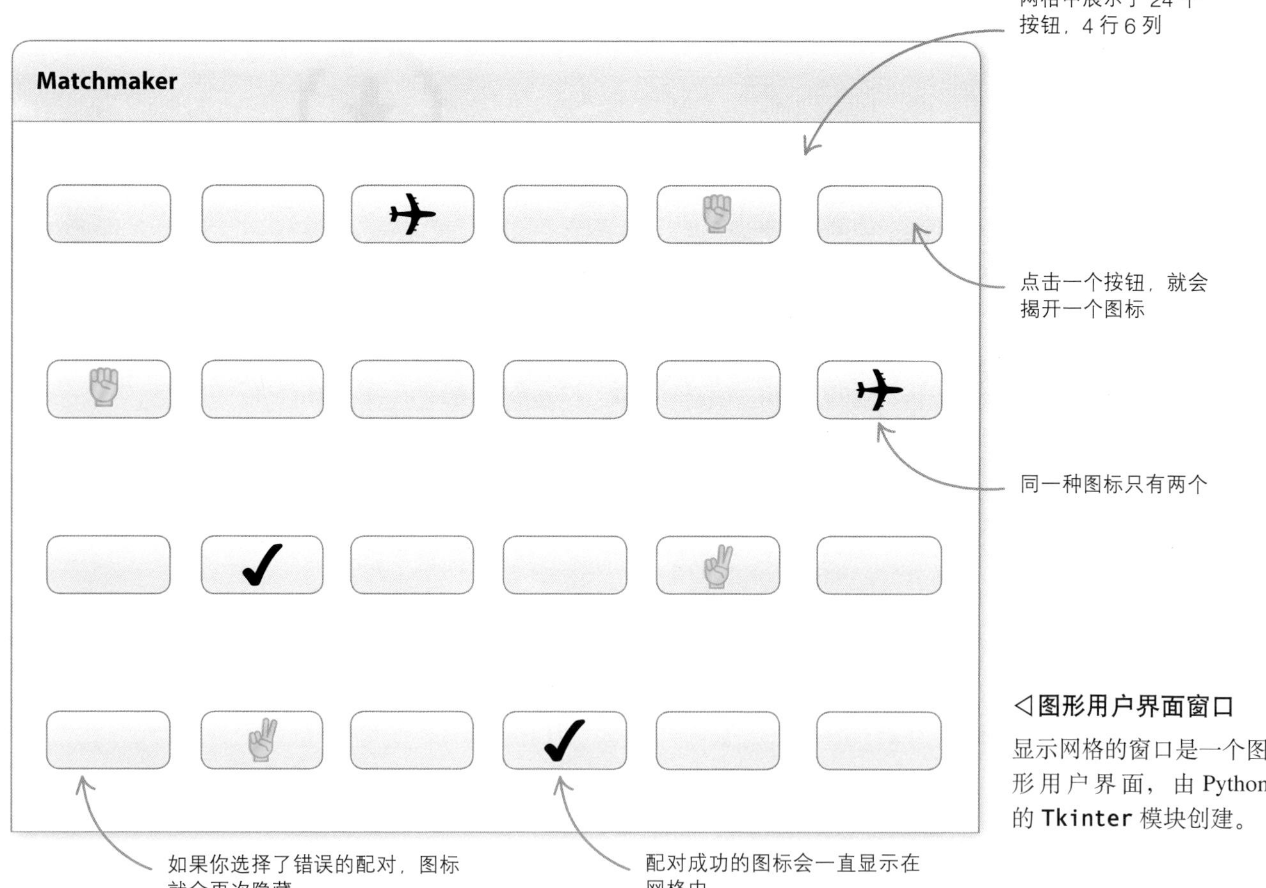
Matchmaker
网格中展示了 24 个按钮，4 行 6 列
点击一个按钮，就会揭开一个图标
同一种图标只有两个
如果你选择了错误的配对，图标就会再次隐藏
配对成功的图标会一直显示在网格中

◁图形用户界面窗口

显示网格的窗口是一个图形用户界面，由 Python 的 **Tkinter** 模块创建。

工作原理

这个作品使用 Tkinter 模块来显示按钮方阵。Tkinter 的 mainloop() 函数会监听按钮被按下的事件，然后调用 lambda 函数来处理这个事件。Lambda 是一个特殊的函数，它的功能是揭开一个图标。如果一个尚未配对的图标被揭开了，程序就会检查第二个图标是否和它匹配。本作品中的按钮保存在一个字典中，而图标保存在一个列表中。

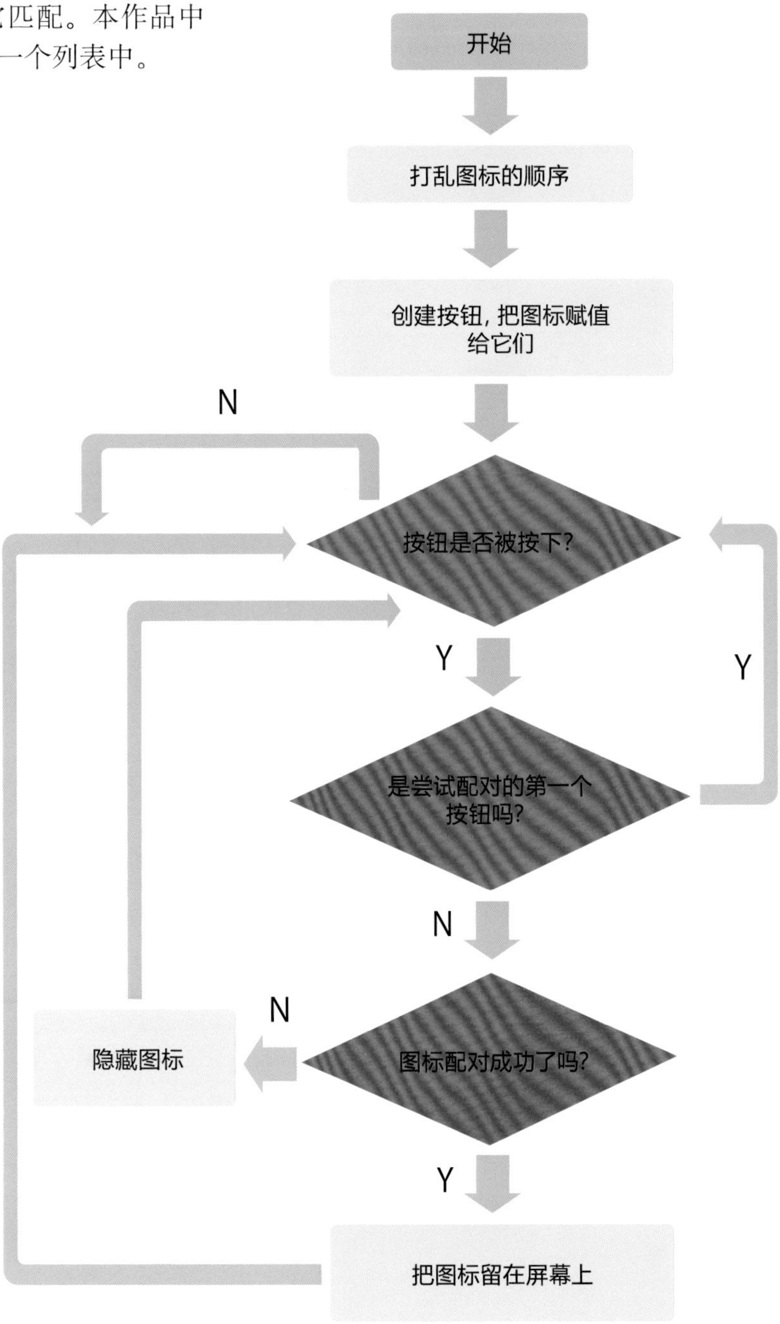

专家提示

Lambda 函数

和 def 类似，关键词 lambda 用来定义函数。Lambda 函数都是写在一行代码中的，可以用在任何需要使用函数的地方。例如，函数 lambda x:x*2 会让一个数字翻倍。你可以用这个函数给一个变量赋值，就像这样：double = lambda x:x*2，然后就可以用 double(x) 来调用它，其中 x 是一个数字参数。所以，double(2) 会返回 4。对于 GUI 编程来说，lambda 函数非常有用，因为很多个按钮可能需要用不同的参数调用相同的函数。在“配对连连看”游戏中，如果没有 lambda 函数，你就需要为每个按钮创建不同的函数，那意味着 24 个！

▽ “配对连连看”工作流程图

在打乱了图标顺序以后，方阵创建好了，程序会一直监听按钮被点击的事件。当所有配对的图标都被揭开后，游戏就结束了。

开始工作

在这个作品的第一部分，我们要创建图形用户界面，并且添加成对的图标，它们会隐藏在按钮的后面。

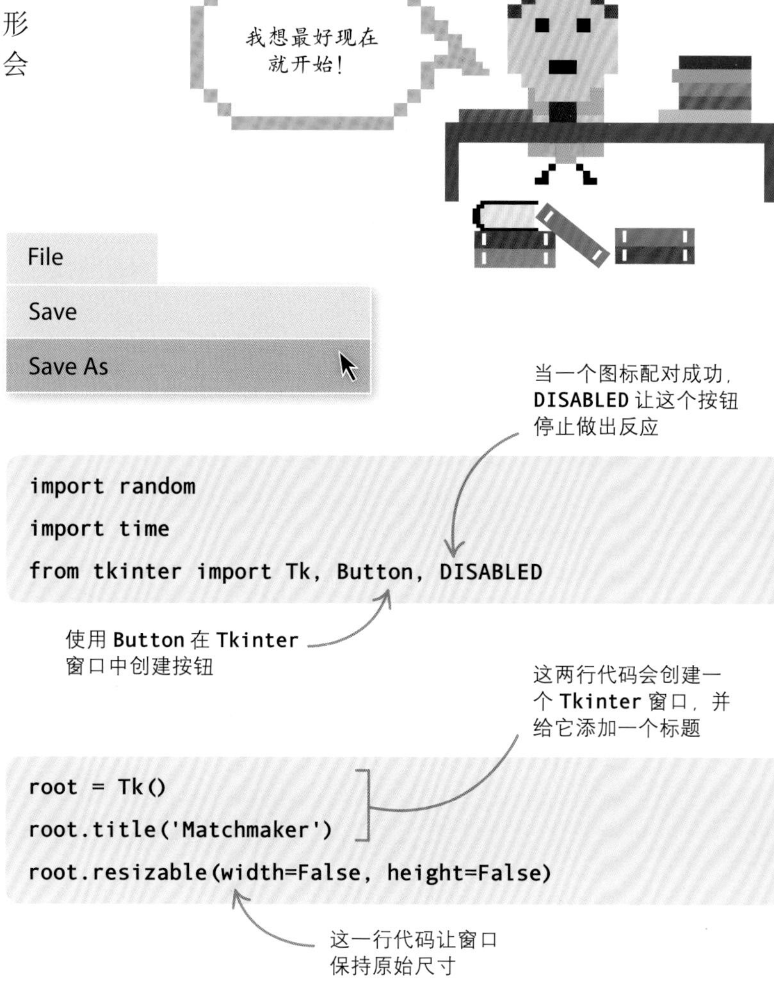

1 创建一个新文件

打开 IDLE，新建一个文件，将它保存为“matchmaker.py”。

2 添加模块

现在，在文件的最上面输入右侧代码，导入本作品所需的模块。我们使用 **random** 来打乱图标顺序，用 **time** 来让程序暂停，用 **Tkinter** 来创建图形用户界面。

```
import random
import time
from tkinter import Tk, Button, DISABLED
```

当一个图标配对成功，**DISABLED** 让这个按钮停止做出反应

使用 **Button** 在 **Tkinter** 窗口中创建按钮

3 建立图形用户界面

在导入指令的下面，添加右侧代码，创建图形用户界面。**root.resizable()** 函数会阻止用户调整窗口大小。这一点很重要，因为下面我们会在窗口里排列按钮方阵，窗口大小的变化会打乱它们的顺序。

```
root = Tk()
root.title('Matchmaker')
root.resizable(width=False, height=False)
```

这两行代码会创建一个 **Tkinter** 窗口，并给它添加一个标题

这一行代码让窗口保持原始尺寸

4 测试程序

现在运行程序。你会看见一个空白的 **Tkinter** 窗口，顶部有 Matchmaker 的标题。如果你看不见它，可能是被其他窗口挡住了。

Matchmaker

别忘了保存你的工作成果!

5 新建一些变量

在第 3 步完成的代码之下，添加本程序所需的变量，然后创建一个字典用来保存按钮。对于每一次的配对尝试，你需要知道它是第一个还是第二个被揭开的图标。你还需要跟踪记录第一个被按下的按钮，这样才能把它和第二个按钮进行比较。

```
root.resizable(width=False, height=False)

buttons = {}
first = True
previousX = 0
previousY = 0
```

这是一个字典

这个变量用于检查某个图标是否是配对中第一个被揭开的

这两个变量跟踪记录最近被按下的按钮

6 添加图标

接下来，输入如下代码，添加本游戏所需的所有图标。就像在游戏“单词九连猜”中那样，程序中会使用 Unicode 编码的字符，一共有 12 对，总共 24 个图标。请在第 5 步添加的变量之下，输入这些代码。

U+2702

U+2705

U+2708

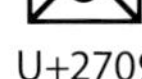
U+2709

U+270A

U+270B

U+270C

U+270F

U+2712

U+2714

U+2716

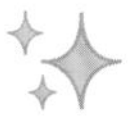
U+2728

```
previousY = 0

button_symbols = {}
symbols = [u'\u2702', u'\u2702', u'\u2705', u'\u2705', u'\u2708', u'\u2708',
           u'\u2709', u'\u2709', u'\u270A', u'\u270A', u'\u270B', u'\u270B',
           u'\u270C', u'\u270C', u'\u270F', u'\u270F', u'\u2712', u'\u2712',
           u'\u2714', u'\u2714', u'\u2716', u'\u2716', u'\u2728', u'\u2728']
```

为每个按钮准备的图标都保存在字典中

这个列表保存了游戏中要用到的 12 对图标

7 打乱图标顺序

如果所有的图标总是出现在固定不变的位置上，那么玩了几次游戏之后，玩家就会记住每个图标的位置，然后一下就能完成所有的配对。为了避免出现这种情况，我们要在每次游戏开始时打乱图标的顺序。请在图标列表之后，添加这一行代码。

```
random.shuffle(symbols)
```

random 模块中的 shuffle() 函数会打乱图标的顺序

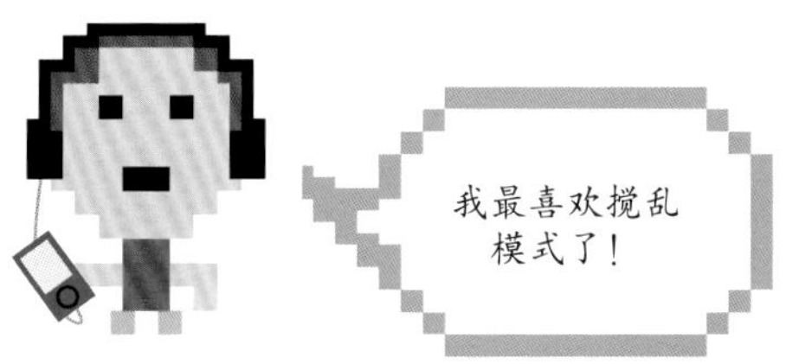

显示按钮！

在下一步，我们将创建按钮，并把它们放入图形用户界面。然后再创建一个函数：**show_symbol()**，用它来控制当玩家点击按钮时会发生什么。

专家提示

按钮

Tkinter 有一个内置的部件，叫作"**Button**"，我们将用它来创建 GUI 中的按钮。我们可以向它传递不同的参数。目前需要的参数是：**command**，**width** 和 **height**。**Command** 参数告诉程序当一个按钮被按下，它应该做什么。这就是一个函数调用。在本程序中，它会调用一个 **lambda** 函数。**Width** 和 **height** 参数用于设置按钮的尺寸。

8 创建按钮方阵

按钮方阵排成 4 行 6 列，共有 24 个按钮。我们需要使用嵌套循环来实现这个布局。外部的 x 循环将从左到右跨过 6 列，而内部的 y 循环将沿着一列从上往下工作。当循环在工作时，每一个按钮会被分配一对 xy 坐标，用于指定按钮在方阵中的位置。在 shuffle 命令之下，添加如下代码。

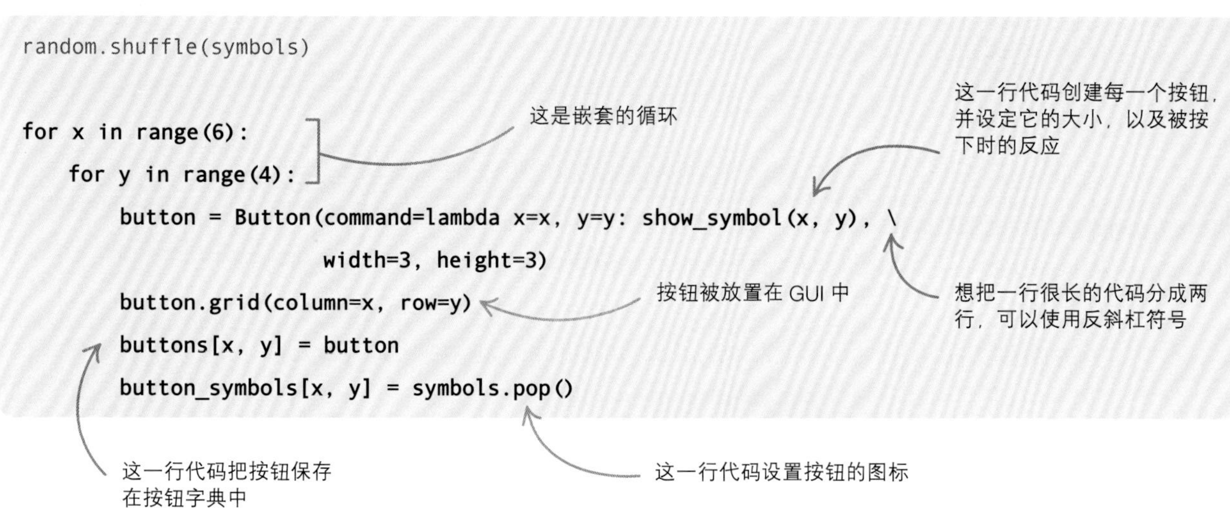

```
random.shuffle(symbols)

for x in range(6):
    for y in range(4):
        button = Button(command=lambda x=x, y=y: show_symbol(x, y), \
                        width=3, height=3)
        button.grid(column=x, row=y)
        buttons[x, y] = button
        button_symbols[x, y] = symbols.pop()
```

这是嵌套的循环
这一行代码创建每一个按钮，并设定它的大小，以及被按下时的反应
按钮被放置在 GUI 中
想把一行很长的代码分成两行，可以使用反斜杠符号
这一行代码把按钮保存在按钮字典中
这一行代码设置按钮的图标

△工作原理

循环中的每一次运行，**lambda** 函数都会保存当前按钮的 x、y 坐标，也就是按钮的行列号。当按钮被按下，它会根据这些值来调用 **show_symbol()** 函数（这个函数将在之后创建），函数就会知道哪个按钮被按下了，哪个图标被揭开了。

现在，惊人的一幕即将展现！

牢记

嵌套的循环

还记得在第 35 页学过的关于循环的内容吗？你可以把任意多的循环套入另一个循环里面。在本作品中，外部循环执行 6 次，每一次的外部循环中，内部循环都会执行 4 次。所以，算一下，内部循环一共执行了 6 × 4=24 次。

哦，看呀，一个嵌套的循环！

9 启动主循环

现在启动 Tkinter 的主循环。当这个循环开始以后，图形用户界面就会显示出来，它开始监听按钮是否被按下。在第 8 步完成的代码之下输入右侧这行代码。

```
        button_symbols[x, y] = symbols.pop()

root.mainloop()
```

10 测试程序

再次运行这个程序。Tkinter 窗口会被 24 个组成方阵的按钮填满。如果你的窗口看起来和图中的不同，仔细检查程序，看看哪里出错了。

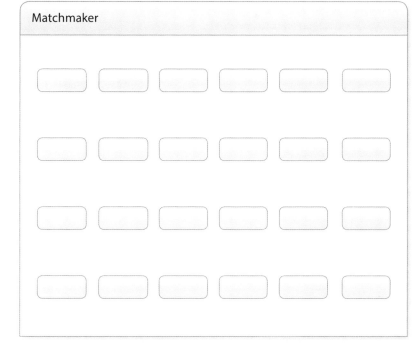

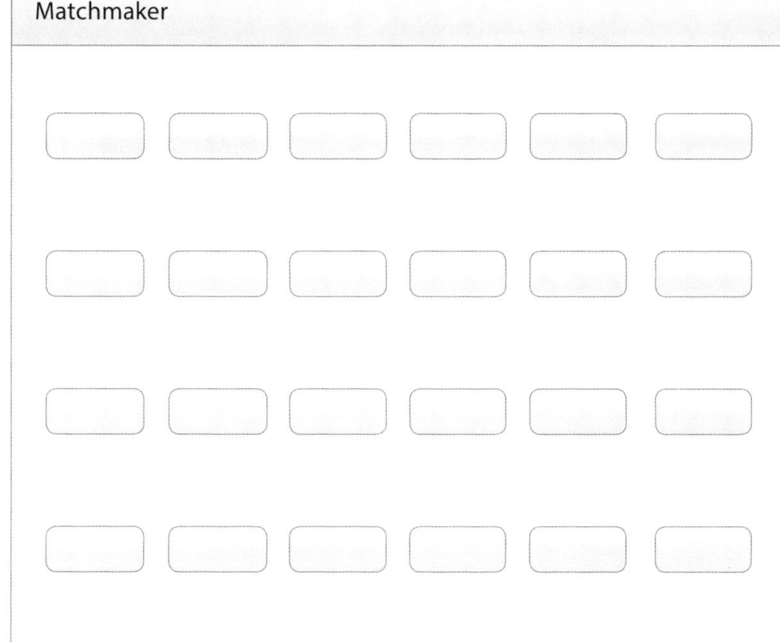
Matchmaker

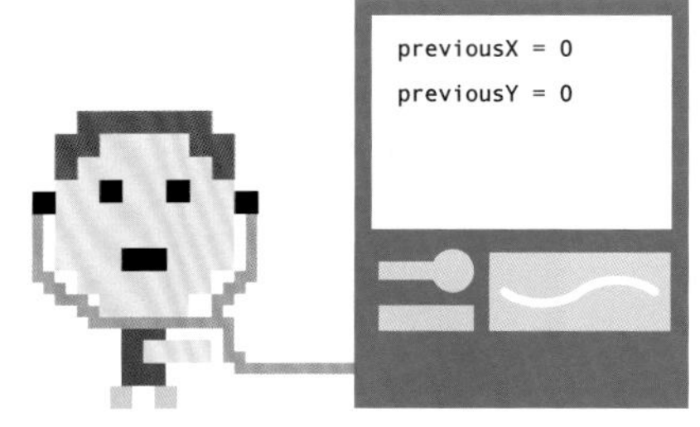
previousX = 0
previousY = 0

11 显示图标

最后，我们要创建一个函数来处理按钮被按下的事件。这个函数总是会显示一个图标，但是它的工作方式还取决于这个按钮是本次配对的第一个还是第二个按键。如果是第一个按下的按钮，函数只须记录按钮已被按下就可以了。如果是第二个按下的按钮，它就需要检查图标是否配对成功，配对不成功的图标会被隐藏。配对成功的图标会保持显示状态，同时它的按钮会失效。

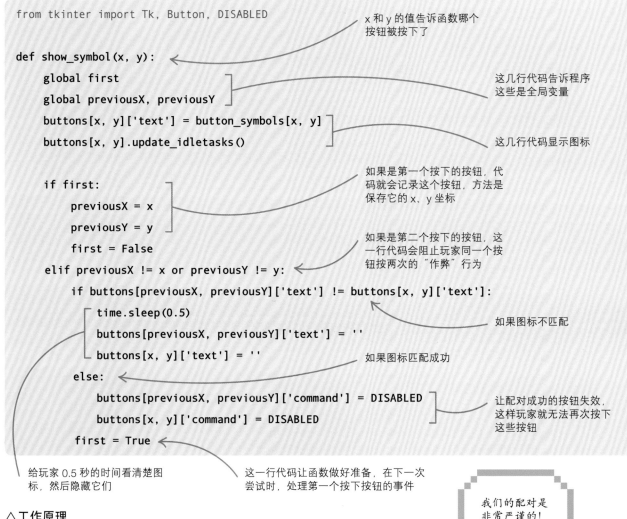

```
from tkinter import Tk, Button, DISABLED


def show_symbol(x, y):
    global first
    global previousX, previousY
    buttons[x, y]['text'] = button_symbols[x, y]
    buttons[x, y].update_idletasks()

    if first:
        previousX = x
        previousY = y
        first = False
    elif previousX != x or previousY != y:
        if buttons[previousX, previousY]['text'] != buttons[x, y]['text']:
            time.sleep(0.5)
            buttons[previousX, previousY]['text'] = ''
            buttons[x, y]['text'] = ''
        else:
            buttons[previousX, previousY]['command'] = DISABLED
            buttons[x, y]['command'] = DISABLED
        first = True
```

x 和 y 的值告诉函数哪个按钮被按下了

这几行代码告诉程序这些是全局变量

这几行代码显示图标

如果是第一个按下的按钮，代码就会记录这个按钮，方法是保存它的 x、y 坐标

如果是第二个按下的按钮，这一行代码会阻止玩家同一个按钮按两次的“作弊”行为

如果图标不匹配

如果图标匹配成功

让配对成功的按钮失效，这样玩家就无法再次按下这些按钮

给玩家 0.5 秒的时间看清楚图标，然后隐藏它们

这一行代码让函数做好准备，在下一次尝试时，处理第一个按下按钮的事件

△工作原理

该函数会显示一个按钮的图标，方法就是把按钮的标题文字改变为随机分配的统一码符号。我们用 **update_idletasks()** 函数告诉 **Tkinter** 立刻显示这个图标。如果它是第一个按下的，我们只要把按钮的坐标记录到变量中就行了。如果它是第二个，我们需要检查玩家是否同一个按钮按了两次，想用作弊的方法得逞。如果它们不是同一个按钮，那就检查它们是否配对成功。如果图标不匹配，就把图标符号替换为空字符，让图标隐藏起来；如果图标匹配，就让它们保持显示状态，同时让按钮失效。

修正与微调

你可以用多种方法来改编这个游戏。例如，显示玩家通关时点击按钮的次数，让玩家尝试打破个人纪录或者挑战朋友的最好成绩。你也可以添加更多图标，增大游戏难度。

显示翻牌次数

目前，玩家不知道自己玩游戏的水平如何，也无法知道自己是否比朋友们玩得好。如何让这个游戏更具竞争性呢？我们可以添加一个变量，用它来记录玩家通关时一共有几轮点击按钮的动作。这样，玩家就可以互相比赛，看看谁能得到最低点击数。

1 添加一个模块

你需要导入 **Tkinter** 模块的 **messagebox** 部件，在游戏结束时，它将用来显示鼠标点击的次数。在导入模块的那一行代码末尾，**DISABLED** 之后，添加单词 **messagebox**。

```
from tkinter import Tk, Button, DISABLED, messagebox
```

2 新建一个变量

为了这次修改，我们需要添加额外的两个变量。一个变量跟踪记录玩家点击鼠标的次数，另一个变量用来记录玩家翻开的图标有几对。这两个变量的初始值都是 0。在变量 **previousY** 的下面添加如下两行代码。

```
previousY = 0
moves = 0
pairs = 0
```

玩家还没有点击任何按钮，也没有翻开任何一对图标，所以把变量值设定为 0

3 声明变量为全局变量

变量 **moves** 和 **pairs** 都是全局变量，它们都会被函数 **show_symbol()** 修改。在函数代码刚开始的地方，添加如下两行代码，通知函数它们是全局变量。

```
def show_symbol(x, y):
    global first
    global previousX, previousY
    global moves
    global pairs
```

4 对操作进行计数

一次点击动作（move）的意思是按下鼠标按钮两次，也就是一次配对尝试。所以，当函数 **show_symbol()** 被调用时，不管是第一次还是第二次，你只须给变量 **moves** 增加 1，而不能两次都增加 1。所以，我们决定就在第一次按下鼠标的时候把变量 **moves** 增加 1。如图所示，对 **show_symbol()** 函数进行修改。

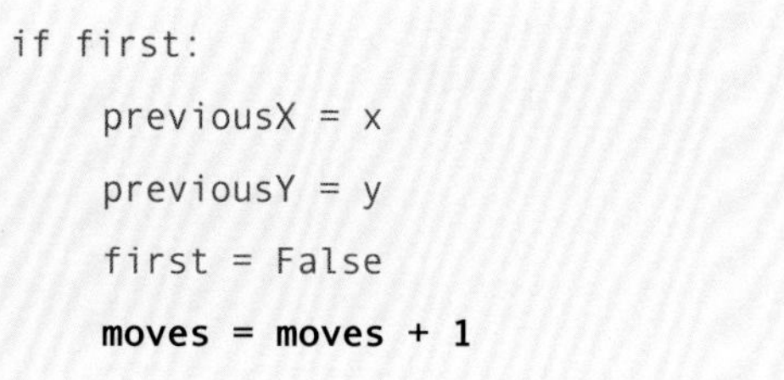

```
if first:
    previousX = x
    previousY = y
    first = False
    moves = moves + 1
```

5 显示消息

现在，在 **show_symbol()** 函数的末尾部分添加如下代码。它会跟踪记录翻开了几对图标，并且在游戏结束时显示一个信息框，告诉玩家他一共做了多少次点击动作（记录在变量 **moves** 中）。当玩家点击了信息框的 OK 按钮，程序就会调用 **close_window()** 函数，此函数我们将在下一步创建。

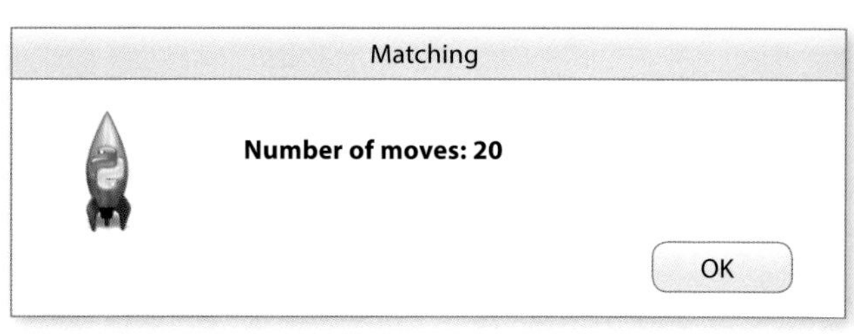
Matching
Number of moves: 20
OK

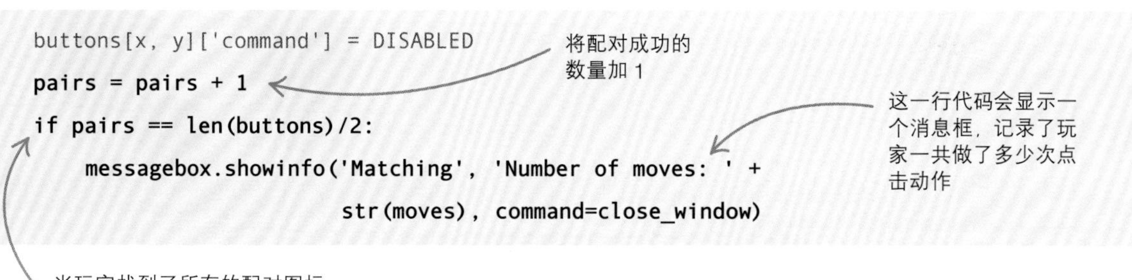

```
buttons[x, y]['command'] = DISABLED
pairs = pairs + 1
if pairs == len(buttons)/2:
    messagebox.showinfo('Matching', 'Number of moves: ' +
                        str(moves), command=close_window)
```

将配对成功的数量加 1
这一行代码会显示一个消息框，记录了玩家一共做了多少次点击动作
当玩家找到了所有的配对图标，程序会执行这一行下面的代码

△工作原理

在游戏中一共有 12 对图标，所以在本次程序修改中你可以简单地使用 **pairs==12**。但我们可以把程序设计得更加聪明。它会使用 **pairs==len(buttons)/2** 的方式来计算有几对图标。这种方法的好处是你可以自由地给游戏添加更多按钮，却不需要修改任何代码。

6 关闭窗口

最后，我们要添加一个函数：**close_window()**。在玩家阅读“点击次数”消息框并点击“OK”按钮后，它就会让程序退出。

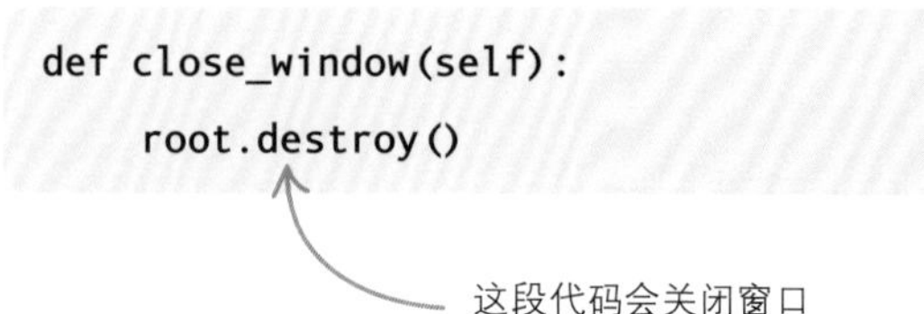

```
def close_window(self):
    root.destroy()
```

这段代码会关闭窗口

添加更多按钮

挑战一下玩家的记忆力吧，试着给游戏添加更多的按钮和图标。

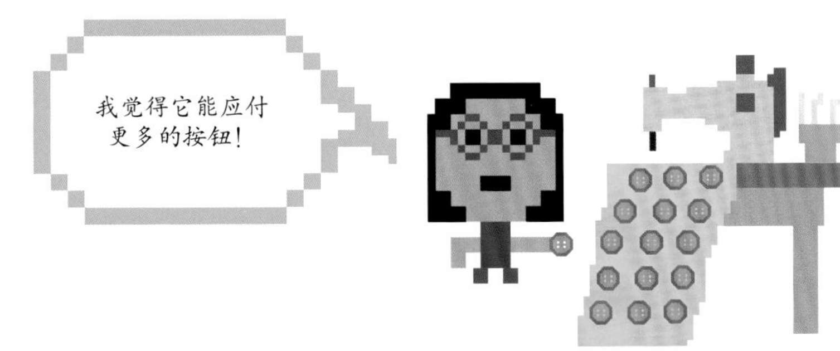

1 额外添加的图标

首先，在列表中添加更多成对的图标。把这一行代码添加到程序中。

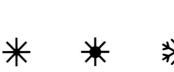

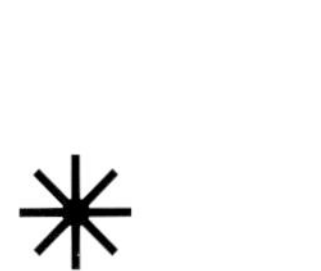
U+2733

U+2734

U+2744

```
symbols = [u'\u2702', u'\u2702', u'\u2705', u'\u2705', u'\u2708', u'\u2708',
           u'\u2709', u'\u2709', u'\u270A', u'\u270A', u'\u270B', u'\u270B',
           u'\u270C', u'\u270C', u'\u270F', u'\u270F', u'\u2712', u'\u2712',
           u'\u2714', u'\u2714', u'\u2716', u'\u2716', u'\u2728', u'\u2728',
           u'\u2733', u'\u2733', u'\u2734', u'\u2734', u'\u2744', u'\u2744']
```

在列表的末尾，添加 3 对新图标

2 额外添加的按钮

现在，额外添加一行按钮。要实现这一步，你只须把内嵌的循环次数从 4 改成 5，如右图所示。

```
for x in range(6):
    for y in range(5):
```

这一行代码现在会让程序创建 5 行按钮，而不再是 4 行

3 再多一点？

现在，窗口里总共有 30 个按钮了。如果你还想添加更多按钮，一定要确保总数是 6 的倍数，这样每次都会增加一整行。如果你很有探索精神，那就试一试修改按钮的排列方式吧！其实也不难，修改一下循环次数就行了。

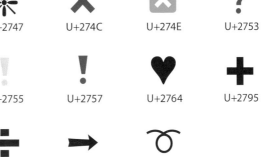

U+2747

U+274C

U+274E

U+2753

U+2754

U+2755

U+2757

U+2764

U+2795

U+2796

U+2797

U+27A1

U+27B0

捕蛋器

这个游戏能测试你的专注力和反应速度。千万别在压力之下精神崩溃，努力捕获最多的蛋，赢取最高的分数！让朋友们也来挑战一下，看看谁才是捕蛋冠军。

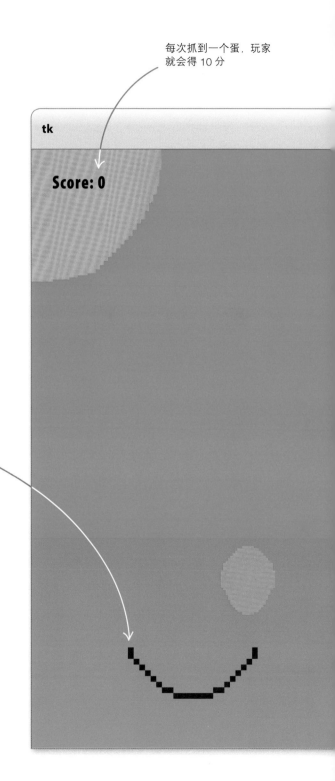

按下左移键和右移键就可以控制捕蛋器左右移动了

游戏是如何进行的？

移动屏幕底部的捕蛋器，在蛋落地之前把它抓住。每接住一个蛋就会得分，但是如果有一个蛋落地，你就会失分。注意，你抓住的蛋越多，屏幕上方出现的蛋也会越多，并且下落速度也会越快。3条命全用完后，游戏就结束了。

专家提示

时间控制

屏幕上物体的时间控制非常重要。一开始，每隔4秒增加一个蛋，否则就会有太多的蛋出现。最初，蛋每隔半秒下落一点。缩短间隔时间，就会增加游戏难度。每隔1/10秒，程序会检查是否捕捉成功。如果间隔时间太长，程序可能会错过一次捕捉。当玩家得了很多分，蛋出现的数量和下落速度都会增加，游戏难度开始提升。

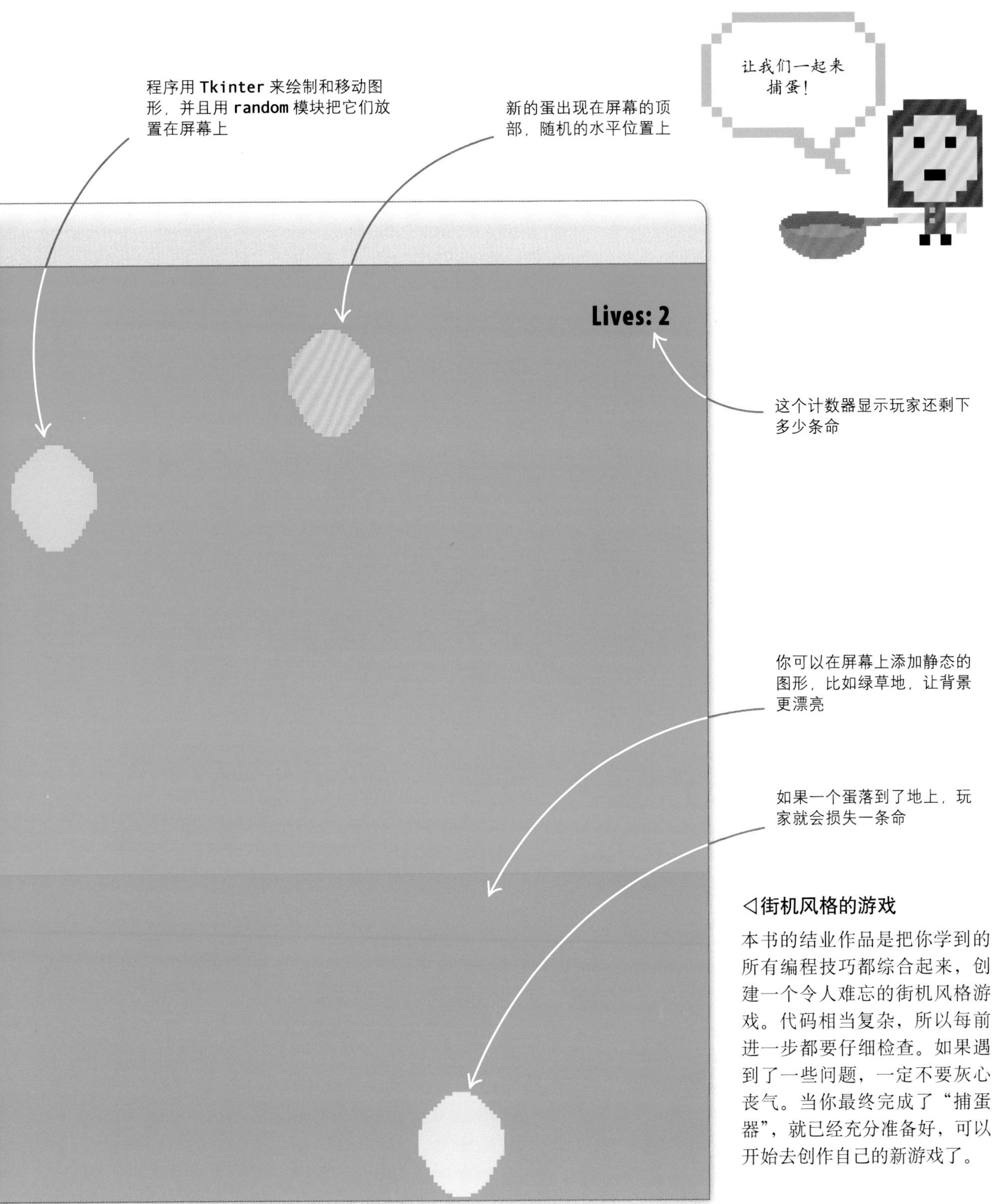
程序用 Tkinter 来绘制和移动图形，并且用 random 模块把它们放置在屏幕上
新的蛋出现在屏幕的顶部，随机的水平位置上
让我们一起来捕蛋！
Lives: 2
这个计数器显示玩家还剩下多少条命
你可以在屏幕上添加静态的图形，比如绿草地，让背景更漂亮
如果一个蛋落到了地上，玩家就会损失一条命

◁街机风格的游戏

本书的结业作品是把你学到的所有编程技巧都综合起来，创建一个令人难忘的街机风格游戏。代码相当复杂，所以每前进一步都要仔细检查。如果遇到了一些问题，一定不要灰心丧气。当你最终完成了“捕蛋器”，就已经充分准备好，可以开始去创作自己的新游戏了。

工作原理

当背景创建好之后，屏幕上的蛋就会向下移动，感觉像在降落一样。通过一个循环，代码会持续监测蛋的坐标，看它是否碰到了地面或者碰到了捕蛋器。当一个蛋被抓住或者落地，它就会被删除，同时程序会修改玩家的分数和剩下的生命值。

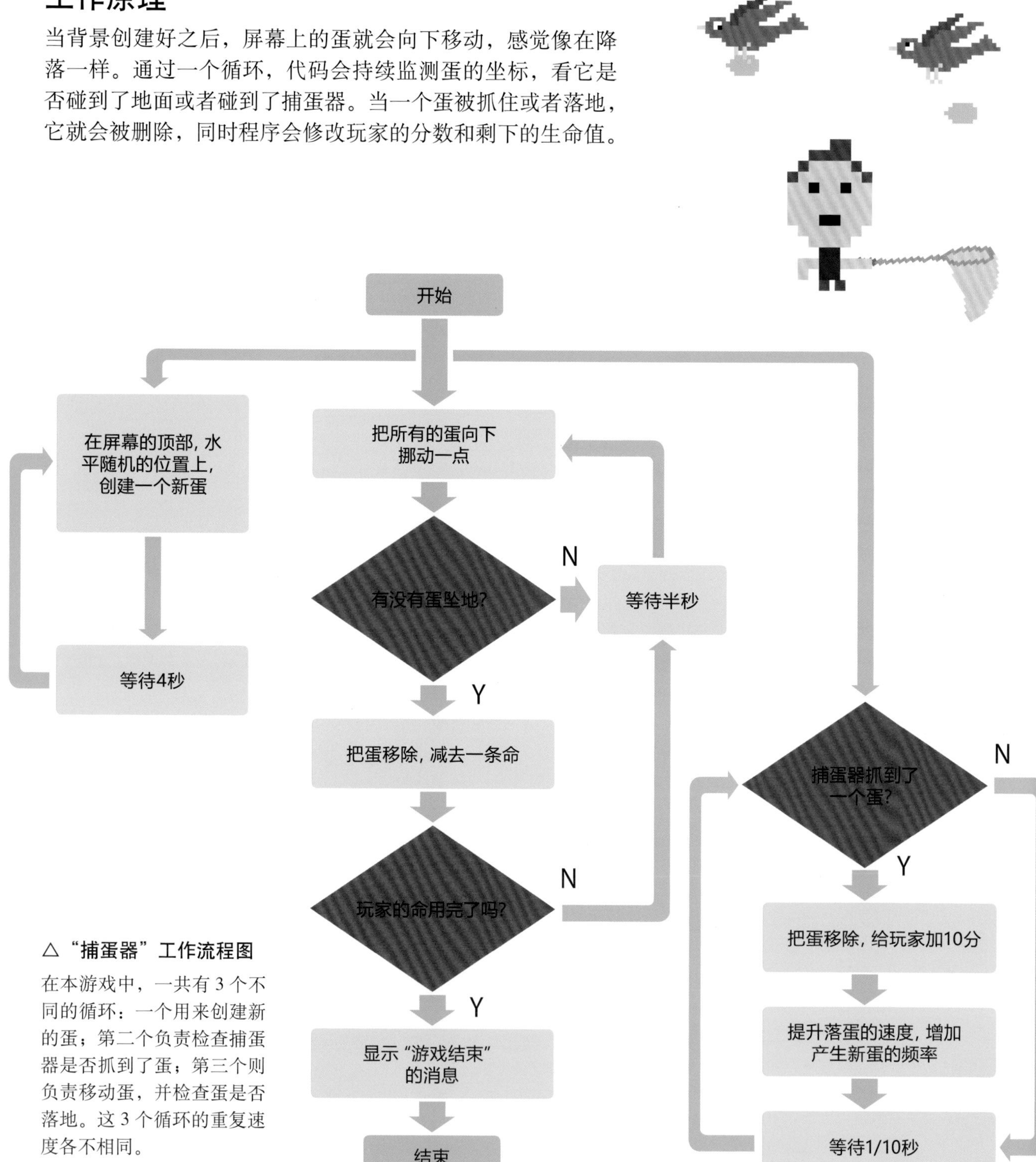

△“捕蛋器”工作流程图

在本游戏中，一共有3个不同的循环：一个用来创建新的蛋；第二个负责检查捕蛋器是否抓到了蛋；第三个则负责移动蛋，并检查蛋是否落地。这3个循环的重复速度各不相同。

做好准备

首先，我们要导入 Python 的一部分模块，它们将用于这个作品中。然后把各种东西准备好，以便将来编写游戏的主函数。

1 创建一个新文件

打开 IDLE，创建一个新文件，把它保存为“egg_catcher.py”。

2 导入模块

捕蛋器程序使用 3 个模块：**itertools** 用来切换颜色；**random** 用来把蛋放置在随机的位置上；**Tkinter** 用于在屏幕上创建图形、生成动画。在程序的最上方输入右侧这几行代码。

```
from itertools import cycle
from random import randrange
from tkinter import Canvas, Tk, messagebox, font
```

这行代码仅仅导入模块中你需要的那一部分

3 设置画布

在导入模块的代码之下输入这部分代码。它们用于创建两个变量，记录画布的宽度和高度，然后用这两个变量创建画布。为了给游戏添加一点有趣的背景，这部分代码还会画一个长方形代表草地，画一个椭圆代表太阳。

```
from tkinter import Canvas, Tk, messagebox, font

canvas_width = 800
canvas_height = 400

root = Tk()
c = Canvas(root, width=canvas_width, height=canvas_height, \
background='deep sky blue')
c.create_rectangle(-5, canvas_height - 100, canvas_width + 5, \
canvas_height + 5, fill='sea green', width=0)
c.create_oval(-80, -80, 120, 120, fill='orange', width=0)
c.pack()
```

这行代码创建一个窗口

画布是天蓝色的，尺寸为 800×400 像素

如果需要把一行代码分成两行来写，可以在末尾添加一个反斜杠符号

这行代码创建草地

这一行代码创建太阳

pack() 函数通知程序画一个主窗口，以及主窗口内的所有东西

4 检查一下画布

运行一下程序，看看画布什么模样。你会看到绿色的草地、蓝色的天空和明艳的太阳。如果你很有艺术细胞，可以试着添加不同的颜色和图形，创造更独特的风景。如果程序有问题，就仔细检查这一段代码。

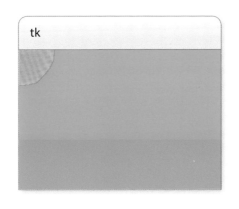

5 设置蛋

现在我们创建一些变量，用它们来保存蛋的颜色、宽度和高度。你还须用变量来记录分数、蛋的下落速度、新蛋在屏幕上出现的时间间隔。这些数值的变化程度由变量 **difficulty_factor** 决定，**difficulty_factor** 的值越小，游戏的难度就越大。

```
c.pack()

color_cycle = cycle(['light blue', 'light green', 'light pink', 'light yellow', 'light cyan'])
egg_width = 45
egg_height = 55
egg_score = 10
egg_speed = 500
egg_interval = 4000
difficulty_factor = 0.95
```

cycle() 函数让蛋在每一种颜色之间轮换

抓住一个蛋，玩家就可以得 10 分

每间隔 4 秒（4000 毫秒）就会出现一个新蛋

这行代码决定了每次抓蛋成功之后，接下来蛋的下落速度和间隔时间的改变量（数字越接近 1，就越简单）

6 设置捕蛋器

接下来，我们为捕蛋器添加变量。同样要用变量来记录它的颜色和尺寸。我们还需要 4 个变量来记录捕蛋器的开始位置，这些变量的值是利用画布尺寸和捕蛋器尺寸计算出来的。当这些变量都计算好，它们就会用于绘制捕蛋器的外形弧线。

别忘了保存你的工作成果！

```
difficulty_factor = 0.95

catcher_color = 'blue'
catcher_width = 100
catcher_height = 100
catcher_start_x = canvas_width / 2 - catcher_width / 2
catcher_start_y = canvas_height - catcher_height - 20
catcher_start_x2 = catcher_start_x + catcher_width
catcher_start_y2 = catcher_start_y + catcher_height

catcher = c.create_arc(catcher_start_x, catcher_start_y, \
                catcher_start_x2, catcher_start_y2, start=200, extent=140, \
                style='arc', outline=catcher_color, width=3)
```

这一行代码指定了圆的高度，这个圆用于绘制弧线

这几行代码让捕蛋器出现在画布的底部，屏幕的中央位置

在圆的 200 度位置开始画圆弧

画出跨度为 140 度的圆弧

画捕蛋器

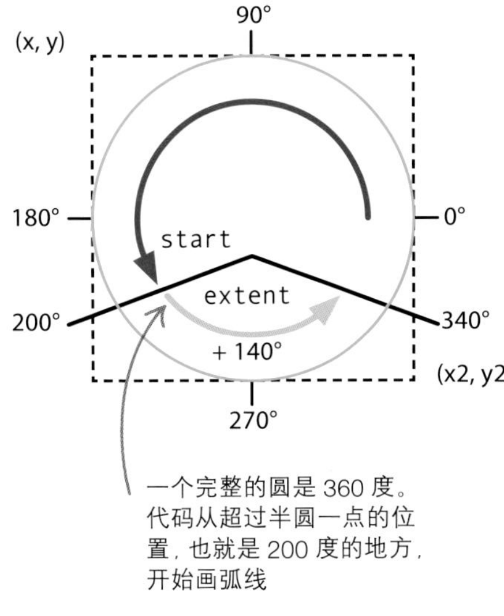

一个完整的圆是 360 度。代码从超过半圆一点的位置，也就是 200 度的地方，开始画弧线

◁工作原理

我们用一条圆弧来代表捕蛋器。圆弧是圆的一部分。**Tkinter** 根据一个隐藏的矩形来绘制圆。开始的两个坐标 **catcher_start(x, y)** 指定了矩形的左上角，后面的两个坐标（x2, y2）指定了对角的另一个顶点位置。**create_arc()** 函数有两个参数，它们的值都表示度数，用于指明在圆的什么位置来画圆弧：**start** 参数指定了开始画圆弧的位置，而 **extent** 则指定圆弧要画到多少度才停止。

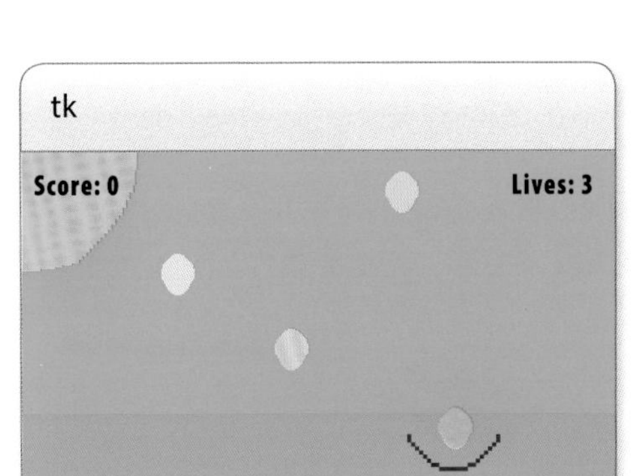

7 记录分数和生命值的计数器

在设置捕蛋器的这几行之下添加这些新代码。在游戏开始时，把分数设定为 0，设置玩家有 3 条命，同时显示在屏幕上。为了确认代码能否正常运行，在最下方添加 **root.mainloop()** 主循环进行测试。如果成功运行，再删掉主循环，过会儿需要的时候你会再加上它。

```
catcher = c.create_arc(catcher_start_x, catcher_start_y, \
                       catcher_start_x2, catcher_start_y2, start=200, extent=140, \
                       style='arc', outline=catcher_color, width=3)

game_font = font.nametofont('TkFixedFont')
game_font.config(size=18)

score = 0
score_text = c.create_text(10, 10, anchor='nw', font=game_font, fill='darkblue', \
                           text='Score: ' + str(score))

lives_remaining = 3
lives_text = c.create_text(canvas_width - 10, 10, anchor='ne', font=game_font, \
                           fill='darkblue', text='Lives ' + str(lives_remaining))
```

这一行代码选择一种很酷的计算机字体

修改这个数字，你就可以放大或者缩小文字

玩家会有 3 条命

下落、得分、坠地

目前，所有设置工作都完成了，现在我们开始编写让游戏运行起来的代码。你需要函数来创建蛋，让它们下落；还需要别的函数来控制蛋被抓住以及蛋坠地的部分。

8 创建蛋

添加如下代码。有一个列表会记录所有在屏幕上的蛋。**create_egg()** 函数决定了每个新蛋的坐标，其中 x 坐标总是随机生成的。然后，它就会绘制一个椭圆来代表蛋，把它添加到记录蛋的列表中。最后，它设置一个计时器，每间隔一会儿就调用一次该函数。

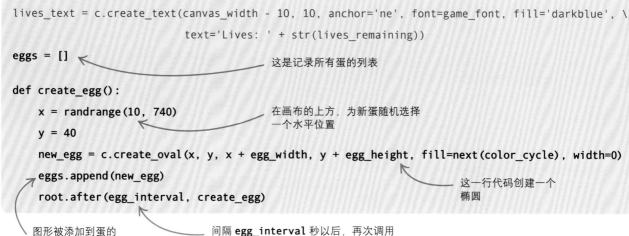

```
lives_text = c.create_text(canvas_width - 10, 10, anchor='ne', font=game_font, fill='darkblue', \
                        text='Lives: ' + str(lives_remaining))
eggs = []

def create_egg():
    x = randrange(10, 740)
    y = 40
    new_egg = c.create_oval(x, y, x + egg_width, y + egg_height, fill=next(color_cycle), width=0)
    eggs.append(new_egg)
    root.after(egg_interval, create_egg)
```

这是记录所有蛋的列表

在画布的上方，为新蛋随机选择一个水平位置

这一行代码创建一个椭圆

图形被添加到蛋的列表中

间隔 **egg_interval** 秒以后，再次调用这个函数 **create_egg**

9 移动蛋

蛋创建好以后，添加另一个函数：**move_eggs()**，让它们开始移动。这个函数会循环处理整个列表中保存的屏幕上所有的蛋。对于每一个蛋，y 坐标都会增大，这就能让蛋向屏幕下方移动。每当一个蛋移动一次，程序就会检查它是否碰到了屏幕的底部。如果的确如此，表明这个蛋已经坠地，这时就会调用函数 **egg_dropped()**。最后，我们设置一个计时器，间隔一段短暂的时间就调用一次 **move_eggs()** 函数。

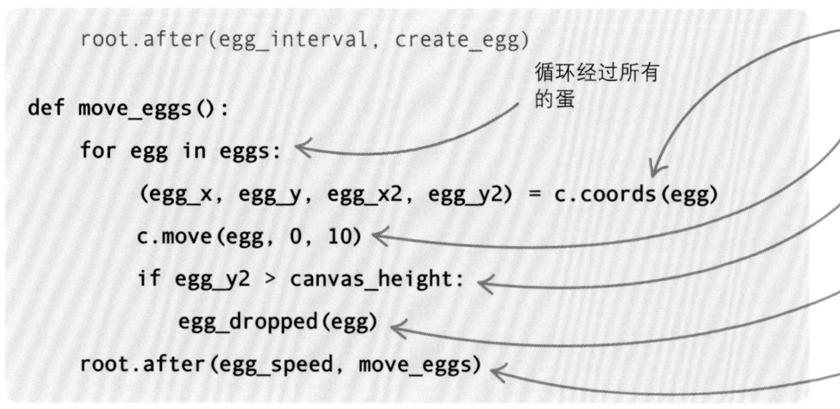

```
    root.after(egg_interval, create_egg)

def move_eggs():
    for egg in eggs:
        (egg_x, egg_y, egg_x2, egg_y2) = c.coords(egg)
        c.move(egg, 0, 10)
        if egg_y2 > canvas_height:
            egg_dropped(egg)
    root.after(egg_speed, move_eggs)
```

循环经过所有的蛋

这一行代码获取每个蛋的坐标

蛋每次会向屏幕下方移动 10 像素

蛋到达屏幕底部了吗？

如果的确如此，调用函数处理坠地的蛋

egg_speed 变量中记录了一个时间，经历了该时间长度之后，再次调用这个函数

10 哇，蛋坠地了！

在 **move_eggs()** 函数之后添加一个新的函数 **egg_dropped()**。当一个蛋坠地时，它会从蛋的列表中被移除，并且从画布上删除。用 **lose_a_life()** 函数减掉玩家的一条命，这个函数我们将在第 11 步创建。如果减掉一条命以后就没有命了，那么“游戏结束！”的消息就会出现。

```
    root.after(egg_speed, move_eggs)

def egg_dropped(egg):
    eggs.remove(egg)
    c.delete(egg)
    lose_a_life()
    if lives_remaining == 0:
        messagebox.showinfo('Game Over!', 'Final Score: ' \
                            + str(score))
        root.destroy()
```

这个蛋从列表中移除
这个蛋会从画布上消失
这一行代码调用 lose_a_life() 函数
如果没有剩余的生命值了，那么通知玩家游戏结束
游戏结束

11 失去一条命

所谓“失去一条命”就是将变量 **lives_remaining** 的值减去 1，然后在屏幕上显示最新的生命值。在 **eggs_dropped** 函数后面添加这几行代码。

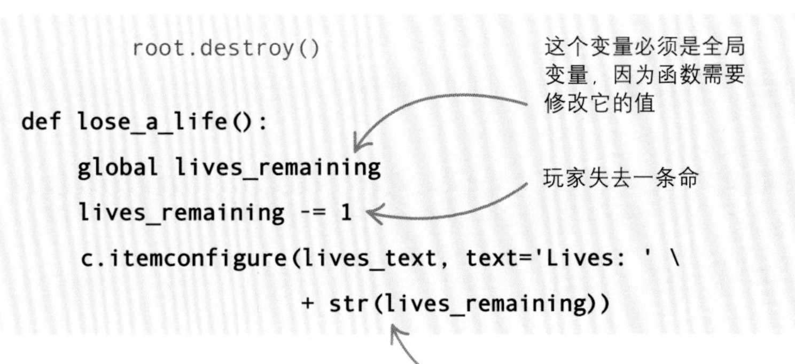

```
        root.destroy()

def lose_a_life():
    global lives_remaining
    lives_remaining -= 1
    c.itemconfigure(lives_text, text='Lives: ' \
                    + str(lives_remaining))
```

这个变量必须是全局变量，因为函数需要修改它的值
玩家失去一条命
这一行代码会更新屏幕上的文字，把最新的生命值显示出来

12 检查捕蛋是否成功

现在，我们来添加 **check_catch()** 函数。当一个蛋落入代表捕蛋器的圆弧，我们就认为蛋被抓到了。为了判断玩家是否成功抓到了蛋，**for** 循环会获取每个蛋的坐标，然后与捕蛋器的坐标比较。如果两个坐标匹配，就意味着蛋被抓到了。然后，这个蛋就从列表中删除，并且从屏幕上消失，同时分数也会增加。

```
    c.itemconfigure(lives_text, text='Lives: ' + str(lives_remaining))

def check_catch():
    (catcher_x, catcher_y, catcher_x2, catcher_y2) = c.coords(catcher)
    for egg in eggs:
        (egg_x, egg_y, egg_x2, egg_y2) = c.coords(egg)
        if catcher_x < egg_x and egg_x2 < catcher_x2 and catcher_y2 - egg_y2 < 40:
            eggs.remove(egg)
            c.delete(egg)
            increase_score(egg_score)
    root.after(100, check_catch)
```

获取捕蛋器的坐标

获取蛋的坐标

蛋是否落入捕蛋器的水平与垂直位置中？

增加 10 分

在 1/10 秒（100 毫秒）后再次调用这个函数

13 增加分数

首先，分数是按参数 **points** 来增加的。其次，新的下落速度和落蛋间隔是用它们的数值和难度系数相乘得到的。最后，屏幕上的文字会根据最新的分数来更新。在 **check_catch()** 函数的下面添加这个新的函数。

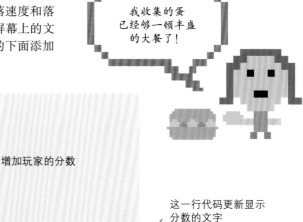

我收集的蛋
已经够一顿丰盛
的大餐了！


```
    root.after(100, check_catch)

def increase_score(points):
    global score, egg_speed, egg_interval
    score += points
    egg_speed = int(egg_speed * difficulty_factor)
    egg_interval = int(egg_interval * difficulty_factor)
    c.itemconfigure(score_text, text='Score: ' + str(score))
```

增加玩家的分数

这一行代码更新显示分数的文字

抓住那些蛋！

现在，你已经准备好了本游戏所需的所有图形和函数，剩下的工作就是控制捕蛋器的移动，以及添加启动程序的代码了。

14 建立控制程序

move_left() 和 **move_right()** 函数使用捕蛋器的坐标来控制它，以免它跑到屏幕外面去。如果还有移动空间，捕蛋器每次都会水平移动 20 像素。这两个函数通过 **bind()** 函数与键盘上的左右方向键绑定。**focus_set()** 函数可以让程序检测到按键被按下。在 **increase_score()** 函数下面添加这两个新的函数。

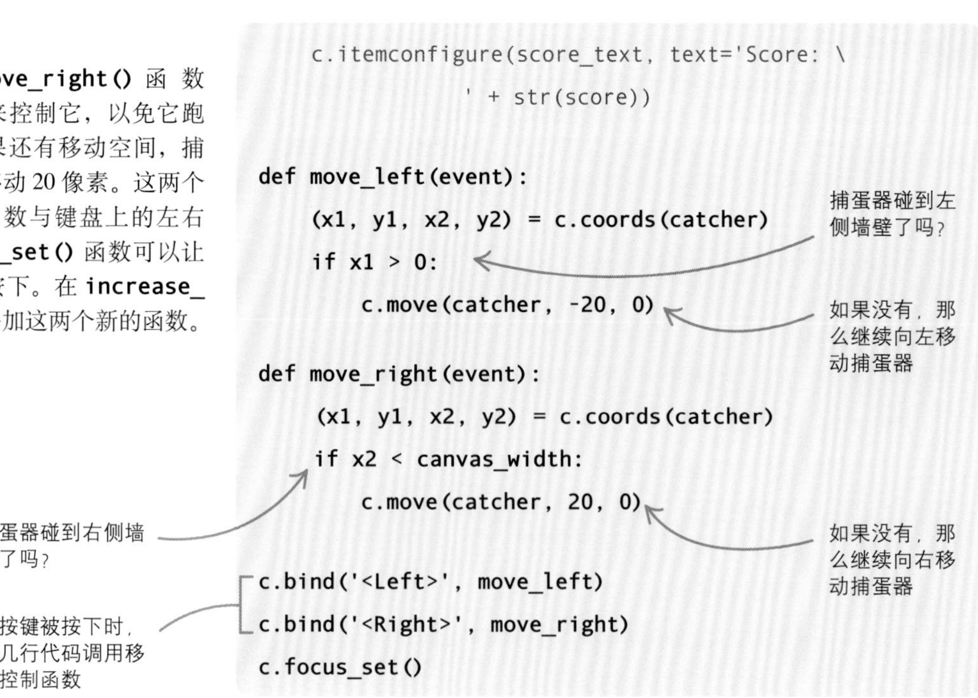

```
    c.itemconfigure(score_text, text='Score: \
        ' + str(score))

def move_left(event):
    (x1, y1, x2, y2) = c.coords(catcher)
    if x1 > 0:
        c.move(catcher, -20, 0)

def move_right(event):
    (x1, y1, x2, y2) = c.coords(catcher)
    if x2 < canvas_width:
        c.move(catcher, 20, 0)

c.bind('<Left>', move_left)
c.bind('<Right>', move_right)
c.focus_set()
```

捕蛋器碰到左侧墙壁了吗？
如果没有，那么继续向左移动捕蛋器
捕蛋器碰到右侧墙壁了吗？
如果没有，那么继续向右移动捕蛋器
当按键被按下时，这几行代码调用移动控制函数

15 **开始游戏**

有 3 个循环调用的函数是用计时器启动的，以保证它们不会在主程序开始之前就运行。最后，我们用 **mainloop()** 函数启动 **Tkinter** 循环，它会管理所有你需要的循环和计时器。全部完成了！开始享受游戏的快乐吧，千万别把蛋摔破了！

```
c.focus_set()

root.after(1000, create_egg)
root.after(1000, move_eggs)
root.after(1000, check_catch)
root.mainloop()
```

间隔 1 秒（1000 毫秒）后，游戏中的 3 个循环就开始工作了

这一行代码启动主要的 Tkinter 循环

修正与微调

为了让游戏看起来更棒，你可以添加一些很酷的背景。有趣的音效和背景音乐也能让游戏变得更吸引人。

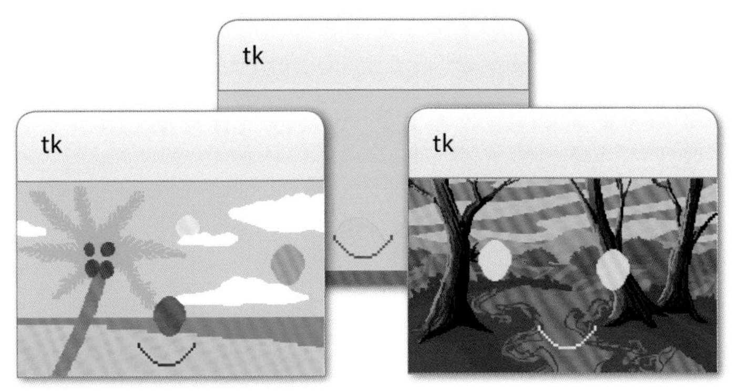

专家提示

安装模块

一些最常用的 Python 模块，比如 **Pygame**，并没有包含在 Python 的标准库中。如果你想使用这些模块中的功能，首先需要安装（install）它们。如何安装一个模块，最好的方式就是访问该模块的网站。你可以通过如下网站得到一些指导意见和提示信息：https://docs.python.org/3/installing/。

◁**设置布景**

Tkinter 允许使用定制的图像作为画布背景。如果你喜欢的图像是 gif 格式的，可以使用 **tkinter.PhotoImage** 来加载文件。如果你的图像是其他不同的格式，那就研究一下 **Pillow**，这是一个很有用的图像处理模块。

▷**制造一些噪音**

为了让游戏更加生动，你可以添加一些背景音乐或者抓蛋成功的音效、失去生命的音效等。用 **pygame.mixer** 模块来添加声音。记住，**pygame** 不是一个标准的 Python 模块，所以你需要先安装它，然后才能导入使用。你需要把喜欢的音乐文件复制到 Python 程序所在的文件夹。如果已经把音乐文件放在了合适的位置，只需要简单的几行代码就可以播放声音了。

```
import time

from pygame import mixer

mixer.init()
beep = mixer.Sound("beep.wav")
beep.play()
time.sleep(5)
```

让混音器（mixer）做好播放音乐的准备

告诉混音器播放哪一首音乐

播放声音

让播放程序运行的时间够长，以便能完整听到声音

作品示例参考

作品示例参考

在这一章，你能找到书中每个游戏项目的完整代码，但不包含修正和微调部分。如果项目运行不正常，请仔细对比你的脚本与这里的代码，找出错误所在。

动物知识竞猜（第38页）

```
def check_guess(guess, answer):
    global score
    still_guessing = True
    attempt = 0
    while still_guessing and attempt < 3:
        if guess.lower() == answer.lower():
            print('Correct Answer')
            score = score + 1
            still_guessing = False
        else:
            if attempt < 2:
                guess = input('Sorry wrong answer. Try again ')
            attempt = attempt + 1

    if attempt == 3:
        print('The correct answer is ' + answer)

score = 0
print('Guess the Animal')
guess1 = input('Which bear lives at the North Pole? ')
check_guess(guess1, 'polar bear')
guess2 = input('Which is the fastest land animal? ')
check_guess(guess2, 'cheetah')
guess3 = input('Which is the largest animal? ')
check_guess(guess3, 'blue whale')

print('Your score is ' + str(score))
```

密码生成器（第54页）

```
import random
import string

adjectives = ['sleepy', 'slow', 'smelly',
              'wet', 'fat', 'red',
              'orange', 'yellow', 'green',
              'blue', 'purple', 'fluffy',
```

```
            'white', 'proud', 'brave']
nouns = ['apple', 'dinosaur', 'ball',
         'toaster', 'goat', 'dragon',
         'hammer', 'duck', 'panda']

print('Welcome to Password Picker!')

while True:
    adjective = random.choice(adjectives)
    noun = random.choice(nouns)
    number = random.randrange(0, 100)
    special_char = random.choice(string.punctuation)

    password = adjective + noun + str(number) + special_char
    print('Your new password is: %s' % password)

    response = input('Would you like another password? Type y or n: ')
    if response == 'n':
        break
```

单词九连猜（第62页）

```
import random

lives = 9
words = ['pizza', 'fairy', 'teeth', 'shirt', 'otter', 'plane']
secret_word = random.choice(words)
clue = list('?????')
heart_symbol = u'\u2764'
guessed_word_correctly = False

def update_clue(guessed_letter, secret_word, clue):
    index = 0
    while index < len(secret_word):
        if guessed_letter == secret_word[index]:
            clue[index] = guessed_letter
        index = index + 1

while lives > 0:
    print(clue)
    print('Lives left: ' + heart_symbol * lives)
    guess = input('Guess a letter or the whole word: ')

    if guess == secret_word:
        guessed_word_correctly = True
        break

    if guess in secret_word:
        update_clue(guess, secret_word, clue)
    else:
```

```
        print('Incorrect. You lose a life')
        lives = lives - 1

if guessed_word_correctly:
    print('You won! The secret word was ' \
+ secret_word)
else:
    print('You lost! The secret word was ' \
+ secret_word)
```

机器人设计师（第74页）

```
import turtle as t

def rectangle(horizontal, vertical, color):
    t.pendown()
    t.pensize(1)
    t.color(color)
    t.begin_fill()
    for counter in range(1, 3):
        t.forward(horizontal)
        t.right(90)
        t.forward(vertical)
        t.right(90)
    t.end_fill()
    t.penup()

t.penup()
t.speed('slow')
t.bgcolor('Dodger blue')

# feet
t.goto(-100, -150)
rectangle(50, 20, 'blue')
t.goto(-30, -150)
rectangle(50, 20, 'blue')

# legs
t.goto(-25, -50)
rectangle(15, 100, 'grey')
t.goto(-55, -50)
rectangle(-15, 100, 'grey')

# body
t.goto(-90, 100)
rectangle(100, 150, 'red')

# arms
t.goto(-150, 70)
rectangle(60, 15, 'grey')
t.goto(-150, 110)
rectangle(15, 40, 'grey')

t.goto(10, 70)
rectangle(60, 15, 'grey')
t.goto(55, 110)
rectangle(15, 40, 'grey')

# neck
t.goto(-50, 120)
rectangle(15, 20, 'grey')

# head
t.goto(-85, 170)
rectangle(80, 50, 'red')

# eyes
t.goto(-60, 160)
rectangle(30, 10, 'white')
t.goto(-55, 155)
rectangle(5, 5, 'black')
t.goto(-40, 155)
rectangle(5, 5, 'black')

# mouth
t.goto(-65, 135)
rectangle(40, 5, 'black')

t.hideturtle()
```

螺旋万花筒（第84页）

```
import turtle
from itertools import cycle

colors = cycle(['red', 'orange', 'yellow', \
               'green', 'blue', 'purple'])

def draw_circle(size, angle, shift):
    turtle.pencolor(next(colors))
    turtle.circle(size)
    turtle.right(angle)
    turtle.forward(shift)
    draw_circle(size + 5, angle + 1, shift +
1)

turtle.bgcolor('black')
turtle.speed('fast')
turtle.pensize(4)
draw_circle(30, 0, 1)
```

星光夜空（第92页）

```
import turtle as t
from random import randint, random

def draw_star(points, size, col, x, y):
    t.penup()
    t.goto(x, y)
    t.pendown
    angle = 180 - (180 / points)
    t.color(col)
    t.begin_fill()
    for i in range(points):
        t.forward(size)
        t.right(angle)
    t.end_fill()

# Main code
t.Screen().bgcolor('dark blue')

while True:
    ranPts = randint(2, 5) * 2 + 1
    ranSize = randint(10, 50)
    ranCol = (random(), random(), random())
    ranX = randint(-350, 300)
    ranY = randint(-250, 250)

    draw_star(ranPts, ranSize, ranCol, ranX, ranY)
```

奇异的彩虹（第100页）

```
import random
import turtle as t

def get_line_length():
    choice = input('Enter line length (long, medium, short): ')
    if choice == 'long':
        line_length = 250
    elif choice == 'medium':
        line_length = 200
    else:
        line_length = 100
    return line_length

def get_line_width():
    choice = input('Enter line width (superthick, thick, thin): ')
    if choice == 'superthick':
        line_width = 40
    elif choice == 'thick':
        line_width = 25
```

```
    else:
        line_width = 10
    return line_width

def inside_window():
    left_limit = (-t.window_width() / 2) + 100
    right_limit = (t.window_width() / 2) - 100
    top_limit = (t.window_height() / 2) - 100
    bottom_limit = (-t.window_height() / 2) + 100
    (x, y) = t.pos()
    inside = left_limit < x < right_limit and bottom_limit < y < top_limit
    return inside

def move_turtle(line_length):
    pen_colors = ['red', 'orange', 'yellow', 'green', 'blue', 'purple']
    t.pencolor(random.choice(pen_colors))
    if inside_window():
        angle = random.randint(0, 180)
        t.right(angle)
        t.forward(line_length)
    else:
        t.backward(line_length)

line_length = get_line_length()
line_width = get_line_width()

t.shape('turtle')
t.fillcolor('green')
t.bgcolor('black')
t.speed('fastest')
t.pensize(line_width)

while True:
    move_turtle(line_length)
```

倒计时日历（第112页）

```
from tkinter import Tk, Canvas
from datetime import date, datetime

def get_events():
    list_events = []
    with open('events.txt') as file:
        for line in file:
            line = line.rstrip('\n')
            current_event = line.split(',')
            event_date = datetime.strptime(current_event[1], '%d/%m/%y').date()
            current_event[1] = event_date
            list_events.append(current_event)
    return list_events
```

```
def days_between_dates(date1, date2):
    time_between = str(date1 - date2)
    number_of_days = time_between.split(' ')
    return number_of_days[0]

root = Tk()
c = Canvas(root, width=800, height=800, bg='black')
c.pack()
c.create_text(100, 50, anchor='w', fill='orange', font='Arial 28 bold underline', \
              text='My Countdown Calendar')

events = get_events()
today = date.today()

vertical_space = 100

for event in events:
    event_name = event[0]
    days_until = days_between_dates(event[1], today)
    display = 'It is %s days until %s' % (days_until, event_name)
    c.create_text(100, vertical_space, anchor='w', fill='lightblue', \
                  font='Arial 28 bold', text=display)

    vertical_space = vertical_space + 30
```

请教专家（第122页）

```
from tkinter import Tk, simpledialog, messagebox

def read_from_file():
    with open('capital_data.txt') as file:
        for line in file:
            line = line.rstrip('\n')
            country, city = line.split('/')
            the_world[country] = city

def write_to_file(country_name, city_name):
    with open('capital_data.txt', 'a') as file:
        file.write('\n' + country_name + '/' + city_name)

print('Ask the Expert - Capital Cities of the World')
root = Tk()
root.withdraw()
the_world = {}

read_from_file()

while True:
    query_country = simpledialog.askstring('Country', 'Type the name of a country:')

    if query_country in the_world:
```

```
        result = the_world[query_country]
        messagebox.showinfo('Answer',
                            'The capital city of ' + query_country + ' is ' + result + '!')
    else:
        new_city = simpledialog.askstring('Teach me',
                                          'I don\'t know! ' +
                                          'What is the capital city of ' + query_country + '?')
        the_world[query_country] = new_city
        write_to_file(query_country, new_city)

root.mainloop()
```

机密消息（第132页）

```
from tkinter import messagebox, simpledialog, Tk

def is_even(number):
    return number % 2 == 0

def get_even_letters(message):
    even_letters = []
    for counter in range(0, len(message)):
        if is_even(counter):
            even_letters.append(message[counter])
    return even_letters

def get_odd_letters(message):
    odd_letters = []
    for counter in range(0, len(message)):
        if not is_even(counter):
            odd_letters.append(message[counter])
    return odd_letters

def swap_letters(message):
    letter_list = []
    if not is_even(len(message)):
        message = message + 'x'
    even_letters = get_even_letters(message)
    odd_letters = get_odd_letters(message)
    for counter in range(0, int(len(message)/2)):
        letter_list.append(odd_letters[counter])
        letter_list.append(even_letters[counter])
    new_message = ''.join(letter_list)
    return new_message

def get_task():
    task = simpledialog.askstring('Task', 'Do you want to encrypt or decrypt?')
    return task
```

```
def get_message():
    message = simpledialog.askstring('Message', 'Enter the secret message: ')
    return message

root = Tk()

while True:
    task = get_task()
    if task == 'encrypt':
        message = get_message()
        encrypted = swap_letters(message)
        messagebox.showinfo('Ciphertext of the secret message is:', encrypted)
    elif task == 'decrypt':
        message = get_message()
        decrypted = swap_letters(message)
        messagebox.showinfo('Plaintext of the secret message is:', decrypted)
    else:
        break
root.mainloop()
```

屏幕宠物（第144页）

```
from tkinter import HIDDEN, NORMAL, Tk, Canvas

def toggle_eyes():
    current_color = c.itemcget(eye_left, 'fill')
    new_color = c.body_color if current_color == 'white' else 'white'
    current_state = c.itemcget(pupil_left, 'state')
    new_state = NORMAL if current_state == HIDDEN else HIDDEN
    c.itemconfigure(pupil_left, state=new_state)
    c.itemconfigure(pupil_right, state=new_state)
    c.itemconfigure(eye_left, fill=new_color)
    c.itemconfigure(eye_right, fill=new_color)

def blink():
    toggle_eyes()
    root.after(250, toggle_eyes)
    root.after(3000, blink)

def toggle_pupils():
    if not c.eyes_crossed:
        c.move(pupil_left, 10, -5)
        c.move(pupil_right, -10, -5)
        c.eyes_crossed = True
    else:
        c.move(pupil_left, -10, 5)
        c.move(pupil_right, 10, 5)
        c.eyes_crossed = False
```

```
def toggle_tongue():
    if not c.tongue_out:
        c.itemconfigure(tongue_tip, state=NORMAL)
        c.itemconfigure(tongue_main, state=NORMAL)
        c.tongue_out = True
    else:
        c.itemconfigure(tongue_tip, state=HIDDEN)
        c.itemconfigure(tongue_main, state=HIDDEN)
        c.tongue_out = False

def cheeky(event):
    toggle_tongue()
    toggle_pupils()
    hide_happy(event)
    root.after(1000, toggle_tongue)
    root.after(1000, toggle_pupils)
    return

def show_happy(event):
    if (20 <= event.x and event.x <= 350) and (20 <= event.y and event.y <= 350):
        c.itemconfigure(cheek_left, state=NORMAL)
        c.itemconfigure(cheek_right, state=NORMAL)
        c.itemconfigure(mouth_happy, state=NORMAL)
        c.itemconfigure(mouth_normal, state=HIDDEN)
        c.itemconfigure(mouth_sad, state=HIDDEN)
        c.happy_level = 10
    return

def hide_happy(event):
    c.itemconfigure(cheek_left, state=HIDDEN)
    c.itemconfigure(cheek_right, state=HIDDEN)
    c.itemconfigure(mouth_happy, state=HIDDEN)
    c.itemconfigure(mouth_normal, state=NORMAL)
    c.itemconfigure(mouth_sad, state=HIDDEN)
    return

def sad():
    if c.happy_level == 0:
        c.itemconfigure(mouth_happy, state=HIDDEN)
        c.itemconfigure(mouth_normal, state=HIDDEN)
        c.itemconfigure(mouth_sad, state=NORMAL)
    else:
        c.happy_level -= 1
    root.after(5000, sad)

root = Tk()
c = Canvas(root, width=400, height=400)
c.configure(bg='dark blue', highlightthickness=0)
c.body_color = 'SkyBlue1'
```

```
body = c.create_oval(35, 20, 365, 350, outline=c.body_color, fill=c.body_color)
ear_left = c.create_polygon(75, 80, 75, 10, 165, 70, outline=c.body_color, fill=c.body_color)
ear_right = c.create_polygon(255, 45, 325, 10, 320, 70, outline=c.body_color, fill=c.body_color)
foot_left = c.create_oval(65, 320, 145, 360, outline=c.body_color, fill=c.body_color)
foot_right = c.create_oval(250, 320, 330, 360, outline=c.body_color, fill=c.body_color)

eye_left = c.create_oval(130, 110, 160, 170, outline='black', fill='white')
pupil_left = c.create_oval(140, 145, 150, 155, outline='black', fill='black')
eye_right = c.create_oval(230, 110, 260, 170, outline='black', fill='white')
pupil_right = c.create_oval(240, 145, 250, 155, outline='black', fill='black')

mouth_normal = c.create_line(170, 250, 200, 272, 230, 250, smooth=1, width=2, state=NORMAL)
mouth_happy = c.create_line(170, 250, 200, 282, 230, 250, smooth=1, width=2, state=HIDDEN)
mouth_sad = c.create_line(170, 250, 200, 232, 230, 250, smooth=1, width=2, state=HIDDEN)
tongue_main = c.create_rectangle(170, 250, 230, 290, outline='red', fill='red', state=HIDDEN)
tongue_tip = c.create_oval(170, 285, 230, 300, outline='red', fill='red', state=HIDDEN)

cheek_left = c.create_oval(70, 180, 120, 230, outline='pink', fill='pink', state=HIDDEN)
cheek_right = c.create_oval(280, 180, 330, 230, outline='pink', fill='pink', state=HIDDEN)

c.pack()

c.bind('<Motion>', show_happy)
c.bind('<Leave>', hide_happy)
c.bind('<Double-1>', cheeky)

c.happy_level = 10
c.eyes_crossed = False
c.tongue_out = False

root.after(1000, blink)
root.after(5000, sad)
root.mainloop()
```

饥饿的毛毛虫（第160页）

```
import random
import turtle as t

t.bgcolor('yellow')

caterpillar = t.Turtle()
caterpillar.shape('square')
caterpillar.color('red')
caterpillar.speed(0)
caterpillar.penup()
caterpillar.hideturtle()

leaf = t.Turtle()
```

```
leaf_shape = ((0, 0), (14, 2), (18, 6), (20, 20), (6, 18), (2, 14))
t.register_shape('leaf', leaf_shape)
leaf.shape('leaf')
leaf.color('green')
leaf.penup()
leaf.hideturtle()
leaf.speed(0)

game_started = False
text_turtle = t.Turtle()
text_turtle.write('Press SPACE to start', align='center', font=('Arial', 16, 'bold'))
text_turtle.hideturtle()

score_turtle = t.Turtle()
score_turtle.hideturtle()
score_turtle.speed(0)

def outside_window():
    left_wall = -t.window_width() / 2
    right_wall = t.window_width() / 2
    top_wall = t.window_height() / 2
    bottom_wall = -t.window_height() / 2
    (x, y) = caterpillar.pos()
    outside = \
            x< left_wall or \
            x> right_wall or \
            y< bottom_wall or \
            y> top_wall
    return outside

def game_over():
    caterpillar.color('yellow')
    leaf.color('yellow')
    t.penup()
    t.hideturtle()
    t.write('GAME OVER!', align='center', font=('Arial', 30, 'normal'))

def display_score(current_score):
    score_turtle.clear()
    score_turtle.penup()
    x = (t.window_width() / 2) - 50
    y = (t.window_height() / 2) - 50
    score_turtle.setpos(x, y)
    score_turtle.write(str(current_score), align='right', font=('Arial', 40, 'bold'))

def place_leaf():
    leaf.ht()
    leaf.setx(random.randint(-200, 200))
```

```
    leaf.sety(random.randint(-200, 200))
    leaf.st()

def start_game():
    global game_started
    if game_started:
        return
    game_started = True

    score = 0
    text_turtle.clear()

    caterpillar_speed = 2
    caterpillar_length = 3
    caterpillar.shapesize(1, caterpillar_length, 1)
    caterpillar.showturtle()
    display_score(score)
    place_leaf()

    while True:
        caterpillar.forward(caterpillar_speed)
        if caterpillar.distance(leaf) < 20:
            place_leaf()
            caterpillar_length = caterpillar_length + 1
            caterpillar.shapesize(1, caterpillar_length, 1)
            caterpillar_speed = caterpillar_speed + 1
            score = score + 10
            display_score(score)
        if outside_window():
            game_over()
            break

def move_up():
    if caterpillar.heading() == 0 or caterpillar.heading() == 180:
        caterpillar.setheading(90)

def move_down():
    if caterpillar.heading() == 0 or caterpillar.heading() == 180:
        caterpillar.setheading(270)

def move_left():
    if caterpillar.heading() == 90 or caterpillar.heading() == 270:
        caterpillar.setheading(180)

def move_right():
    if caterpillar.heading() == 90 or caterpillar.heading() == 270:
        caterpillar.setheading(0)
t.onkey(start_game, 'space')
t.onkey(move_up, 'Up')
t.onkey(move_right, 'Right')
```

```
t.onkey(move_down, 'Down')
t.onkey(move_left, 'Left')
t.listen()
t.mainloop()
```

快照抓拍（第170页）

```
import random
import time
from tkinter import Tk, Canvas, HIDDEN, NORMAL

def next_shape():
    global shape
    global previous_color
    global current_color

    previous_color = current_color

    c.delete(shape)
    if len(shapes) > 0:
        shape = shapes.pop()
        c.itemconfigure(shape, state=NORMAL)
        current_color = c.itemcget(shape, 'fill')
        root.after(1000, next_shape)
    else:
        c.unbind('q')
        c.unbind('p')
        if player1_score > player2_score:
            c.create_text(200, 200, text='Winner: Player 1')
        elif player2_score > player1_score:
            c.create_text(200, 200, text='Winner: Player 2')
        else:
            c.create_text(200, 200, text='Draw')
        c.pack()

def snap(event):
    global shape
    global player1_score
    global player2_score
    valid = False

    c.delete(shape)
    if previous_color == current_color:
        valid = True

    if valid:
        if event.char == 'q':
            player1_score = player1_score + 1
        else:
```

```
            player2_score = player2_score + 1
        shape = c.create_text(200, 200, text='SNAP! You score 1 point!')
    else:
        if event.char == 'q':
            player1_score = player1_score - 1
        else:
            player2_score = player2_score - 1
        shape = c.create_text(200, 200, text='WRONG! You lose 1 point!')
    c.pack()
    root.update_idletasks()
    time.sleep(1)

root = Tk()
root.title('Snap')
c = Canvas(root, width=400, height=400)

shapes = []

circle = c.create_oval(35, 20, 365, 350, outline='black', fill='black', state=HIDDEN)
shapes.append(circle)
circle = c.create_oval(35, 20, 365, 350, outline='red', fill='red', state=HIDDEN)
shapes.append(circle)
circle = c.create_oval(35, 20, 365, 350, outline='green', fill='green', state=HIDDEN)
shapes.append(circle)
circle = c.create_oval(35, 20, 365, 350, outline='blue', fill='blue', state=HIDDEN)
shapes.append(circle)

rectangle = c.create_rectangle(35, 100, 365, 270, outline='black', fill='black', state=HIDDEN)
shapes.append(rectangle)
rectangle = c.create_rectangle(35, 100, 365, 270, outline='red', fill='red', state=HIDDEN)
shapes.append(rectangle)
rectangle = c.create_rectangle(35, 100, 365, 270, outline='green', fill='green', state=HIDDEN)
shapes.append(rectangle)
rectangle = c.create_rectangle(35, 100, 365, 270, outline='blue', fill='blue', state=HIDDEN)
shapes.append(rectangle)

square = c.create_rectangle(35, 20, 365, 350, outline='black', fill='black', state=HIDDEN)
shapes.append(square)
square = c.create_rectangle(35, 20, 365, 350, outline='red', fill='red', state=HIDDEN)
shapes.append(square)
square = c.create_rectangle(35, 20, 365, 350, outline='green', fill='green', state=HIDDEN)
shapes.append(square)
square = c.create_rectangle(35, 20, 365, 350, outline='blue', fill='blue', state=HIDDEN)
shapes.append(square)
c.pack()

random.shuffle(shapes)

shape = None
```

```
previous_color = ''
current_color = ''
player1_score = 0
player2_score = 0

root.after(3000, next_shape)
c.bind('q', snap)
c.bind('p', snap)
c.focus_set()

root.mainloop()
```

配对连连看（第182页）

```
import random
import time
from tkinter import Tk, Button, DISABLED

def show_symbol(x, y):
    global first
    global previousX, previousY
    buttons[x, y]['text'] = button_symbols[x, y]
    buttons[x, y].update_idletasks()

    if first:
        previousX = x
        previousY = y
        first = False
    elif previousX != x or previousY != y:
        if buttons[previousX, previousY]['text'] != buttons[x, y]['text']:
            time.sleep(0.5)
            buttons[previousX, previousY]['text'] = ''
            buttons[x, y]['text'] = ''
        else:
            buttons[previousX, previousY]['command'] = DISABLED
            buttons[x, y]['command'] = DISABLED
        first = True

root = Tk()
root.title('Matchmaker')
root.resizable(width=False, height=False)
buttons = {}
first = True
previousX = 0
previousY = 0
button_symbols = {}
symbols = [u'\u2702', u'\u2702', u'\u2705', u'\u2705', u'\u2708', u'\u2708',
           u'\u2709', u'\u2709', u'\u270A', u'\u270A', u'\u270B', u'\u270B',
```

```
        u'\u270C', u'\u270C', u'\u270F', u'\u270F', u'\u2712', u'\u2712',
        u'\u2714', u'\u2714', u'\u2716', u'\u2716', u'\u2728', u'\u2728']
random.shuffle(symbols)

for x in range(6):
    for y in range(4):
        button = Button(command=lambda x=x, y=y: show_symbol(x, y), width=3, height=3)
        button.grid(column=x, row=y)
        buttons[x, y] = button
        button_symbols[x, y] = symbols.pop()

root.mainloop()
```

捕蛋器（第192页）

```
from itertools import cycle
from random import randrange
from tkinter import Canvas, Tk, messagebox, font

canvas_width = 800
canvas_height = 400

root = Tk()
c = Canvas(root, width=canvas_width, height=canvas_height, background='deep sky blue')
c.create_rectangle(-5, canvas_height - 100, canvas_width + 5, canvas_height + 5, \
                   fill='sea green', width=0)
c.create_oval(-80, -80, 120, 120, fill='orange', width=0)
c.pack()

color_cycle = cycle(['light blue', 'light green', 'light pink', 'light yellow', 'light cyan'])
egg_width = 45
egg_height = 55
egg_score = 10
egg_speed = 500
egg_interval = 4000
difficulty_factor = 0.95

catcher_color = 'blue'
catcher_width = 100
catcher_height = 100
catcher_start_x = canvas_width / 2 - catcher_width / 2
catcher_start_y = canvas_height - catcher_height - 20
catcher_start_x2 = catcher_start_x + catcher_width
catcher_start_y2 = catcher_start_y + catcher_height

catcher = c.create_arc(catcher_start_x, catcher_start_y, \
                       catcher_start_x2, catcher_start_y2, start=200, extent=140, \
                       style='arc', outline=catcher_color, width=3)
```

```
game_font = font.nametofont('TkFixedFont')
game_font.config(size=18)

score = 0
score_text = c.create_text(10, 10, anchor='nw', font=game_font, fill='darkblue', \
                           text='Score: ' + str(score))

lives_remaining = 3
lives_text = c.create_text(canvas_width - 10, 10, anchor='ne', font=game_font, fill='darkblue', \
                           text='Lives: ' + str(lives_remaining))

eggs = []

def create_egg():
    x = randrange(10, 740)
    y = 40
    new_egg = c.create_oval(x, y, x + egg_width, y + egg_height, fill=next(color_cycle), width=0)
    eggs.append(new_egg)
    root.after(egg_interval, create_egg)

def move_eggs():
    for egg in eggs:
        (egg_x, egg_y, egg_x2, egg_y2) = c.coords(egg)
        c.move(egg, 0, 10)
        if egg_y2 > canvas_height:
            egg_dropped(egg)
    root.after(egg_speed, move_eggs)

def egg_dropped(egg):
    eggs.remove(egg)
    c.delete(egg)
    lose_a_life()
    if lives_remaining == 0:
        messagebox.showinfo('Game Over!', 'Final Score: ' + str(score))
        root.destroy()

def lose_a_life():
    global lives_remaining
    lives_remaining -= 1
    c.itemconfigure(lives_text, text='Lives: ' + str(lives_remaining))

def check_catch():
    (catcher_x, catcher_y, catcher_x2, catcher_y2) = c.coords(catcher)
    for egg in eggs:
        (egg_x, egg_y, egg_x2, egg_y2) = c.coords(egg)
        if catcher_x < egg_x and egg_x2 < catcher_x2 and catcher_y2 - egg_y2 < 40:
            eggs.remove(egg)
            c.delete(egg)
            increase_score(egg_score)
```

```
    root.after(100, check_catch)

def increase_score(points):
    global score, egg_speed, egg_interval
    score += points
    egg_speed = int(egg_speed * difficulty_factor)
    egg_interval = int(egg_interval * difficulty_factor)
    c.itemconfigure(score_text, text='Score: ' + str(score))

def move_left(event):
    (x1, y1, x2, y2) = c.coords(catcher)
    if x1 > 0:
        c.move(catcher, -20, 0)

def move_right(event):
    (x1, y1, x2, y2) = c.coords(catcher)
    if x2 < canvas_width:
        c.move(catcher, 20, 0)

c.bind('<Left>', move_left)
c.bind('<Right>', move_right)
c.focus_set()

root.after(1000, create_egg)
root.after(1000, move_eggs)
root.after(1000, check_catch)
root.mainloop()
```

编程基础词汇表

ASCII
“American Standard Code for Information Interchange”，一种编码方式，用二进制来表示每一个字符。

编程语言
一种用于给计算机下达指令的语言。

变量
一个存放数据的地方，存储的数据可以被修改，比如玩家的分数。一个变量有变量名和变量值。

布尔表达式
一个判断句，它要么是真，要么是假，只有这两种可能的输出。

部件
Tkinter GUI 模块的一部分，它执行特定的功能，比如按钮、菜单等。

参数
传递给一个函数的值。在函数被调用的时候，参数被赋值。

操作符
一个代表特定功能的符号，比如说：“+”代表加法，“–”代表减法。

操作系统
控制计算机上所有东西的一个程序，比如 Windows、Mac OS、Linux 等等。

常量
一个不能被修改的固定值。

程序
计算机执行的一系列指令，它们会完成一个任务。

递归
通过一个函数调用它自己来生成循环。

返回值
一个被调用的函数传递回来的变量或者数据。

分支
程序运行到的一个位置，此处有两个选项，要求二选一。

浮点数
带小数点的数字。

函数
执行特定任务的一段代码，它就像在一个程序中执行的另一个程序。也被称作“过程”，或者“子程序”。

黑客
一个侵入计算机系统的人。“白帽子”黑客为计算机系统安全公司工作，他们负责找出系统中的漏洞并加以修补。“黑帽子”黑客则侵入计算机系统搞破坏，或者获取个人利益。

加密
一种对数据进行编码的方法，只让特定的人调取和查看信息。

界面
用户和软件或硬件交互的方法。参见图形用户界面。

局部变量
仅仅在程序的一个部分中（比如一个函数中）有效的变量。参见“全局变量”。

句法
让程序正常工作的代码书写规则。

库
一些函数的集合，这些函数可以在其他的项目中重复使用。

列表
一些数据项的集合，它们是按照数字顺序保存的。

流程图
用来显示程序执行过程的图，画出了每一个执行步骤和选择。

模块
打包在一起的很多已经完成的代码，它们可以导入 Python 程序，以便利用其中大量有用的函数。

Python
一种流行的编程语言，它由吉多·范罗苏姆（Guido van Rossum）发明。这是一种特别适合编程初学者的语言。

旗标变量
一个只有两种状态值的变量，比如真或者假。

切换键
在两个不同的设置之间切换。

全局变量
在整个程序中都生效的变量。参见“局部变量”。

臭虫
Bug，程序中的错误，它会导致程序得出不可预知的结果。

软件
在计算机上运行的各种程序，它控制计算机如何工作。

事件
计算机可以对其做出反应的某种情况，比如键盘按下或者鼠标点击。

输出
由一个程序产生的数据，提供给用户阅读。

输入
录入计算机的数据。键盘、鼠标和麦克风可以把数据输入计算机。

数据
也就是信息，比如文字、符号及数字。

随机
一个函数，可以生成无法预测的输出。创建游戏程序时非常有用。

缩进
把一个程序块放在前面的程序块下方偏向右侧的位置。缩进通常是 4 个空格，一个程序块中的每一行代码都要缩进相同的位置。

索引值
列表中一个数据项的编号叫作索引值。在 Python 中，第一个数据项的索引值为 0，第二个数据项的索引值为 1，以此类推。

条件
一个或真或假的判断，在程序中根据条件来做出决定。参见“布尔表达式”。

调用
在程序中使用一个函数。

统一码
Unicode，计算机使用的一种全世界通用编码，可以表示出上千种符号和文字。

图形
屏幕上的可见元素，不是文字，而是图形、图标和符号。

图形用户界面
简称 GUI，指窗口和其中的按钮，它们组成了用户可以看见、能与程序交互的部分。

微调
对程序做一些巧妙的修正，让它可以完成新的任务，或者把程序变得更加简洁。

文件
一些数据的集合，用一个名字保存。

乌龟图形
一个 Python 模块，可以让你通过在屏幕上移动机器乌龟来绘制图形。

像素
组成数字图像的小点。

查虫
Debug，寻找并纠正程序中的错误。

循环
程序的部分片段，会重复地执行。这样就无须把同样的代码写很多遍。

循环嵌套
在一个循环里面的循环。

语句
程序语言可以被分解的最小完整指令单位。

元组
由括号括起来的数据项，每项之间由逗号分隔。元组和列表很相似，但是元组在创建之后，就不能再修改了。

运行
让程序开始执行的命令。

整数
一个完整的数。整数是不包含小数点的数，不能被写成一个分数的形式。

注释
程序员添加到程序中的说明文字，用于解释程序的含义。注释文字在程序执行过程中会被忽略过去。

字典
一个数据组成的集合，数据都是成对记录的，比如国家和首都。

字符串
一系列字符。字符串可以包含数字、字母和符号，比如分号。

坐标
一对数字，它们准确地标注了一个位置，通常写作（x，y）。

图书在版编目（C I P）数据

编程真好玩 ：9岁开始学Python／（英）克雷格·斯蒂尔等著 ；余宙华译. -- 海口 ：南海出版公司，2019.10

ISBN 978-7-5442-9619-9

Ⅰ. ①编… Ⅱ. ①克… ②余… Ⅲ. ①软件工具－程序设计－青少年读物 Ⅳ. ①TP311.561-49

中国版本图书馆CIP数据核字(2019)第090084号

著作权合同登记号 图字：30-2018-139

编程真好玩：9 岁开始学 Python
〔英〕克雷格·斯蒂尔 等 著
余宙华 译

出　版 南海出版公司 (0898)66568511
　　　 海口市海秀中路51号星华大厦五楼　邮编 570206
发　行 新经典发行有限公司
　　　 电话(010)68423599　邮箱 editor@readinglife.com
经　销 新华书店

责任编辑 侯明明 刘洁青
装帧设计 李照祥
内文制作 博远文化

印　刷 鸿博昊天科技有限公司
开　本 660毫米 x 980毫米 1/16
印　张 14
字　数 150千
版　次 2019年10月第1版
印　次 2019年10月第1次印刷
书　号 ISBN 978-7-5442-9619-9
定　价 118.00元